6G丛书

6G网络按需服务关键技术

廖建新　王　晶
王敬宇　戚　琦　◎著

人民邮电出版社
北京

图书在版编目（CIP）数据

6G网络按需服务关键技术 / 廖建新等著. -- 北京 : 人民邮电出版社, 2021.12
（6G丛书）
ISBN 978-7-115-57743-6

Ⅰ. ①6… Ⅱ. ①廖… Ⅲ. ①第六代移动通信系统－研究 Ⅳ. ①TN929.59

中国版本图书馆CIP数据核字(2021)第248501号

内 容 提 要

本书从网络管控体系的角度出发，介绍 6G 网络提供按需服务的关键技术。结合 6G 网络基本愿景、网络智能化的发展历程及发展趋势，围绕“智能内生”和“知识定义”的核心理念，构建了 6G 全场景全域按需服务网络管控体系，并探究其可信自主的全域接入管控技术、资源智能调配技术及业务能力协同互联技术的研究思路及方法。

本书适合 6G 移动通信网和网络智能化领域相关的技术专家、从业者及高等院校相关专业的师生阅读。

◆ 著　　　　廖建新　王　晶　王敬宇　戚　琦
责任编辑　代晓丽
责任印制　陈　犇

◆ 人民邮电出版社出版发行　　北京市丰台区成寿寺路 11 号
邮编　100164　　电子邮件　315@ptpress.com.cn
网址　https://www.ptpress.com.cn
北京市艺辉印刷有限公司印刷

◆ 开本：720×960　1/16
印张：16　　　　　　2021 年 12 月第 1 版
字数：279 千字　　　　2021 年 12 月北京第 1 次印刷

定价：149.80 元

读者服务热线：(010)81055493　印装质量热线：(010)81055316
反盗版热线：(010)81055315

前 言

5G 建设方兴未艾，全球通信强国已纷纷抢先布局 6G 基础研究，从未来社会、经济和技术挑战出发，构想 6G 愿景，提出引领性需求。2020 年年初，国际电信联盟也将 6G 正式纳入国际标准化组织研究计划。延续 5G 移动通信的领先优势，我国已于 2019 年正式启动了 6G 研究工作。学术界和产业界普遍预测，到 2030 年，6G 将在全球范围内投入应用。如何设计 6G 网络，以应对十年后的全球挑战，满足未来世界中不断变化的通信需求，是我们在 6G 研究中需要思考的问题。

通信网络的发展演进是“需求牵引技术，技术推动需求”的螺旋上升过程，从 2G 到 5G，“需求”从最基本的移动电话发展到丰富多样、层出不穷的移动互联网、垂直行业应用，如何充分利用通信网络能力，快速灵活地提供满足用户需求、提升用户体验的业务也越来越成为通信网络设计时需要关注的核心问题。6G 时代，网络性能指标将获得大幅提升，6G 网络也将融合卫星网络、无人机网络、水下通信等新技术，实现既有广度又有深度的全球立体覆盖。与网络技术相对应，在空、天、地、海等更为广阔的空间区域内，向用户提供全场景的沉浸式、个性化、极致性能体验则是 6G 更为关键的特点，也是发展 6G 网络的驱动力和最终目标。要实现上述目标，必然要从 6G 网络的体系架构入手，通过网络接入域、传输域、业务域、控制域、管理域等各个功能层面的智能化、自动化协作，才能充分利用空域、时域、频域及网络内外部的各种感知、计算、通信、存储、控制等资源，提供全场景按需服务。

笔者多年来一直致力于解决业务需求和网络资源之间无法充分适配的矛盾，提出并不断深化业务网络的核心思想和理论。从叠加于 2G 移动通信网络之上的全球规模最大、技术最先进的移动智能网，到与移动通信网、移动互联网不断交互融合的智能化业务网络，业务网络始终伴随着我国移动通信系统的发展建设过程。6G 时代，“智慧内生”核心思想将贯彻网络体系中的各个层面，分别负责提供、支撑 6G 按需服务的业务网络和通信网络的智能化进程，使其不断深化，从而逐步实现全网智能化。本书从按需服务的角度出发，在总结分析业务网络发展历程的基础上，基于网络管控在实现 6G 网络全场景全域按需服务的目标中起到了至关重要的作用，引入“知识驱动”的理念构建 6G 全场景全域按需服务网络管控体系，并探讨通过该体系支撑 6G 按需服务需要的关键技术。

本书共分为 8 章：第 1 章概括介绍业界对 6G 愿景、应用场景及潜在关键技术的认识，并对 6G 标准化进程进行简单介绍；第 2 章从满足业务需求的角度，系统梳理网络智能化的发展历程，包括移动智能网、业务网络智能化、智能开放的业务网络，以及移动通信和人工智能的结合，向全网智能化发展的趋势；第 3 章介绍知识定义网络，这是“知识定义”思想的最初来源；第 4 章围绕 6G 按需服务的目标，借鉴以人工智能为核心的未来网络研究进展，构建 6G 全场景全域按需服务网络管控体系；第 5 章提出 6G 全场景全域按需服务的网络管控总体架构，研究构建网络管控知识空间，将知识定义方法与理论内置于全场景全域网络管控的各个层面；第 6～8 章分别针对 6G 全场景全域按需服务网络管控架构中的安全管控、智能管控、协作管控 3 个平面，深入探讨可信自主的全域接入管控技术、全场景知识定义网络资源智能调配技术和业务能力协同互联技术。

目前，业界对 6G 的研究仍处于起步阶段，对于最终的 6G 网络的“清晰面貌”及向 6G 网络演进的路径，研究人员的看法也不尽相同。然而，6G 网络提供按需服务已成为业界的普遍共识。本书介绍了笔者正在进行的 6G 按需服务关键技术研究工作的思路和进展，内容难免有不够成熟之处，敬请读者不吝指正。相信随着研究工作的不断深入，我们对 6G 按需服务的关键技术问题能够给出更为成熟、完善的答案，也希望我们的研究成果能够为我国 6G 的研究及网络建设贡献力量。

目 录

第1章

什么是6G

对“什么是 6G”的问题，目前尚未形成清晰、一致的概念。本章梳理业界对 6G 愿景、应用场景和性能指标的预测，并对 6G 的潜在关键技术进行展望。本章首先介绍移动通信发展的基本规律，引出 6G 研究开展的背景；其次分别介绍 6G 的愿景、应用场景和业界对 6G 性能指标的预测；然后从基础理论、无线技术和网络架构 3 个方面介绍 6G 的潜在关键技术；最后介绍 6G 标准化工作的进展。

1.1 6G 研究背景

20 世纪 80 年代前后，基于蜂窝组网理论的第一代模拟移动通信系统在全世界得以应用。自此，移动通信技术及系统大概每 10 年发生一次更新换代，移动通信业务形态则以 20 年左右的周期进行着更迭。移动通信技术及系统发展如图 1-1 所示，按照这个趋势，2030 年前后，我们将迎来“6G 时代”。

根据移动通信系统“十年一代”的演进规律，每一代移动通信技术从概念研究到商业应用基本上都需要 10 年左右的时间。即，当上一代移动通信技术进入商用阶段，业界将会启动对下一代移动通信系统概念和技术的研究。2019 年 4 月，美国和韩国率先启动了 5G 商用服务。我国于 2019 年 6 月 6 日向中国移动通信集团有限公司（简称中国移动）、中国电信集团有限公司（简称中国电信）、中国联合网络通信集团有限公司（简称中国联通）和中国广播电视网络有限公司 4 家单位发放了 5G 商用牌照。2019 年 11 月 1 日，三大运营商正式上线 5G 商用套餐，标志着中国正式进入 5G 商用时代。据不完全统计，截至 2020 年 4 月，全球已有 41 个国家/地区的 73 家运营商正式提供 5G 业务。

伴随着全球 5G 商用的启动，多个国家和组织已经启动了对 6G 的探索和研究工作。欧盟于 2017 年发起了 6G 技术研发项目征询，旨在研究下一代移动通信关键技术；美国联邦通信委员会（Federal Communications Commission，FCC）

于 2019 年 3 月宣布开放部分太赫兹频段用于 6G 技术试验使用；日本将开发太赫兹技术列为“国家支柱技术十大重点战略目标”之首，在 2019 财政年度提出 10 亿多日元的预算，着手研究 6G 技术；2019 年 6 月 3 日，中华人民共和国工业和信息化部召开 6G 研究组成立大会，正式开启中国 6G 研究的大幕。电气与电子工程师协会（Institute of Electrical and Electronics Engineers，IEEE）于 2019 年 3 月在荷兰召开了全球第一届 6G 无线峰会，探讨 6G 愿景及技术挑战。2020 年年初，国际电信联盟（International Telecommunication Union，ITU）启动了面向 2030 年及未来 6G 的研究工作，标志着 6G 正式被纳入国际标准化组织研究计划。虽然业界已经启动了对 6G 的前瞻性研究，各方也提出了一些关于 6G 的畅想，但是就 6G 的愿景需求及关键技术尚未达成共识，关于频谱、网络架构、接入、传输等方面的标准化工作更未开展，6G 研究尚处于探索的初期阶段。

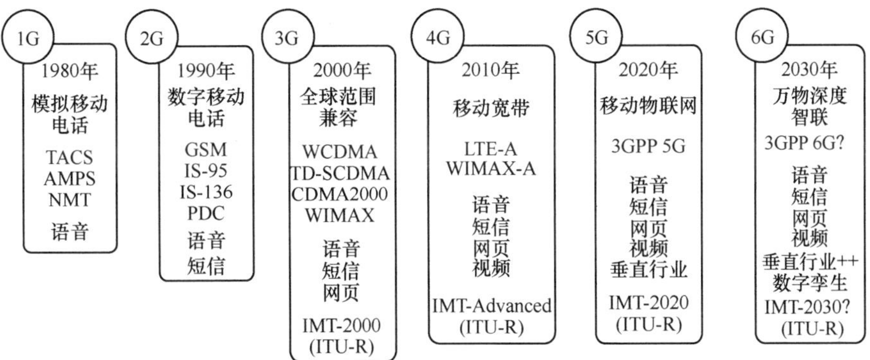

图 1-1 移动通信技术及系统发展

注：TACS 为全接入通信系统（Total Access Communication System）； AMPS 为高级移动电话系统（Advanced Mobile Phone System）；NMT 为北欧移动电话（Nordic Mobile Telephone）；GSM 为全球移动通信系统（Global System for Mobile Communications）；PDC 为公用数字蜂窝（Public Digital Cellular）；WCDMA 为宽带码分多址（Wideband Code Division Multiple Access）；TD-SCDMA 为时分同步码分多址（Time Division-Synchronous Code Division Multiple Access）；CDMA2000 为码分多址 2000（Code Division Multiple Access 2000）；WIMAX 为全球微波接入互操作性（World Interoperability for Microwave Access）；IMT 为国际移动通信（International Mobile Telecommunications）；ITU-R 为国际电信联盟无线电通信部门（International Telecommunication Union-Radiocommunication Sector）；LTE-A 为长期演进技术升级版（Long Term Evolution-Advanced）；3GPP 为第三代合作伙伴计划（Third Generation Partnership Project）。

可以看出，目前我们仍无法对“什么是 6G”做出准确的回答。但是，结合各方对 6G 愿景、应用场景和关键性能指标的展望，我们仍然可以对 6G 的概念形成一个轮廓性的解读。

1.2 6G 的愿景

关于 6G 愿景，业界给出了不尽相同的表述。如，奥卢大学（University of Oulu）发布的全球首个 6G 白皮书《6G 泛在无线智能的关键驱动因素与研究挑战》[1]认为，6G 愿景包括“泛在无线智能，跟随用户的泛在无差别业务，无线–无线连接成为基础设施的关键组成部分，面向人机用户的智能服务”；中国移动通信集团有限公司研究院（简称中国移动研究院）发布的 6G 白皮书《2030+愿景与需求白皮书》[2]将 6G 愿景归纳为“数字孪生，智能泛在”；中国电子信息产业发展研究院发布的《6G 概念及愿景白皮书》[3]则从网络接入方式、覆盖范围、性能指标、智能化程度和网络服务的边界的角度，分别阐述了 6G 愿景；由数位移动通信领域的著名专家发表于《中国科学》上的文章[4]则对 6G 提出了 4 个方面的愿景：实现全球覆盖、更高的频谱和能源效率及更低的成本、更好的智能控制水平、更强大的安全性。

综合上述观点，我们认为，6G 愿景主要包括以下内容。

① “网络泛在”。从 6G 网络的外延来看，6G 网络将向空、天、地、海泛在融合的物理空间拓展，采用空间复用技术的陆地移动通信系统与卫星通信系统协同组网，集地面无线通信、高中低纬度卫星互联网和海洋互联网于一体，实现太空、空中、陆地、海洋等全要素覆盖，形成具有最大化容量、密集泛在连接和高致密频谱的全覆盖空间。网络接入方式也将扩展到无人机通信、水声通信、可见光通信等更为广阔的范围。

② “智能内生”。从 6G 网络的内涵来看，全网内生智能化将成为 6G 网络的核心特征。目前，深度学习（Deep Learning，DL）已被广泛应用于移动通信网的资源管理、参数调优、策略控制、智能运维等领域。在智能内生的 6G 网络中，在实现核心网络、云数据中心和边缘计算资源的智能化的同时，还将智能化进一步扩展到网络的各个层面，基于人工智能（Artificial Intelligence，AI）技术实现网络的自配置、自适应、自修复、自演进，从而实现真正的全网智能化。

③ “服务泛在”。6G 时代，“服务”将具有更为丰富、更为广泛的含义。首先，服务的边界将从物理世界拓展到虚拟世界。6G 的服务对象将从物理世界的人、机、物拓展至虚拟世界的“境”，通过物理世界和虚拟世界的连接，实现人–机–物与环境的协作，整个世界将基于物理世界生成一个数字化的孪生虚拟世界，物理世界的人和人、人和物、物和物之间可通过数字化世界传递信息与智能。孪生虚拟世界是对物理世界的模拟和预测，它精确地反映和预测物理世界的真实状态，帮助人类更进一步地解放自我，提升生命和生活的质量。其次，服务的提供也将更为智能。针对用户对业务的高精度通信需求，6G 将打破传统网络“统计复用、尽力而为”的原则，通过各种智能化技术提供动态、极细粒度的服务能力供给，面向 6G 全场景为用户带来沉浸式、个性化、无差异化的极致服务体验。

1.3　6G 的应用场景

参照中国移动研究院的《2030+愿景与需求白皮书》[2]，6G 的典型应用场景包括三大类：① 面向用户提升生活质量；② 面向工农业生产提高生产率和生产水平；③ 面向社会推动公共服务向普惠化和精细化发展。

1.3.1　面向用户的 6G 应用

（1）通感互联网

通感互联网是一种联动多维感官实现感觉互通的体验传输网络，借助网络传感设备、人体传感设备和 6G 网络实现。网络传感设备可以实时采集真实环境中的画面、气味、温度、湿度、光线等信息，为用户远程构建沉浸式应用场景；借助人体传感设备，用户可以充分调动视觉、听觉、触觉、嗅觉、味觉乃至情感等重要感觉，和场景进行全方位互动；通过 6G 网络实现感觉和环境的远程传输与交互。通过通感互联网，无论身处何处，用户都可以身临其境地获得商场、书店、花店等的购物体验，可以获得音乐、美术、运动等技能在真实环境中的沉浸式体验。

（2）孪生体域网

通过大量智能传感器在人体的广泛应用，对重要器官、神经系统、呼吸系统、消化系统、循环系统、泌尿系统、肌肉骨骼、情绪状态等进行精确实时的“镜像映射”，形成一个完整人体在虚拟世界的精确复制品——“数字人”，进而实现人体个性化健康数据的实时精准监测。此外，结合核磁共振、计算机断层扫描（Computed Tomography，CT）、彩超、血常规、尿生化等专业的影像和生化检查结果，利用人工智能技术可对个体提供健康状况精准评估和及时干预，并且能够为专业医疗机构下一步病理研究、精准诊断、靶向治疗、制订个性化的手术方案等提供重要参考，还可以实现对重疾病风险的精准预测，从而为人类健康生活提供保障，提升生命质量，延长个体寿命。

（3）智能交互

智能交互是智能体（包括人与物）之间产生的智慧交互。随着人工智能在各领域的全面渗透与深度融合，6G 时代的智能体将被赋予更为智慧的情境感知、自主认知能力，实现情感判断及反馈智能，可产生主动的智慧交互行为，在学习能力共享、生活技能复制、儿童心智成长、老龄群体陪护等方面大有作为。

1.3.2 面向工农业生产的 6G 应用

（1）智慧农业

6G 时代将极大解放农业劳作，提高全要素生产率。融合陆基、空基、天基和海基的泛在覆盖网络将进一步拓展生产场地，未来信息化的生产场地将不限于地面等常见区域，还可以进一步扩展到水下、太空等场地；数字孪生技术可以预先进行农业生产过程模拟推演，对负面因素提前应对，进一步提高农业生产能力与利用效率；同时，更大规模、更为智能的无人机、机器人、环境监测传感器等智能设备将实现人与物、物与物的全连接，在种植业、林业、畜牧业、渔业等领域大显身手。

（2）智慧工厂

6G 时代，越来越多的智慧工厂将集成人、机、物协同的智慧制造模式，智慧机器人将代替人类和现有的机器人成为敏捷制造的主力军，工业制造更趋于自驱化、智能化；利用 6G 网络的超高带宽、超低时延和超可靠等特性，可以对工厂内车间、机床、零部件等的运行数据进行实时采集，利用边缘计算和 AI 等技术，在终端侧直接进行数据监测，并且能够实时下达执行命令；基于先进的 6G 网络，工厂内任何需要联网的智能设备/终端均可灵活组网，智能装备的组合同样可以根据生产线的需求进行灵活调整和快速部署，从而能够主动适应制造业个人化、定制化"消费者到企业"（Customer to Business, C2B）的大趋势；数字孪生技术与工业生产结合，不仅起到预测工业生产发展因素的作用，还可以使实验室中的生产研究借助数字域进行，进一步提高生产创新力。工业生产、储存和销售方案将基于对市场数据的实时动态分析，有效保障工业生产利益最大化。从需求端的客户个性化需求、行业的市场空间，到工厂交付能力、不同工厂间的协作，再到物流、供应链、产品及服务交付，形成端到端的智慧闭环。

1.3.3　面向公共服务的 6G 应用

（1）智慧交通

6G 时代，用户的交通出行、交通体验和交通环境将得到全方位的提升。通过有序运作"海–陆–空–太空"多模态交通工具，人们将真正享受到按需定制的立体交通服务；自动驾驶汽车或无人驾驶汽车将实现规模部署和应用，这也为出行中的用户提供无差异的移动办公、家庭互联和娱乐生活； 通过无人机路况巡检、超高精度定位等多维合作护航，为人类塑造可靠安全的交通环境。

（2）公共服务的普惠化和智慧化

6G 时代，泛在覆盖的通信网络将延伸到偏远地区或地理隔离区域（如海岛、民航客机、远洋船舶），全面推动教育、医疗、文化旅游等公共服务的发展。6G 时代的普惠教育不仅能够实现多人远距离实时交互授课，还可以实现一对一智能化因材施教；数字孪生技术将实现教育方式的个性化和教育手段的智慧化，它可以结合每个个体的特点和差异，实现教育的定制化。精准医疗将进一步延伸其应用区域，帮助更广域范围的人们构建起与之相应的个性化"数字人"，并在人类的重大疾病风险预测、早期筛查、靶向治疗等方面发挥重要作用，实现医疗健康服务由"以治疗为主"向"以预防为主"的转化。通过全方位覆盖的通感互联网系统，人们可以随时随地沉浸到虚拟世界中，徜徉于名山大川，畅游于海底世界，在经典建筑中游览，在各大博物馆内参观。

（3）社会治理的精细化

依托其覆盖范围广、灵活部署、超低功耗、超高精度和不易受地面灾害影响等特点，6G 系统将显著提升即时抢险、“无人区”探测等社会治理工作的效能。例如，通过数字孪生技术实现“虚拟数字大楼”的构建，可迅速制订火灾等灾害发生时的最佳救灾和人员逃生方案；6G 网络实现了对深山、深海、沙漠等“无人区”的覆盖，通过对“无人区”的实时探测，可以实现诸如台风预警、洪水预警和沙尘暴预警等功能，提前为灾害防范预留时间，将灾害损失降到最低；在发生地震等自然灾害造成地面通信网络毁坏时，可以整合天基网络（卫星）和空基网络（无人机）等通信资源，为应急指挥和现场救援提供通信保障和实时现场信息。

1.4 6G 网络性能指标预测

依据 3GPP R15/R16/R17 5G 新服务需求[5-12]，结合高清、高自由度、人眼极限视频带宽与可靠性要求，以及自动驾驶定位精度要求和空中基站移动速度要求等，可以初步估计 6G 时代新型服务的网络性能指标需求及其与 5G 网络性能指标的对比，如表 1-1 所示。

表 1-1 6G 时代新型服务的网络性能指标需求及其与 5G 网络性能指标的对比

性能指标	6G	5G	提升倍数
峰值传输速率	1 Tbit/s	20 Gbit/s(DL)，10 Gbit/s(UL)	100
用户体验速率	0.1～1 Gbit/s	10～200 Gbit/s	100～200
端到端时延	0.1 ms	1～5 ms	10～50
可靠性	99.999 99%	99.999%	100
流量密度	100～10 000 Tbit/(s·km^2)	10 Tbit/(s·km^2)	10～1 000
连接数密度	100 m^{-2}	1 m^{-2}	100
移动速度	1 000 km/h	500 km/h	2
频谱效率	200～300 bit/(s·Hz)	100 bit/(s·Hz)	2～3
定位能力	1 m（室外），0.1 m（室内）	10 m（室外），1 m（室内）	10
网络能效	200 bit/J	100 bit/J	2

1.5　6G 的潜在关键技术

要实现 6G 愿景、应用场景和性能指标，无疑需要相应的技术发展及创新。对于 6G 的关键技术，研究人员已经提出了一些研究方向，但并未完全形成共识。从当前全球业界关注的技术方向来看，研究重点聚焦了基础理论、无线技术和网络架构等各个方面。

1.5.1　基础理论

为了支持 6G 业务中的语义感知与分析，6G 不仅要采集与传输数字信息，也要处理语义信息，这就要求必须突破经典信息论的局限，发展广义信息论，构建语义信息与语法信息的全面处理方案，这也是实现人机智能交互的理论基础。面向 6G 的广义信息论的研究内容包括以下 3 个方面[13]。

① 融合语法与语义特征的信息定量测度理论。与基于概率测度的经典信息论不同，广义信息论需要对语义信息进行主观度量，构建融合语法与语义特征的联合测度理论。首先，以模糊数学为工具，对 6G 移动业务的用户体验、感受评价等语义信息进行隶属度建模与测度。然后，进一步扩展经典信息论的概率度量方法，建立广义信息论的主客观联合度量模型。

② 基于语义辨识的信息处理理论。6G 移动通信需要支持各种类型的人机物通信，通信质量与效果有显著的主观体验差异。在定量测度语义信息的基础上，针对 6G 移动通信的多源广播业务特征，研究基于语义辨识的信息处理理论，为 6G 移动业务的数据处理提供指导。

③ 基于语义辨识的信息网络优化理论。6G 移动通信需要满足各种真实与虚拟场景的网络通信，因此，需要结合 AI 理论，研究真实与虚拟通信重叠的通信网络优化。

1.5.2　无线技术

无线技术，即空口和无线传输技术，为用户提供终端和 6G 通信网之间的连接。

6G 无线技术的研究非常广泛，大致可以分为如下 3 个方面。

① 传统无线通信技术的增强。研究突破香农信道容量的超大规模天线阵列与协作传输技术、超高速信道编码及调制技术、先进波形技术、多址接入技术和增强双工技术等，进一步提升 6G 频谱效率。

② 新的物理维度和信息载体。探索轨道角动量等新的物理维度以及量子通信等新的信息传输载体，进一步拓展无线传输技术的范围和内涵，对于满足 6G 频谱效率和容量以及保证信息传输安全具有重要意义。

③ 新的频谱资源技术。研究太赫兹（THz）、可见光通信等技术，进一步扩展移动通信的工作频段，为满足 6G 超高速率传输所需的超大带宽提供新的思路。此外，进一步研究在现有频段上利用认知无线、区块链和灵活频谱等技术实现更灵活的频谱使用，提升频谱的利用效率。

以下选择上述技术中的部分热点技术进行概要介绍。

（1）先进波形技术

在 5G 标准的制定过程中，为了减少带外辐射，研究了多种正交频分复用（Orthogonal Frequency Division Multiplexing，OFDM）波形方案。这些方案包括带子带滤波的多载波系统和带子载波滤波的多载波系统。前者包括通用滤波多载波和滤波 OFDM，后者包括广义频分复用（Generalized Frequency Division Multiplexing，GFDM）和滤波器组多载波（Filter Bank Multi-Carrier，FBMC）。新波形的选择不仅要考虑上述性能，还要考虑帧结构设计、参数选择的灵活性和信号处理算法的复杂性等，并能支持网络的灵活切片。

52.6 GHz 以上频段被认为是 6G 候选频段。52.6 GHz 以上的发射机（Tx）具有更高的峰均比要求，与低频段相比，52.6 GHz 以上的频段面临更困难的挑战，如更高的相位噪声、高大气吸收导致的极端传播损耗、更低的功率放大器效率和强大的功率谱密度调节要求。因此，有必要研究适用于高频段的波形。

新的波形技术将与高阶调制（256QAM）和多天线相结合，以达到最大化频谱效率的目标。

在接收端（即接收机 Rx），这些波形技术通常要求模数（Analog-to-Digital，A/D）转换器的分辨率达到 10 位或以上。此时，终端接收机的能耗将主要取决于

A/D 转换器。因此，新的波形技术应围绕降低 A/D 转换器分辨率的调制技术进行，以最大限度地降低接收端能耗。

（2）非正交多址接入技术

非正交多址接入（Non-Orthogonal Multiple Access，NOMA）技术被认为是当前 5G 和下一代 6G 移动通信的代表性多址接入技术。NOMA 的核心思想是鼓励移动用户之间的频谱共享，采用复杂的多用户检测技术，以合理的计算复杂度有效地抑制频谱共享引起的多址干扰。

NOMA 最初是为 5G 移动系统开发的，其优越的频谱效率已经被广泛的理论研究和学术界与工业界的实验所证明。然而，认为 NOMA 应该在 5G 系统中取代 OFDM 的设想并未得以实现。由于存在种种分歧，在相关规范中，NOMA 仅作为下行传输的一个可选传输模型出现。

因此，在 6G 的研究中，制定 NOMA 统一框架并达成共识成为重中之重。这需要在技术层面、具体实施层面和标准化层面统一考虑和研究。

（3）新一代信道编码技术

作为无线网络通信的基础技术，新一代信道编码技术应提前对 6G 网络的吞吐量、GHz 为单位的大信道带宽、太赫兹信道特性和空天地海网络架构下基于复杂场景干扰的传输模型特征进行研究和优化，对信道编码算法和硬件芯片实现方案进行验证和评估。目前业界已经开始了一些预研工作：结合现有极化码（Polar Code）、Turbo 和低密度奇偶校验码（Low Density Parity Check Code，LDPC）等编码机制，研究未来 6G 通信场景应用的编码机制和芯片方案；针对 AI 技术与编码理论的互补研究，开展突破纠错码技术的全新信道编码机制研究等。与此同时，针对 6G 网络多用户/多复杂场景信息传输特性，综合考虑干扰的复杂性，对现有的多用户信道编码机制进行优化。其中最受关注的是下一代极化码的研究。

作为第一种达到信道容量的高性能编码，极化码是未来 6G 数据传输的重要候选方案。极化码基于差异化原理进行编码，非常适合未来 6G 移动通信灵活多变的业务需求。尽管 5G 移动通信的信道编码标准已经确定采用极化码，但极化码的编码构造与译码算法还存在很大的优化空间。因此，需要进一步对极化码的设计构造理论和高性能低复杂度编译码算法展开研究。此外，为了进一步提高吞吐量，还需要研究极化码与高阶调制方案的有效结合。

（4）大规模天线技术

大规模天线技术可大幅提升无线网络的容量和覆盖范围，是 5G 的关键技术之一。6G 将面临真实与虚拟共存的多样化通信环境，业务速率、系统容量、覆盖范围和移动速度的变化范围将进一步扩大，传输技术将面临性能、复杂度和效率的多重挑战。

面对 6G 需求的挑战，大规模天线技术需要研究如下几个方面的问题：跨频段、高效率、全空域覆盖天线射频领域的理论与技术实现；可配置、可实现大规模阵列天线与射频技术，突破多频段、高集成射频电路面临的包括低功耗、高效率、低噪声、非线性和抗互扰等多项关键性挑战；新型大规模阵列天线设计理论与技术、高集成度射频电路优化设计理论与实现方法，以及高性能大规模模拟波束成形网络设计技术。

（5）灵活频谱技术

前述潜在技术的目标都是提升频谱效率，使频谱效率逼近信道容量上限。而在实际网络中，更典型的情况是频谱需求的不均衡性，包括不同网络间的不均衡、同一网络内不同节点之间的不均衡和同一节点收发链路之间的不均衡等，这些不均衡特性导致频谱利用率低下。灵活频谱技术就是为了解决上述频谱需求不均衡问题而提出的。其中，频谱共享主要用于解决不同网络间的频谱需求不均衡问题，全自由度双工主要用于解决同一网络内不同节点之间和同一节点收发链路之间的频谱需求不均衡问题[14]。

① 频谱共享技术。目前的蜂窝网络主要采用授权载波的使用方式，频谱资源所有者独占频谱使用权限，即使频谱资源暂时空闲，其他需求者也没有机会使用。独占授权频谱对用户的技术指标和使用区域等有严格的限制和要求，能够有效避免系统间干扰并可以长期使用。然而，这种方式在具备较高的稳定性和可靠性的同时，也存在着因授权用户独占频段造成的频谱闲置、利用不充分等问题，加剧了频谱供需矛盾。显然，打破独占授权频谱的静态频谱划分使用规则，采用频谱资源共享的方式是更好的选择。

频谱共享技术没有被充分部署的原因有频谱分配规则约束的因素，但更主要的是频谱共享技术本身成熟度的限制。频谱共享技术需要在研究上有所突破，包括高效频谱共享技术及高效频谱监管技术，以便我们在 6G 网络中更好地采用频谱共享技术提升频谱资源利用率，同时也可以更方便地进行频谱监管。频谱共享的实现技术可以分为三大类：一是感知类，例如认知无线电（Cognitive Radio，CR）技术；二是共享数据库类，如频谱池技术；三是将前两类技术结合起来使用。

频谱共享技术的设计通常需要系统间广泛的信息交换。6G 的网络环境将变得越来越动态和复杂，这给动态频谱管理的实现带来了困难。可以利用 AI 与频谱共享技术结合，实现智能的动态频谱共享使用和高效频谱监管。

② 全自由度双工技术。随着未来 10 年双工技术的进步和工艺的成熟，预期 6G 时代的双工方式将有望实现真正全自由度双工（Free Duplex）模式，即不再有频分双工（Frequency-Division Duplex，FDD）/时分双工（Time-Dinision Duplex，TDD）的区分，而是根据收发链路间业务需求，完全灵活自适应地调度为灵活双工或全双工模式，彻底打破双工机制对收发链路之间频谱资源利用的限制。全自由度双工模式通过收发链路之间全自由度（时域、频域、空域）灵活的频谱资源共享，将可以实现更加高效的频谱资源利用，达到提升吞吐量及降低传输时延的目的。全双工技术的实用化进程中，尚需解决的问题和技术挑战包括：大功率动态自干扰信号的抑制、多天线射频域自干扰抑制电路的小型化、全双工体制下的网络新架构与干扰消除机制、与 FDD/TDD 半双工体制的共存和演进策略。另外，从工程部署角度，充分研究全双工的组网技术是更重要的方向。

（6）太赫兹技术

随着无线通信需求与技术持续发展，需要不断开发新的频谱资源，提高信息传输速率，突破当前无线系统的容量限制。太赫兹频段（0.1～10 THz）频谱资源具有 100 Gbit/s 以上大容量传输能力，且大部分尚未被分配使用，因此受到学术界的极大关注，也受到多个国家、地区和组织的高度重视，被认为是最有潜力的 6G 新型频谱资源。

太赫兹波又称远红外波，波长在 0.03～3 mm 之间，在整个电磁波谱中处于微波与红外波之间，如图 1-2 所示。从光学领域来看，太赫兹波被称为远红外射线；从能量上来看，太赫兹波段的能量介于电子和光子之间。因此，太赫兹波处于电子学向光子学的过渡区域，具有不同于微波和光波的独特特性，是电磁波段中最后一段未被人类充分认识和应用的波段。正是因为其特殊性，太赫兹波具有频率高、脉冲短、穿透性强、能量很小和对物质与人体的破坏较小等特质。太赫兹波通信具有极高的方向性和穿透能力，因此适用于恶劣环境下的短距离保密通信，也适用于高带宽需求的卫星通信领域。国际电信联盟已经指定 0.12 THz 和 0.22 THz 两个频段分别用于下一代地面无线通信与卫星间通信。

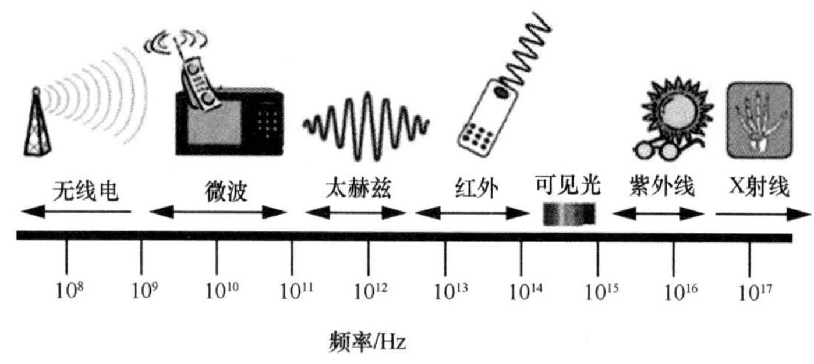

图 1-2　太赫兹波在频谱中的位置

尽管具有超高速率通信传输的优势，太赫兹通信频段的路径损耗较大，且绕射能力较差，易被建筑物和物体遮挡。因此，对太赫兹通信未来应用的研究目前还是集中在短距离通信，包括：与其他低频段网络融合组网，应用于地面的各种超宽带无线接入和光纤替代场景；搭载于卫星、无人机、飞艇等平台之上，作为无线中继设备，应用于空天地海多维度一体化通信；实现微小尺度通信、万物互联与微纳技术结合应用于微观尺度的通信。

太赫兹技术当前的研究方向包括：关键器件向更高功率和更高效率的突破；多种 6G 应用场景下的太赫兹传播特性和信道建模；太赫兹通信空口技术，包括频谱和带宽资源的动态配置、波束接入的智能管理，以及高低频、空天地多维度、宏观到微观多尺度的空口协同和信息融合等。

1.5.3　网络架构

未来 6G 网络将会面临诸多挑战：越来越庞大异构的网络，更多类型和特性的终端及网络设备，更加复杂多样的差异化、个性化业务类型及应用场景。这一切都要求重新梳理 6G 网络的构建和管控方式，达到网络自配置、自适应、自修复的目标，满足全场景按需服务的要求。

因此，在 6G 网络设计的研究中，将智能化引入网络的各个层面、各个部分已成为业界共识[15]。相关研究可大致归纳为以下内容。

① 以人工智能为核心的 6G 网络架构。如，北京邮电大学张平院士团队在引入代表智慧或意识的“灵”的基础上，提出 6G 信息交换中枢 Ubiquitous-X 网络[16]，使“人–机–物–灵”的新通信对象全面协作和融合于现有网络，以构建未来的 6G 网络。香港科技大学等团队[15]提出以人工智能为中心的 6G 网络架构，将 6G 网络视为与人工智能相互驱动的智能信息系统，强调 6G 网络架构设计应遵循“AI 原生”的方法，使得网络能够根据不断变化的网络结构进行动态调整。同时，利用灵活的子网范围的演进来有效地适应本地环境和用户需求，从而产生一个“子网网络”。

② 相关网络技术向 6G 网络的演进和智能化技术在 6G 网络中的应用。如，软件定义网络（Software Defined Network，SDN）、网络功能虚拟化（Network Functions Virtualization，NFV）、网络切片、边缘计算向 6G 智能化网络的演进，知识定义网络、意图驱动网络在 6G 网络中的应用等。

③ 高强度、多层次的 6G 智能安全网络。通过网络架构的设计以及引入区块链、量子通信等关键技术，确保网络的通信可靠性大幅提升。重点开展满足云化和海量微小终端安全需求的自主、灵活的新型密码算法研究以及面向行业用户和特殊用户的新型安全保密通信技术研究。

以下将对相关网络技术向 6G 网络的演进进行介绍。

（1）SDN 向 6G 网络的演进

与传统的网络相比，SDN 实现了控制层面和转发（数据）层面的解耦分离，通过集中的 SDN 控制器实现可编程化控制底层硬件，进而实现对网络资源灵活地按需调度，使网络更开放，可以灵活支撑上层业务/应用。在 5G 网络中，SDN 已经得到了一定程度的应用，但在其网络部署、可靠性和安全性方面也面临诸多问题。

SDN 被认为是 6G 网络的驱动力量之一，在未来的 6G 网络中，SDN 向混合 SDN 的演进有望缓解上述挑战。混合 SDN 是一种网络体系结构，在这种体系结构中，集中式和分散式模式共存并在不同程度上进行通信，用来配置、控制、改变和管理网络行为，从而优化网络性能和用户体验。混合 SDN 由传统网络和纯 SDN 组成，可以兼得两种网络的优点。对于混合 SDN，有效管理异构范例和两个网络之间的有效交互尤为重要。此外，SDN 中也将引入 AI 技术，提高 SDN 的自动化程度。

（2）NFV 向 6G 网络的演进

NFV 源于运营商在通用 IT 平台上通过软件实现网元功能从而替代专用平台的尝试，以降低网络设备的成本。其实质是将网络功能从专用硬件设备中剥离出来，转移到虚拟机（Virtual Machine，VM）上，实现软件和硬件解耦后的各自独立，基于通用的计算、存储、网络设备并根据需要实现网络功能及其动态灵活的部署。在 5G 中，NFV 将实现云无线接入网（Radio Access Network，RAN）的虚拟化，这将有助于网络的灵活部署并减少资本支出。此外，NFV 还将为网络切片提供基础，通过动态创建服务链，使 5G 网络能够支持基于服务的体系结构。因此，NFV 使 5G 网络具有弹性和可扩展性，提高了网络的灵活性，简化了管理。

作为 5G 网络总体设计架构的两大关键技术，SDN 和 NFV 的结合被认为是 5G 网络架构向 6G 发展的重要方向。但二者的融合仍面临复杂性、可靠性、安全性和多租户等问题。首先，尽管 SDN 和 NFV 明确规定了网络各部分和服务提供的管理责任，但由于控制和管理分离、多供应商系统、实时资源分配等问题，融合的整体复杂性将显著增加；其次，由于复杂性增加，网络更容易出现意外和不可预见的故障；最后，5G 和 6G 网络预计将是多租户网络，SDN 和 NFV 融合必须处理相应的多租户问题。

（3）网络切片向 6G 网络的演进

网络切片是一种网络体系结构，它支持在同一物理网络基础设施上复用虚拟化和独立的逻辑网络。一个网络切片是逻辑上隔离的端到端网络。每个虚拟网络之间，包括网络内的设备、接入、传输和核心网，是逻辑独立的，任何一个虚拟网络发生故障都不会影响其他虚拟网络。每个虚拟网络具有不同的功能特点，根据商定的服务等级协定（Service Level Agreement，SLA）为特定的需求服务。

SDN 和 NFV 是实现网络切片的前提条件。网络经过功能虚拟化后，无线接入网部分叫边缘云（Edge Cloud），而核心网部分叫核心云（Core Cloud）。边缘云中的 VM 和核心云中的 VM 通过 SDN 互联互通。针对不同的服务需求，将所需功能对应的 VM 放入切片中，并通过 SDN 连接，即可提供所需的网络切片。网络切片是基于 SDN 和 NFV 的，因此也继承了它们的大部分问题和挑战，即复杂度、可靠性、安全性和多租户等问题。

此外，6G 网络中的网络切片还面临如下挑战。

- 切片隔离。隔离性是网络切片最重要的特性，也是其实现的主要挑战。切片隔离需要实现协调和控制，以协调不同域中的不同隔离技术，但目前仍然没有一个完整的、标准化的网络切片体系结构。
- 动态切片创建和管理。为了适应不同的服务和满足不同的需求，需要高效的动态切片创建和删除功能。但是，创建或删除切片需要保证这些操作对当前正在运行的切片没有影响，这涉及隔离和安全问题。此外，切片应该能够随着负载的变化而动态扩展。因此，需要有效的共享切片，这也会导致隔离和安全等问题。总之，切片的生命周期管理是一个亟待解决的关键问题。

（4）服务化架构向 6G 网络的演进

服务化架构（Service-Based Architecture，SBA）是 3GPP 确定的 5G 核心网的统一基础架构。该架构由中国移动牵头联合全球 14 家运营商及华为技术有限公司（以下简称华为）等 12 家网络设备商提出。SBA 设计的目标是以软件服务重构核心网，实现核心网软件化、灵活化、开放化和智慧化。SBA 借鉴信息技术（Information Technology，IT）系统服务化的理念，通过模块化实现网络功能间的解耦和整合，采用“服务”设计通用网元及主要功能，各解耦后的网络功能（服务）可以独立扩容、独立演进、按需部署。各种服务采用服务注册、发现机制，实现了各自网络功能在 5G 核心网中的即插即用、自动化组网；以“服务调用”取代传统的信令交互，同一服务可以被多种网络功能调用，提升服务的重用性，简化业务流程设计。这种设计有助于网络快速升级、提升资源利用率、加速新能力引入、便于网内和网外的能力开放，使得 5G 系统从架构上全面云化，快速扩缩容。

SBA 给 5G 和 6G 带来了新的安全挑战。SBA 引入了一组安全特性，包括网络功能注册、发现和授权安全，以及对基于服务的接口的保护，使 SBA 体系结构的网络功能能够在服务网络域内和与其他网络域之间进行安全通信。SBA 域安全是 5G 和 6G 中的一种新的安全特性，为了保证 SBA 中用户设备之间通信的安全性，需要传输层安全和开放授权等安全机制。

（5）云计算、雾计算和边缘计算在 6G 网络中的融合互补

云计算以虚拟化的技术整合一个数据中心或多个数据中心的资源，屏蔽不同底层设备的差异性，以一种透明的方式向用户提供计算环境、开发平台、软件应用等服务。目前，云计算已作为互联网中的基础设施被广泛应用。与云计算相比，雾计算所采用的架构更具分布式，更接近网络边缘。雾计算将数据、数据处理和应用程序集中在网络边缘的设备中，而不像云计算那样将它们几乎全部保存在云中。雾计算的数据存储及处理更依赖本地设备，而非服务器。雾计算有几个明显特征：低时延、位置感知、广泛的地理分布、适应移动性的应用和支持更多的边缘节点。这些特征使得移动业务部署更加方便，满足更广泛的节点接入。边缘计算指在靠近物或数据源头的网络边缘侧，由融合网络、计算、存储、应用核心能力的开放平台就近提供边缘智能服务，满足行业数字化在敏捷连接、实时业务、数据优化、应用智能、安全与隐私保护等方面的关键需求。雾计算和边缘计算的区别在于，雾计算更具有层次性和平坦的架构，通过几个层次形成网络，而边缘计算依赖不构成网络的单独节点。雾计算在节点之间具有广泛的对等互连能力，边缘计算在“孤岛”中运行其节点，需要通过云实现对等流量传输。

云计算、雾计算和边缘计算不是竞争而是相互依赖的，它们相互补充形成一个服务连续体，其中，雾计算是连接集中式云计算和网络分布式边缘计算的桥梁。与边缘计算一起，雾计算可确保在靠近数据生成和使用的位置进行及时的数据处理、情况分析和决策；与云计算一起，雾计算在不同的垂直行业和场景中支持更智能的应用和复杂的服务，如跨域数据分析、模式识别和行为预测。因此，云计算、雾计算和边缘计算之间的集成多层计算模式将成为 6G 网络中的主流计算模式。

（6）边缘智能网络 DEN^2

深度边缘节点及网络（Deep Edge Node and Network，DEN）^{2} 的主要目的是将通信服务和智能推向边缘，以实现普适智能的愿景。这不仅可以将网络性能推向上限，而且可以探索行业级隔离，这是以经济高效的方式为工业用户提供服务的基本要求。与移动边缘计算（Mobile Edge Computing，MEC）或雾计算不同，DEN^2 的目标不仅是为边缘提供计算和智能能力，而且使深度边缘网络的无线通信和计算资

源通过实时自适应协作进行深度融合。

DEN^2 的愿景是建立一个超高性能的平台，为各种工业和非工业终端提供统一的接入。DEN^2 有望成为未来移动通信系统的关键创新平台。为此，需要考虑一些使能技术，例如工业终端直通，无线网络和核心网络的融合，完全自主的自驱动网络，支持标识与地址分离、感知和以用户为中心的新的网络协议。

通过将智能从中心云转移到深度边缘节点，DEN^2 实现了高度分布式人工智能，从而减少时延、成本和安全风险，使相关业务更高效。从这个角度来看，DEN^2 的关键能力是本地人工智能支持，包括数据访问、存储、处理、推断、知识分发等。因此，DEN^2 应该考虑如何处理数据安全和隐私以及如何在默认情况下提供数据和服务，还需要考虑如何支持深度边缘节点实体之间的实时协作。

（7）人工智能在 6G 核心网中的全面应用

如前文所述，6G 将通过各种智能化技术提供动态、极细粒度的服务能力供给，面向 6G 全场景为用户带来沉浸式、个性化、无差异化的极致服务体验。多样化的目标、多变的服务场景和个性化的用户需求，要求 6G 网络不仅要具有大容量、超低时延，而且要具有显著的灵活性和可塑性。面对分布式场景中不断变化的业务需求，6G 网络服务体系结构应该具有足够的灵活性和可扩展性，能够在控制层对网络进行极细粒度的调整。然而，5G 核心网的 SBA 是基于粗粒度配置的，缺乏对业务需求变化的实时感知和动态适应。因此，6G 核心网的 SBA 应该引入重要的认知功能，使 6G 核心网能够准确识别目标行为、场景语义和用户特征，从而对业务需求的变化进行细致的感知。接下来，6G 核心网的 SBA 根据获取的信息，通过规则匹配或近似推理进行决策。同时，6G 核心网的 SBA 还需评估服务的运行状态，为决策提供参考。此外，6G 核心网可以通过统一的业务描述方法，对网络业务进行自适应动态调整。

此外，6G 核心网功能将进一步下沉到网络的边缘，即边缘核心。6G 将借助核心网智能和边缘核心智能，形成多中心架构，提供高效、灵活、超低时延、超大容量的网络服务。原本运行在云端的 5G 核心网将不再直接参与网络控制。它只是帮助边缘核心彼此通信。核心网向边缘下沉，降低了网络响应时延，提高了网络管理的灵活性。另外，由于核心网的下沉部署，核心网智能将实现从核心网直至用户终端（User Equipment, UE）的全网覆盖。在此基础上，UE 可以采用多种通信方式，在业务场景和需求发生变化时能够无缝切换。边缘核心通过运行在其中的分布式服务代理支持服务适配、服务迁移、服务协作和服务演化。

同时，在 6G 时代，具有各种人工智能功能的终端设备将与各种边缘和云资源无缝协作。这种“设备+边缘+云”的分布式计算体系结构可以按需提供动态的、极细粒度的服务计算资源。随着人工智能技术的成熟和人工智能硬件成本的降低，智能终端设备越来越多，如智能手机、增强现实（Augmented Reality，AR）/虚拟现实（Virtual Reality，VR）眼镜、智能摄像头、智能电视等将不断丰富用户的日常生活。分布式终端设备之间的协同人工智能服务将成为 6G 的一项重要的赋能技术。

通过核心智能、边缘智能和终端设备智能的全方位协作，6G 将进一步从当前的“人机交互”发展到“人–机–物–灵”[13,16]交互。这些新的、无处不在的、社会化的、基于上下文的、意识驱动的通信和控制场景需要现实世界和虚拟世界的智能服务协调，以及各种终端设备和网络节点的高效协同计算。在这种智能协同计算方案的帮助下，6G 网络通过感知各种主客观信息，充分提供无处不在的沉浸式“万物互联”（Internet of Everything，IoE）服务，包括虚拟场景和真实场景。

1.6　6G 的标准化进展

1.6.1　ITU-R 6G 研究及标准化进程

2020 年 2 月 19 日至 26 日，在瑞士日内瓦召开的第 34 次国际电信联盟无线电通信部门 5D 工作组（ITU-R WP5D）会议上，启动了面向 2030 年及未来（6G）的研究工作。

此次会议形成了初步的 6G 研究时间表，包含未来技术趋势研究报告、未来技术愿景建议书等重要计划节点。ITU 将启动 “未来技术趋势报告”的撰写，计划于 2022 年 6 月完成，该报告描述 5G 之后 IMT 系统的技术演进方向，包括 IMT 演进技术、高谱效技术及部署等。

此外，ITU 于 2021 年上半年启动“未来技术愿景建议书”，预计于 2023 年 6 月完成。该建议书包含面向 2030 年及未来的 IMT 系统整体目标，如应用场景、主要系统能力等。预计 2023 年年底的世界无线电通信大会（World Radiocomunication Conferences，WRC）将讨论 6G 频谱需求，2027 年年底的 WRC 将完成 6G 频谱分配。

目前，ITU 尚未确定 6G 标准的制定计划。

中国 IMT-2030（6G）推进组的 6G 业务、愿景与使能技术的研究和验证将与 ITU-R 的 6G 标准工作计划保持同步。可以预测的是，2023—2027 年中国将完成 6G 系统与频谱的研究、测试和系统试验[17]。

1.6.2　3GPP 6G 研究及标准化进程

面向 2028—2029 年 ITU 6G 标准评估窗口，3GPP 预计需要在 2024—2025 年（即 R19 窗口）正式启动 6G 标准需求、结构与空口技术的可行性研究工作，并最快在 2026—2027 年（即 R20 窗口）完成 6G 空口标准技术规范制定工作。此前，3GPP 在 2020—2023 年完成 R17 与 R18 的 5G 演进标准制定，此标准可简称为“后 5G”（Beyond 5G，B5G）标准。

据悉，3GPP 将于 2023 年开启对 6G 的研究，并将于 2025 年下半年开始对 6G 的标准化展开工作（完成 6G 标准的时间节点在 2028 年上半年），2028 年下半年将会有 6G 设备产品问世。

参考文献

[1] 6G FLAGSHIP, UNIVERSITY OF OULU, FINLAND. Key drivers and research challenges for 6G ubiquitous wireless intelligence[EB].

[2] 中国移动通信集团有限公司研究院. 2030+愿景与需求报告（第二版）[EB].

[3] 中国电子信息产业发展研究院. 6G 概念及愿景白皮书[EB].

[4] YOU X H, WANG C X, HUANG J, et al. Towards 6G wireless communication networks: vision, enabling technologies, and new paradigm shifts[J]. Science China Information Sciences, 2021, 64(1): 1-74.

[5] 3GPP. Study on scenarios and requirements for next generation access technologies: R15 TR 38.913[S]. 2018.
[6] 3GPP. Service requirements for the 5G system: R15/16/17 TS 22.261[S]. 2019.
[7] 3GPP. Service requirements for cyber-physical control applications in vertical domains: R16 TS 22.104[S]. 2020.
[8] 3GPP. Study on communication for automation in vertical domains (CAV): R16 TR 22.804[S]. 2018.
[9] 3GPP. Study on communication services for critical medical applications: R17 TR 22.826[S]. 2019.
[10] 3GPP. Study on audio-visual service production: R17 TR 22.827[S]. 2019.
[11] 3GPP. Study on enhancements for cyber-physical control applications in vertical domains: R17 TR 22.832[S]. 2019.
[12] 3GPP. Study on network controlled interactive service (NCIS) in the 5G System (5GS): R17 TR 22.842[S]. 2019.
[13] 张平, 牛凯, 田辉, 等. 6G 移动通信技术展望[J]. 通信学报, 2019, 40(1): 141-148.
[14] 赵亚军, 郁光辉, 徐汉青. 6G 移动通信网络: 愿景、挑战与关键技术[J]. 中国科学: 信息科学, 2019, 49(8): 963-987.
[15] LETAIEF K B, CHEN W, SHI Y M, et al. The roadmap to 6G: AI empowered wireless networks[J]. IEEE Communications Magazine, 2019, 57(8): 84-90.
[16] 张平, 张建华, 戚琦, 等. Ubiquitous-X: 构建未来 6G 网络[J]. 中国科学: 信息科学，2020, 50(6): 913-930.
[17] 方敏, 段向阳, 胡留军. 6G 技术挑战、创新与展望[J]. 中兴通讯技术, 2020, 26(3): 61-70.

第 2 章

网络智能化：从业务网络到全网智能化

从“业务智能”到“全网智能”，网络智能化伴随通信网络的发展不断发展演进，并逐步深入到通信网络各个层面。6G 网络本身就是一个智能化网络。本章梳理网络智能化的发展历程，从发展脉络、趋势和存在的问题方面为 6G 智能化网络的技术方案建议提供基础。本章首先引入网络智能化技术、也是业务智能化技术的开端——智能网技术；其次介绍 2.5/3G 数据业务阶段网络智能化技术向业务网络智能化的发展演进、4G 时代业务智能化与移动互联网的交互融合；最后介绍 5G 时代网络智能化技术向“全网智能化”的发展。

2.1 业务智能化的开端：移动智能网

2.1.1 智能网的出现及其基本思想

传统电话业务是围绕程控数字交换机实现的，后者执行基本的交换功能，并通过执行内部存储的程序和由端局传入的专用的电信信令（比如，用户拨号就将激发相应的信令），实现对业务的控制。要开发新业务或对原有业务进行修改，就要对全网的所有交换机进行软件升级或改造，从而带来费用高、周期长、可靠性差的问题。智能网（Intelligent Network，IN）就是为解决这一问题提出的，其基本思想是将传统交换机的交换功能和业务控制功能分离,在交换网上设置一些新的功能部件，原有交换机仅完成基本的接续功能，所有新业务的提供和控制由这些新功能部件控制原有的交换机共同完成。不同于程控数字交换机是一个专用的电信网络设备，新功能部件在通用的计算机设备上实现，可以实现方便灵活的业务开发和控制，并提供专门的数据库系统存储和管理业务相关的数据。其中，实现业务控制功能和数据存储功能的部件分别被称为“业务控制功能”（Service Control Function，SCF）和“业务数据功能”（Service Data Function，SDF）。

1981 年，美国电信运营商美国电话电报公司（American Telephone and Telegraph Company，AT&T）将用户数据从原本存储的本地交换机中取出，集中存放在网络控制点的数据库中，从而使用户可以独立于其接入点对应的话机账号，以支持被叫集中付费和记账卡呼叫业务，这一实现方法为智能网的应用奠定了基础。1984 年，贝尔通信实验室在其 IN/1 建议中正式提出了“智能网”一词，并提出了智能业务与基本呼叫控制相分离的思想。ITU-T 从 1989 年开始着手制定智能网的国际标准。智能网作为一个新的体系概念从公用电话交换网（Public Switched Telephone Network，PSTN）开始引入，考虑到网络的不断发展和未来演进，ITU-T 关于智能网的建议采用标准化的方法，将智能网可提供的功能划分为逐步增强的能力集（Capability Set，CS）。1992 年，ITU-T 发布了智能网的第一套标准 IN CS-1。该标准中给出了智能网的基本原理、概念模型和体系结构，是智能网实现和演进的基础。

智能网是在原有通信网的基础上设置的一层叠加网络，目标是为各种类型的通信网络服务，不断地为各种网络提供满足用户需要的新业务。这种通用性和演进性依托的智能网的基本目标如下。

- 有效使用网络资源。
- 网络功能模块化。
- 重复使用标准的网络功能来生成和实施新的业务。
- 网络功能（功能实体）灵活分布在不同的物理实体中。
- 通过独立于业务的接口，功能实体间可以实现标准的通信。

可以看出，时至今日，智能网的上述思想依然是电信业务实现的基本准则。

从 1992 年的 IN CS-1，到 2001 年的 IN CS-4，ITU-T 共发布了 4 个阶段的能力集标准。主要内容如下。

- IN CS-1 主要局限于 PSTN 中，且其所支持的业务和业务特征仅限于单端点和单控制点的业务，即：一个呼叫只与一个用户的业务特征相关；一个呼叫只受一个 SCF 控制。IN CS-1 试图选择当时市场急需、具有商业价值的业务，如被叫集中付费、记账卡呼叫、虚拟专用网等，业务实现的重点在于灵活选路、灵活计费和呼叫连接控制方面，对已有通信网和业务没有明显的影响。这为智能网在 PSTN 中的顺利应用及普及提供了条件。我国的 PSTN 智能网于 1995 年前后开始建设，陆续推出了记账卡呼叫 300 业务、被叫集中付费 800 业务、虚拟专用网 600 业务等全国性智能网业务和校园卡 201 业务等本地智能网业务。

- IN CS-2 主要研究智能网的网间互联和网间业务。具体包括：支持网间业务，从而实现跨网业务提供；增加了终端移动性的业务属性和要求及无线接入功能，支持移动网络中的终端移动类业务；提供呼叫中的多方处理能力，支持多用户业务；增加带外信令能力，允许用户在信道外与业务逻辑进行交互，使交互内容更加丰富；增强业务资源功能（Service Resource Function，SRF），使之完成部分业务逻辑功能，并加强其资源功能。从后续的发展看，得以广泛应用的是对移动类业务的支持和对 SRF 的增强，前者与移动智能网的巨大成功密切相关，后者则促使 SRF 逐步成为网络中独立的业务逻辑实体，提供资源类业务。后文将进行详细介绍。
- IN CS-3 和 IN CS-4 主要包括对综合业务数字网（Integrated Services Digital Network，ISDN）、宽带 ISDN（Broadband ISDN，B-ISDN）的支持及 IN 与互联网协议（Internet Protocol，IP）网的互联。由于网络技术的发展和市场环境的变化，这些功能并未得到实际应用。智能网的标准化进程也就此终结。

2.1.2 移动智能网及其在我国的应用

20 世纪 90 年代初，第二代移动通信系统已经在全球大部分地区建立，为数千万用户提供基本的话音和数据业务。随着移动网络覆盖范围的扩大和移动终端的普及，人们对移动增值业务的需求越来越多，移动网原有的业务推出速度已远远不能满足市场的需要。与此同时，固定智能网在世界范围内取得了良好发展，充分展示了其在业务提供方面的优势。因此，自 20 世纪 90 年代中期开始，国内外许多标准组织和电信厂商分别推出了移动网与智能网互联的标准和方案。其中，欧洲电信标准组织（European Telecommunications Standards Institute，ETSI）的移动网增强逻辑的定制应用（Customized Application for Mobile Network Enhanced Logic，CAMEL）标准和美国通信工业协会的无线智能网（Wireless Intelligent

Network，WIN）标准分别成为全球移动通信系统（Global System for Mobile Communications，GSM）移动智能网和码分多址（Code Division Multiple Access，CDMA）移动智能网的主流技术和标准，我国也基于这两个标准建立了相应的移动智能网系统[1]。其中，中国移动的 GSM 移动智能网系统取得了巨大的成功，确立了移动智能网作为移动语音增值业务提供主流技术的地位。下文将对 CAMEL 标准及 GSM 移动智能网进行介绍。

CAMEL 标准于 1997 年推出，它针对 GSM 移动通信网与智能网的互联，提供了一种独立于通信网的业务提供机制，CAMEL 业务提供机制示意如图 2-1 所示。智能网的 SCF、SDF 等功能实体组成 CAMEL 业务环境（CAMEL Service Environment，CSE），负责业务逻辑的执行。移动交换中心/业务交换点（Mobile Switching Centre/Service Switching Point，MSC/SSP）为处理呼叫的交换机，是将已有移动通信网中的交换机 MSC 升级而来。在用户呼叫时，MSC/SSP 先对用户进行鉴权，然后判断用户的呼叫是否满足智能呼叫的条件；如果满足，就把呼叫上报 CSE；CSE 收到上报的呼叫信息后，开始执行相应的业务逻辑，控制 MSC/SSP 对呼叫的接续；在呼叫接通后，CSE 继续监视并控制呼叫，收集呼叫的信息，并且发送计费信息，直至呼叫结束。

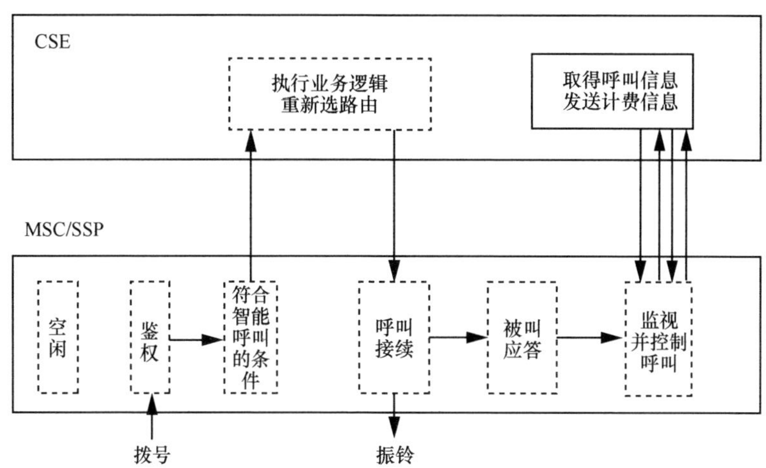

图 2-1　CAMEL 业务提供机制示意

可以看出，与固定智能网相比，移动智能网同样通过集中的业务控制和业务数据功能，实现快速、灵活、经济地提供各种新业务的目标，并在功能实体之间采用标准化的协议接口，以实现不同厂家移动智能网设备的互通。

尽管继承了传统智能网的基本思想和体系结构，但是移动通信网自身的特点对移动智能网提出了新的要求，其中最为重要的是移动性要求。一方面，用户终端的移动性要求移动智能网能为处于漫游状态的用户（位于其归属网络之外）提供与在归属网络相同的移动智能网业务；与此同时，移动通信业务所具有的个人化特点在移动智能网业务中的体现也更加明显，这些无疑大大增加了移动智能网设计和实现的复杂性。另一方面，这些移动性、个人化的特征也给了移动智能网更大的业务提供空间，使其在可设计的业务种类、业务的潜在用户群范围方面都超越了传统电话网中的固定智能网。

CAMEL 对功能实体间的协议接口进行了标准化，但并未对所提供的业务进行限定。采用 CAMEL 技术，GSM 运营商就可以根据自身的需要，独立地定义和实施各种新的增值业务。

与 ITU-T 标准类似，CAME 建议也是分阶段制定的。目前已定义了从 CAMEL1 到 CAMEL4 共 4 个阶段的建议。其中，CAMEL1 和 CAMEL2 建议基于 ITU-T IN CS-1 标准，专门针对 2G GSM 网络，CAMEL3 和 CAMEL4 建议分别将系统能力扩展到通用分组无线业务（General Packet Radio Service，GPRS）网络及 3G 系统。其中，1998 年推出、1999 年冻结的 CAMEL2 建议作为 GSM 网络中的最新成熟规范，在包括我国在内的世界上许多国家取得了大规模应用，成为提供移动话音增值业务的主流技术。

引发我国移动智能网建设的直接原因是市场对预付费业务的迫切需求。1997 年前后，移动通信在我国迅猛发展，由于人口流动量大，传统后付费计费方式带来的巨额欠费问题日益严重。我国先后有 6 个省市开办了省内预付费业务以缓解市场压力，但应用的产品都是非标准化方式的临时过渡方案，因而存在不支持漫游、设备扩容能力有限、业务扩展能力有限、存在高欺诈风险等不足，严重限制了业务的发展。

1999 年 8 月，中国移动在 12 个城市建立了基于 CAMEL 技术的移动智能网商用试验网，提供神州行预付费业务。在建设初期，由于基础网络设备无法立即实现基于 CAMEL 规范的全网升级，曾一度采用 Overlay（叠加）的过渡方案提供预付费业务，即在网络中提供独立的 SSP 系统，依靠对特殊号码段的识别，所有移动智能业务由移动网络转发到 SSP 后进行处理。这也是传统固定智能网采取的业务提供方式。这种方式虽然在短时间内缓解了市场需求的压力，但其带来的迂回路由、依赖特殊号码段、可提供的业务属性受限问题日益明显。同时，因业务量激增导致独立 SSP 系统的不断增多，必然给完成全网升级后的整个网络（此时将不再需要独立的 SSP）带来严重的资源浪费。因此，中国移动在国内移动智能网提供商的积极配合下，确立了尽快完成全网升级的原则。到 2000 年，随着中国移动两次移动智能网扩容工程的完成，全网升级已基本实现。随后几年间，中国移动 GSM 移动智能网在骨干网及各省网上提供了预付费、移动虚拟专用网、手机充值卡、亲情卡、亲密号码等多种符合中国国情及具有本地特色的新业务，并根据业务提供及网络运营的实际需要，在功能实体、接口提供、信息流支持等方面对 CAMEL 标准进行了增强和扩充。该移动智能网也成为全球规模最大、用户数最多、业务种类最丰富、技术先进的商用移动智能网系统，为大规模计算机集群技术、大规模动态流量控制技术、容错容灾技术、充值加密技术及智能业务交互技术等各种先进技术提供了良好的应用环境，标志着我国对移动智能网技术的应用已达到国际领先水平。

2.2　业务智能化的发展：从多种增值业务平台和技术并存到业务网络智能化

随着移动通信网从基于电路交换的 2G 系统向基于分组交换的 2.5G、3G 系统的演进，移动通信网提供的业务也从传统的话音业务向数据业务扩展，这为移动增值业务的发展提供了更为广阔的基础和空间；与此同时，因特网（Internet）的日益成熟也促使业界迫切希望打破包括移动智能网业务在内的传统话音增值业务的封闭式业务提供方式，将因特网中丰富的资源及相应的开放性技术纳入移动增值业务的提供中，这种因特网资源和技术的引入不但直接体现在各种新的移动数据增值业务中，也间接体现在话音增值业务的提供方式中。在这个时期，涌现出多种增值业务平台和技术，包括移动消息类增值业务（“短信”“彩信”）、资源增强类话音增值业务（主要是“彩铃”）、交互式语音应答（Interactive Voice Response，IVR）、无线应用协议（Wireless Application Protocol，WAP）平台等。它们针对不同类型的业务进行设计和实现，使业务智能突破了封闭的电信交换网络的范围，也都在移动通信业务由以话音业务为主向数据业务为主的过渡中取得了广泛应用，直接促进了移动通信产业的发展[2]。以下选择目前仍广泛应用的消息类业务和资源增强类话音增值业务技术进行介绍。

2.2.1 消息类业务及其增值业务

消息类业务是 2G 时代及其后移动网络中一类重要的基础电信业务，不但自身获得了巨大的成功，也为许多新的增值业务的实现提供了基础。消息类业务以短消息业务（Short Message Service，SMS）为开端，在数据业务时代发展到多媒体消息业务（Multimedia Message Service，MMS）。消息类业务以存储转发为基本特征，由于提供了一种有别于传统话音业务的非实时、非话音类的信息交互方式，在全球范围内得到了迅速普及和发展，其中的短消息业务（在我国，短消息业务被称为“短信”）也是我国移动用户最早熟悉的一类移动“增值”业务。

SMS 的基本网络结构如图 2-2 所示。

提供 SMS 的最初目的是在两个移动用户之间传递简单的文本消息。随着技术和网络的发展，基于基本 SMS 的业务出现了多种多样的业务应用，特别是 SMSC 外部接口的事实标准的形成，使得大量的第三方应用平台可以以统一的方式接入 SMSC，为用户提供种类繁多的增值业务，即 SMS 增值业务，如面向用户的信息服务（新闻、交通、股票等信息）、通知（通知电子邮箱或语音信息消息的到达）、下载（下载手机铃音、图片等），面向企业集团的资产（交通工具）定位、远程监控及广告发布等，以及面向运营商的用户识别模块（Subscriber Identity Module，SIM）卡锁定、修改等。

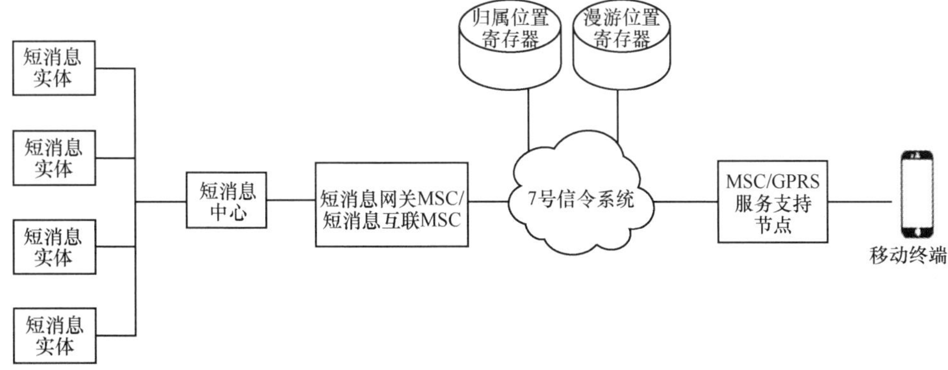

图 2-2　SMS 的基本网络结构

注：MS 为移动终端（Mobile Station），是可发送和接收短消息的移动设备；SME 为短消息实体（Short Message Entity），是可发送和接收短消息的实体，SME 可以是一个移动终端、一个短消息中心，也可以是位于固定网（因特网等）中的实体；SMSC 为短消息中心（SMS Center），其在 MS 和 SME 之间负责消息的存储和转发；SMS-GMSC/SMS-IWMSC 为短消息网关 MSC/短消息互联 MSC（SMS-Gateway MSC/SMS-InterWorking MSC），是两种特殊的 MSC，其中，SMS-GMSC 用于短消息由 SMSC 向 MS 的传递，它从 SMSC 接收短消息，向接收短消息的 MS 归属的归属位置寄存器（Home Location Register，HLR）查询该 MS 的当前位置，再将短消息通过相应的 MSC 发送给 MS，SMS-IWMSC 用于短消息由 MS 向 SMSC 的传递，它从 MSC 收到来自 MS 的短消息时，根据消息中的 SMSC 地址将其传递给相应的 SMSC，在实现中，SMS-IWMSC 一般与 SMSC 共同设置。

SMS 增值业务由与 SMSC 互连的增值业务平台提供，这是一种特殊的 SME，被称为扩展短消息实体（External SME，ESME），典型的 ESME 包括 WAP 网关、E-mail 网关和语音信箱服务器等。ESME 一般位于因特网中，与因特网上的各种资源服务器（内容、应用服务器）相连，通过 SMSC 向移动用户提供各种不同的 SMS 增值业务。与提供 SMS 基本业务的 SMSC 等设备不同，这些 ESME 一般属于运营商之外的第三方，即业务提供商（Service Provider，SP）。不同 SP 的 ESME 均通过 SMSC 外部接口与运营商提供的短消息网关和 SMSC 通信，SMS 增值业务平台联网示意如图 2-3 所示。

如图 2-3 所示，运营商提供专门的网关负责内部 SMSC 与不同 SP 的 EMSE 及其他 SMSC 的互连。在中国移动的 GSM 网络中，该网关被称为因特网短消息网关（Internet Short Message Gateway，ISMG）；在中国联通的 GSM 网络中，该网关被称为短消息网关（Short Message Gateway，SMG）。短消息网关还作为本网与其他移动网络短消息互连的设备，实现不同网络间短消息的互通。

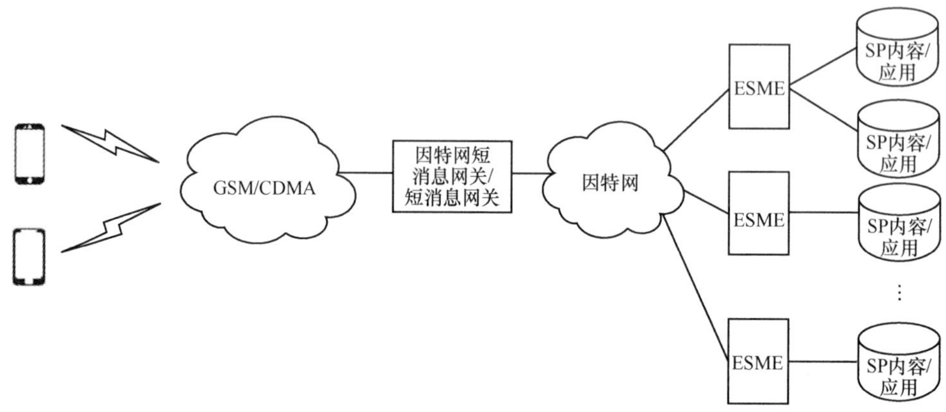

图 2-3　SMS 增值业务平台联网示意

多媒体消息业务（MMS）在我国一般被称为“彩信业务”或“多媒体短信业务”，其概念和基本原理和 SMS 类似，可以理解为 SMS 向多媒体的演进，但其消息内容、格式的丰富性和复杂性、消息大小却远非 SMS 可比。因此，其技术实现也远比 SMS 的实现复杂。MMS 网络结构如图 2-4 所示，MMS 网络结构实现了 2G、3G 无线网络中的消息和因特网上消息系统之间的兼容，使得多媒体消息可以跨越不同类型的多个网络。

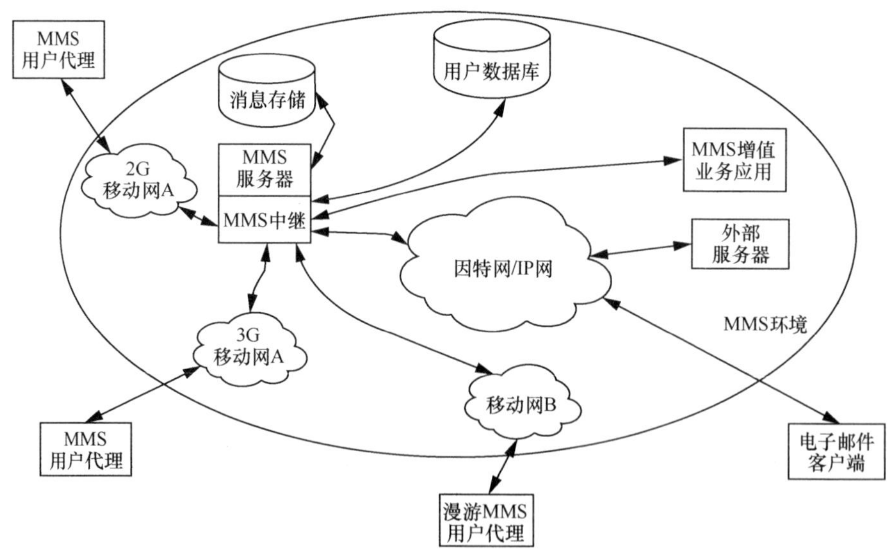

图 2-4　MMS 网络结构

如图 2-4 所示，一组 MMS 相关实体组成独立、完整的 MMS 执行环境——MMS 环境。这些实体由同一运营商进行控制。包括以下实体。

- MMS 中继/服务器：负责存储和处理输入和输出的多媒体消息，并在不同的消息系统之间进行多媒体消息的传送。根据应用环境的不同，MMS 中继/服务器可以是一个逻辑实体，也可以分为 MMS 服务器和 MMS 中继两个实体，并可以分布在不同的域中。MMS 中继/服务器合称为“MMS 中心”（MMS Center，MMSC）。
- 用户数据库：由存储用户相关信息（如，签约信息、文件等）的一个或多个实体组成。
- MMS 增值业务应用：向 MMS 用户提供增值业务。在一个 MMS 环境内部或与 MMS 环境相连，可以有多个 MMS 增值业务应用。

图 2-4 中的 MMS 用户代理是驻留于 MMS 终端上的应用功能，向用户提供多媒体消息的查看、编写和处理功能。MMS 可以是用户设备、移动终端等。此外，图 2-4 中还包括外部服务器及电子邮件客户端，它们通过因特网/IP 网与 MMSC 相连，实现多媒体消息在二者之间的传递。外部服务器可以是 SMS 等其他消息系统、传真等。

MMS 增值业务的基本类型与 SMS 增值业务类似，主要包括信息服务类（如新闻、天气预报）、下载类（铃声、图片、动画下载）和交互类（交互游戏）等。只是其承载内容无论从容量还是格式方面，都比 SMS 要复杂得多。随着智能手机的普及和手机应用的广泛使用，MMS 增值业务，特别是其中互动性强、内容更为复杂丰富的业务已逐步被手机应用取代。

2.2.2　资源增强类话音增值业务

与传统的话音类移动智能网业务相比，资源增强类话音增值业务主要从两方面体现其特色：一是通过特殊资源实现用户的普通通话过程的个性化；二是以话音接入的方式向用户提供内容服务。根据这两个特色可以将资源增强类话音增值业务分为两大类：资源增强的个性化话音业务和话音内容服务业务。前者以个性化回铃音（即“彩铃”“炫铃”）业务为代表，后者主要包括各种音信互动类业务。可以看出，这些业务已不是单纯的话音类业务，更确切地说是话音数据综合类业务。

从技术实现的角度看，在移动智能网体系结构内，这两类业务都围绕独立智能外设（Independent Intelligent Peripheral，IIP）提供，在特殊资源使用和业务执行能力方面都对 IIP 提出了更高的要求，使之从传统移动智能网系统中的附属资源实体（甚至不作为一个独立的物理实体）转变为核心网络实体之一。随着 IIP 功能的不断增强和外部接口的扩展，也可以认为 IIP 已不再单纯作为移动智能网的组成部分，而是发展为一个独立的资源增强类业务系统。从产业发展的角度，通过在 IIP 向外部 SP 开放标准的 VoiceXML 接口，使得广大 SP 可以接入资源增强类增值业务，甚至其他移动智能网业务的提供中，使得移动智能网可以充分利用丰富的因特网资源，这也充分体现了移动增值业务向开放性、数据化发展的趋势。

在彩铃业务提供的初期，业内曾经提出了两种实现方案：基于交换机改造的方案和基于智能网的方案。由于前者的控制流程更为简单直接，更能适应彩铃业务迅猛发展的要求，因此其成为彩铃业务的主流实现方案。基于交换机改造的彩铃业务实现方案如图 2-5 所示。这也直接促进了 IIP 的功能增强和从智能网中“独立”出来成为专门的“彩铃平台”的过程。

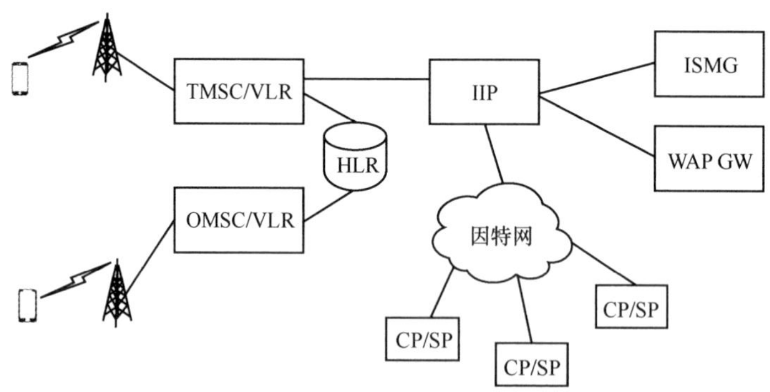

图 2-5　基于交换机改造的彩铃业务实现方案

注：TMSC 为汇接移动交换中心（Tandem Mobile Switching Center）；OMSC 为发起（呼叫）（Originating MSC）；VLR 为拜访位置存储器（Visitor Location Register）；HLR 为归属位置存储器（Home Location Register）。

如图 2-5 所示，基于交换机改造的方案是“交换机改造+IIP”方式，即通过对 MSC 和 HLR 的改造，修改交换机基本呼叫处理流程，使其能识别彩铃呼叫。而 IIP 作为彩铃业务系统，除了铃音播放控制外，还要完成话音管理流程的业务实现，铃音资源的存储、管理以及 ISMG、无线应用协议网关（WAP Gateway，WAP GW）的接入控制功能。同时，IIP 还要向 SP 及内容提供商（Content Provider，CP）提供 VoiceXML 开放接口，后者可以通过该接口将自己的彩铃资源接入彩铃平台，供用户选择使用。

2.2.3　业务网络智能化

在移动通信网由 2G 网络向 3G 网络发展、增值业务提供也由话音增值业务向数据增值业务发展的过程中，涌现了大量的独立业务提供平台，如上述移动智能网、短消息、彩铃平台、IVR、WAP 平台等。这主要是由于在 2G 时代占据主导地位的移动智能网系统受限于基于 7 号信令系统的话音增值业务提供，无法支持数据、多媒体、综合类增值业务。在这种情况下，各种独立的业务平台构成了竖井型的业务系统和网络架构，导致业务能力不开放，业务提供周期长、成本高、难度大，业务系统不可重用、不可重复建设，业务运行难以管理，业务发展难以规划的问题。学术界和产业界认识到，只有面向 PSTN、因特网、2G、3G 及后续各种移动网络，建立统一的业务系统实现架构，才能从根本上解决上述问题。为此，业界进行了多种研究工作，包括：3GPP 提出了虚拟归属环境（Virtual Home Environment，VHE）的概念，Parlay 组织（Parlay Group）对业务能力特征（Service Capability Feature，SCF）和接口进行了研究，全球移动通信系统协会（Global System for Mobile Communications Association，GSMA）提出了包括可重用的特征（Feature）和引擎（Enabler）的简单的业务模型，开放移动联盟（Open Mobile Alliance，OMA）提出了移动业务应用层的逻辑体系架构——OMA 业务环境（OMA Service Environment，OSE），诺基亚、朗讯、爱立信、摩托罗拉等电信设备公司也对统一、通用的业务系统架构展开了研究。

结合业务系统向统一业务系统架构发展的根本趋势，我们提出并确立了“业务网络智能化”[3]的基本思想。首先，业务网络是业务导向型逻辑网络，是对通信网络及竖井型传统业务系统的能力进行解耦与重构而形成的统一的业务叠加网络[4]；其次，在业务网络中引入了面向未来发展的一系列特征，其中智能化特征随业务网络的演进而不断增强。统一的业务网络的基本架构如图 2-6 所示。

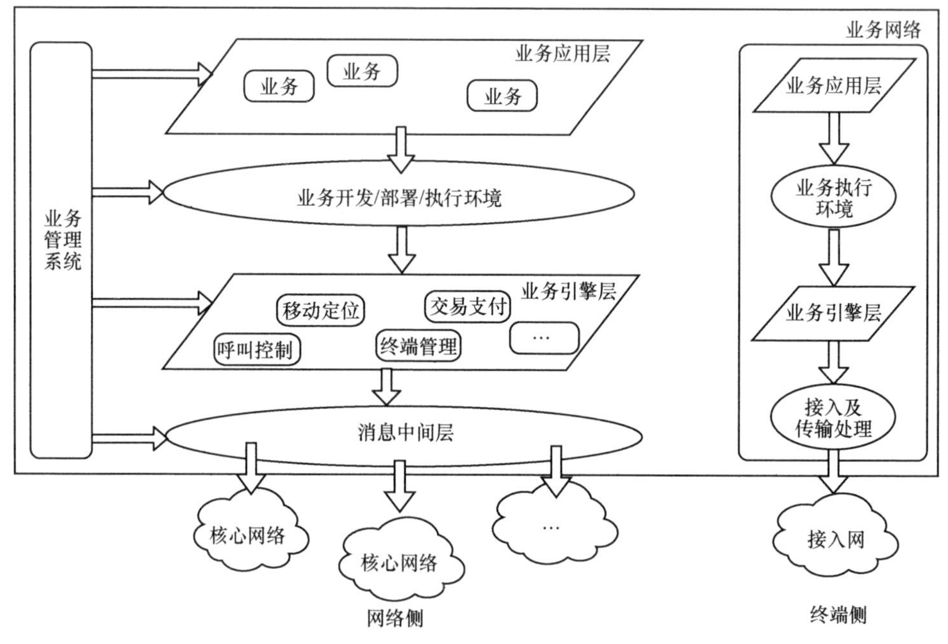

图 2-6　统一的业务网络的基本架构

在业务网络智能化范围内，首先实现业务层与网络控制层的分离，即区分"业务网络"和"核心网络"。业务网络智能化的工作主要针对其中的业务网络。如图 2-6 所示，在业务应用层和核心网络之间，业务网络基本架构中的层次结构如下。

- 业务引擎层：在业务应用层和核心网络之间引入了业务引擎层。业务引擎层即业务能力层，抽象和封装了网络所能提供的各种能力（包括呼叫控制、终端管理等基本业务能力，也包括移动定位、交易支付等特定业务能力），通过开放的接口向业务应用层开放。
- 消息中间层：由于业务网络在各种异构核心网基础上构建，为屏蔽网络异构性及协议多样性对业务引擎层的影响，在核心网络和业务引擎层之间引入了消息中间层，该层以处理消息/协议的多样性为特征，向业务引擎层提供统一、通用的接入方式。
- 业务开发/部署/执行环境：业务引擎层在业务网络中的具体分布位置对业

务应用层业务应该是透明的，其业务引擎的灵活部署也不应对上层业务的创建和执行造成影响，因此在业务应用层和业务引擎层之间需要引入统一的业务引擎调用接口。此外，由于业务应用层中包含了运营商以外的第三方业务，对业务引擎的调用还需要考虑业务网络的安全性和计费等方面的要求。与此同时，业务应用层还需要一个开放、易用的业务开发环境和业务部署环境。因此，在业务应用层和业务引擎层之间，需要设置用于业务开发、部署和执行的统一、安全环境。该层命名为“业务开发/部署/执行环境”。

此外，作为对业务网络进行全面管理的工具，在业务网络中设置跨越业务应用层、业务引擎层及业务开发/部署/执行环境、消息中间层的业务管理系统，提供业务生命周期管理、业务引擎管理、业务网络运行管理等各种管理功能。随着智能终端的不断普及，通过终端智能性实现的增值业务越来越多。因此，除核心网络之上的业务网络之外，业务网络框架范围内还应包括终端侧的相应能力。在终端侧，同样采用业务应用层-业务引擎层的基本分层结构。

在业务网络智能化的框架范围内，根据业务的具体需要，通过对业务引擎层中具体业务能力的组合调用，借助消息中间层对异构核心网络消息/协议的多样性的处理，即可快速、灵活地实现跨越不同网络的移动增值业务的部署和执行。

2.3　业务智能化和移动互联网的交互融合：智能开放的业务网络

随着 3G 网络特别是 4G 网络的大规模应用，IP 成为移动网核心网络协议。在移动网的内部，配合移动业务向数据业务发展的趋势，运营商核心网络中的业务网元也进行了相应的演进。而在移动网的外部，移动网和因特网通过网关的协议转换功能实现互联互通走向融合，智能手机随之迅速普及，通过移动终端获取互联网业务也迅速从新奇变为常态，宣告着移动互联网时代的到来。

移动互联网时代，业务提供表现出有别于之前的最显著特点：业务提供不再以运营商为主流和核心，而是迅速向服务提供商偏移。各种移动应用成为移动用户日常生活的一部分，而这些移动应用中的大部分均由服务提供商（包括电商、手机厂商以及专门的应用提供商等）提供，在较长一段时间内，运营商的移动通信网络主要作为应用数据流传输的“管道”。为了充分发掘通信网自身的优势，业务网络也适应网络能力、业务能力向外部共享开放的趋势，向智能开放的业务网络发展。被赋予了新的智能化特征的业务网络不但为运营商的面向个人、家庭、企业集团的数据类增值服务提供了支撑,向外部移动应用和行业应用开放了更为丰富的业务能力，也为 5G/6G 时代业务网络向全网智能化的融合和发展提供了条件。本节将对智能开放的业务网络基本思想及体系架构进行介绍。

与此同时，运营商移动网络向 4G、5G 演进的过程并非一蹴而就，也不能在短期内完全清退之前的 2G、3G 网络，因此多种制式网络的并存会存在较长的时间。在此过程中，为实现用户在不同网络间灵活、无缝地使用已有和新的增值业务，必然要借助已有业务网元配合网络升级进行升级演进。业务网元的演进主要包括智能网业务系统的升级、智能业务网关的提供及由独立智能外设发展而来的媒体服务器的升级演进。

2.3.1 智能开放的业务网络

智能开放的业务网络体系架构如图 2-7 所示，我们对业务网络进行多级多粒度的全面分层解耦，形成包括轻量级网络协议（极细粒度能力）、原子能力应用程序接口（Application Programming Interface，API）、复合能力 API 的三级接口、四层能力开放架构，实现了能力收敛、抽象、封装、编排组合和统一开放。基于该体系，对运营商现网业务系统进行大规模解耦和平滑升级，遵循解耦和开放的原则建设新的自有业务平台，并支撑第三方企业利用粒度可控的丰富能力自主提供应用。

- 能力网元层：包括通信网的各种能力网元，覆盖音视频、消息、管道和数据等多种能力。在保证现网稳定、现网业务不受影响的前提下，对作为关键能力网元的业务系统进行大规模解耦，采用轻量级网络协议将完整、丰富、极细粒度的能力从原本封闭的业务系统中挖掘并开放出来，为全面的能力开放和系统资源共享奠定基础。

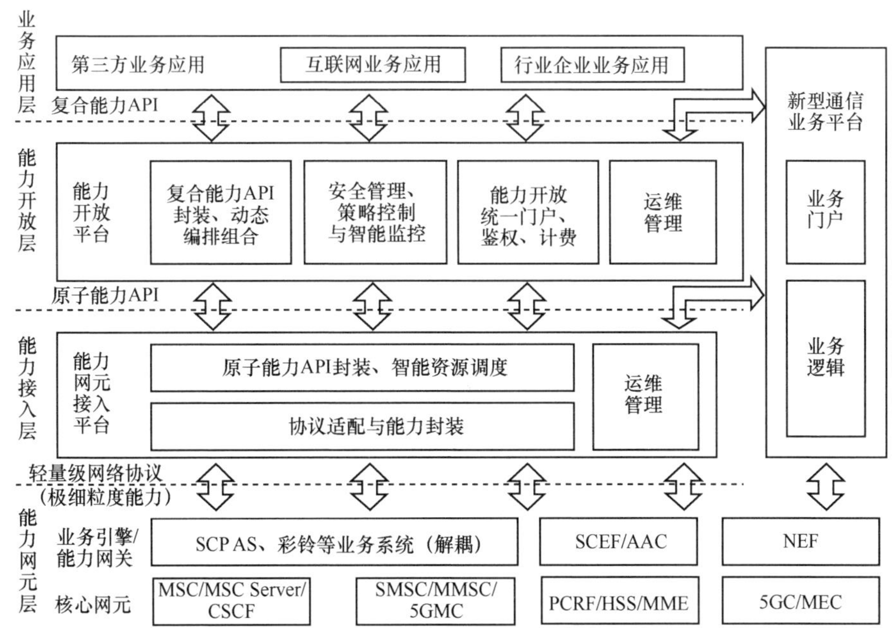

图 2-7　智能开放的业务网络体系架构

注：CSCF 为呼叫会话控制功能（Call Session Control Function）；5GMC 为 5G 消息中心（5G Message Center）；SCEF 为服务能力开放功能（Service Capability Exposure Function）；AAC 为应用接入控制（Application Access Control）；PCRF 为策略与计费规则功能（Policy and Charging Rules Function）；HSS 为归属签约用户服务器（Home Subscirber Server）；MME 为移动性管理实体（Mobility Management Entity）；NEF 为网络开放功能（Network Exposure Function）；5GC 为 5G 核心网（5G Core Network）。

- 能力接入层：包括多个能力网元接入平台，一方面该平台通过轻量级网络协议连接各个能力网元，屏蔽其具体部署和实现细节，将其提供的极细粒度能力封装为丰富的原子能力 API，提供给能力开放平台及自有业务平台使用。另一方面，该平台接受能力开放平台的能力调用任务，采用智能调度机制将任务分配给各个能力网元，实现优化的资源利用。
- 能力开放层：能力开放平台作为全网统一的能力开放门户，连接多个能力网元接入平台，根据多样化的场景需求对原子能力进行封装和动态编排组合，形成灵活的复合能力 API，统一对外开放，同时与内外部业务应用对接，实现鉴权、计费、安全管理等功能，保证能力调用安全可控。
- 业务应用层：包括第三方应用平台以及运营商自有业务平台，前者通过复合能力 API 调用能力开放平台提供的能力，后者可根据具体需求接入能力开放平台、能力网元接入平台或能力网元，直接（侧重高效运行需求）或间接（侧重快速开发上线需求）使用不同粒度的能力。

2.3.2 智能网业务系统的演进

支持 2G/3G/4G 长期演进技术（4G Long Term Evolution，4G-LTE）的智能网业务系统如图 2-8 所示，智能网业务控制点（Service Control Point，SCP）除保留原有的呼叫控制能力，为电路交换（Circuit Switched，CS）域的 2G、3G、长期演进语音承载（Voice over Long-Term Evolution，VoLTE）用户提供智能业务外，还升级为 SCP 应用服务器（SCP Application Server，SCP AS）及虚拟 SCP AS（Virtue SCP AS，VSCP AS），实现对 IP 多媒体子系统（IP Multimedia Subsystem，IMS）域用户的业务逻辑控制和执行。SCP、SCP AS 及 VSCP AS 共同组成智能网业务控制点，存储业务数据和业务逻辑，提供 CAMEL 应用部分（CAMEL Application Part，CAP）、会话起始协议（Session Initiation Protocol，SIP）等多种协议接入能力和业务逻辑执行环境。按照业务功能划分为不同的业务逻辑模块，可根据实际需要独立加载。通过这种方式，可以灵活支持 PSTN、GSM、CDMA、4G-LTE 及未来的 5G 智能业务和跨越多种网络的综合业务。

2.3.3 智能业务网关

随着向移动用户提供业务的种类不断丰富和数量不断增加，不可避免地带来了业务冲突和业务交互的问题。特别是在话音业务和数据业务并存的情况下，这种业务冲突和业务交互带来的不可预见性就更为突出。业务能力交互管理（Service Capability Interaction Manager，SCIM）是 3GPP 为解决 IMS 域中的业务交互问题引入的功能实体。在具体实践中，为同时支持各种异构核心网络间的业务交互问题，将 SCIM 的应用范围和能力进行了扩充，形成了新的业务网元——智能业务网关，可同时支持 CS 域和 IMS 域的业务交互。智能业务网关的逻辑结构如图 2-9 所示，智能业务网关位于核心网网元与业务平台之间，与核心网网元及业务平台进行信令交互，通过灵活的策略配置将各业务平台上的多种业务关联，在不修改原有业务逻辑的前提下，仅需要通过简单配置即可使用户同时申请多个业务，完成完整的业务交互流程，从而大大简化运营商在推出新业务时对已有业务的改动和一系列配套工作。智能业务网关不仅能够通过多业务之间的关联解决用户同时申请多个业务时的业务交互问题，还可以在多个原子业务的基础上提供复杂的融合业务。

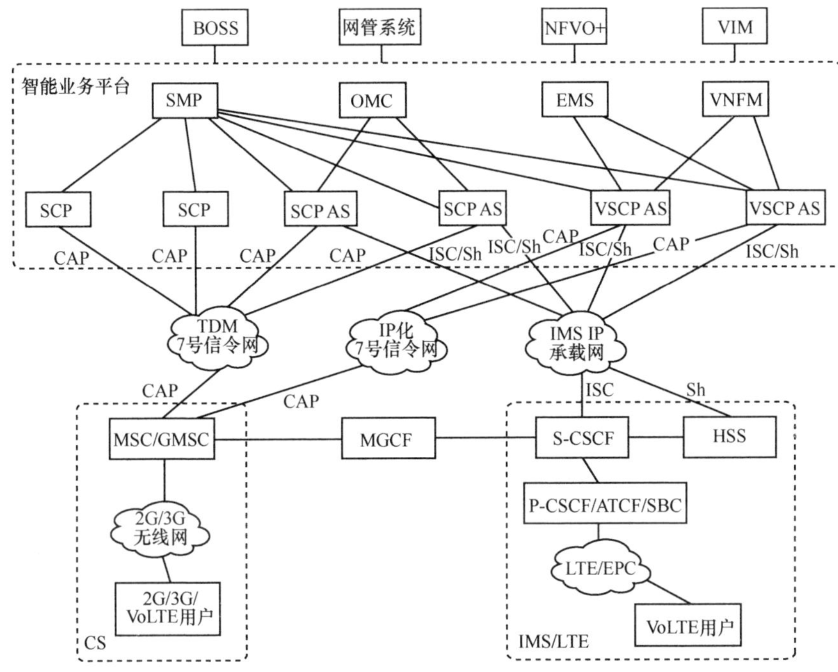

图 2-8　支持 2G/3G/4G-LTE 的智能网业务系统

注：SMP 为业务管理点（Service Management Point），实现对智能业务的操作管理和业务数据的客户化，通过与上层业务运营支撑系统（Business Operational Support System，BOSS）的接口实现对智能网业务系统的运营；OMC 为操作维护中心（Operation and Maintenance Center）、EMS 为网元管理系统（Element Management System），完成业务平台的网络管理功能，与上层网管系统对接；NFVO+为网络功能虚拟化编排器+（Network Function Virtualization Orchestrator+），是中国移动定义的网元，是在标准 NFVO 基础上进行的增强；VIM 为虚拟框架管理器（Virtualized Infrastructure Manager）；VNFM 为虚拟网络功能管理器（Virtualized Network Function Manager）；ISC 为 IMS 业务控制（IMS Service Control）；Sh 为接口协议，用于 SCPAS 与 HSS 之间的通信；MGCF 为媒体网关控制功能（Media Gateway Control Function）；S-CSCF 为服务呼叫会话控制功能（Serving-Call Session Control Function）；HSS 为归属签约用户服务器（Home Subscriber Server）；P-CSCF 为代理呼叫会话控制功能（Proxy-Call Session Control Function）；ATCE 为接入转移控制功能（Access Transfer Control Function）；SBC 为会话边界控制器（Session Border Controller）；EPC 为分组核心演进（Evolved Packet Core）；GMSC 为网关移动交换中心（Gateway Mobile Switching Center）。

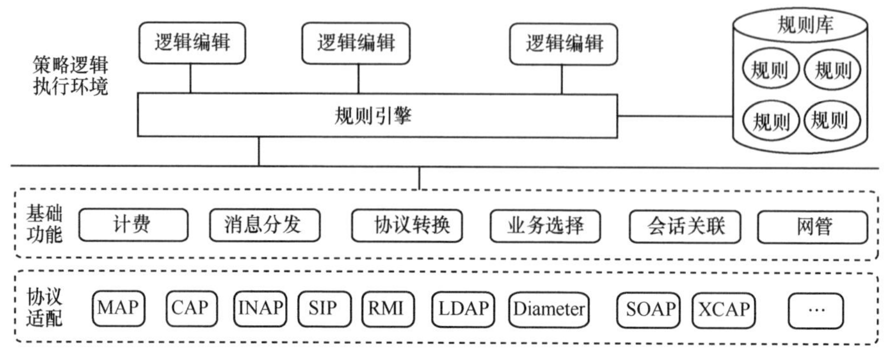

图 2-9　智能业务网关的逻辑结构

注：INAP 为智能网应用部分（Intelligent Network Application Part）；RMI 为远程方法调用（Remote Method Invocation）；LDAP 为轻量级目录访问协议（Lightweight Directory Access Protocol）；Diameter 为一种用于为应用程序提供认证、鉴权、计费框架功能的协议；SOAP 为简单对象访问协议（Simple Object Access Protocol）；XCAP 为 XML 配置访问协议（XML Configuration Access Protocol）。

2.3.4　媒体服务器的发展演进

移动通信网代际演进的突出特点是网络吞吐量和传输速率的不断提升。自 3G 以来，结合智能手机的快速普及，大量移动服务都以多媒体方式提供或以其为主要特征。媒体服务器从提供个性化回铃音的独立智能外设发展而来，可提供多种媒体处理能力和跨异构核心网络的综合业务提供和演进能力。

媒体服务器的逻辑结构如图 2-10 所示，其支持音视频跨域互通能力。在媒体能力方面，媒体服务器提供音视频媒体播放、双音多频（Dual-Tone Multifrequency，DTMF）收号、会议、音视频录制、文本—语音转化（Text To Speech，TTS）、高清视频编解码转换等与媒体处理相关的功能；在外部协议方面，支持 SIP、超文本传输协议（Hypertext Transfer Protocol，HTTP）/Websocket、会话描述协议（Session Description Protocol，SDP）、媒体会话标记语言/媒体对象标记语言（Media Sessions Markup Language/Media Objects Markup Language，MSML/MOML）、与承载无关的呼叫控制协议（Bearer Independent Call Control Protocol，BICC）等多种标准控制协议，满足多业务平台接入需求。可为 2G/3G/4G-LTE 及未来的 5G 用户灵活提供彩铃、多媒体彩铃、VoLTE 高清音视频彩铃、云视讯媒体播报、多媒体会议、视频点播、视频监控等各类媒体业务。

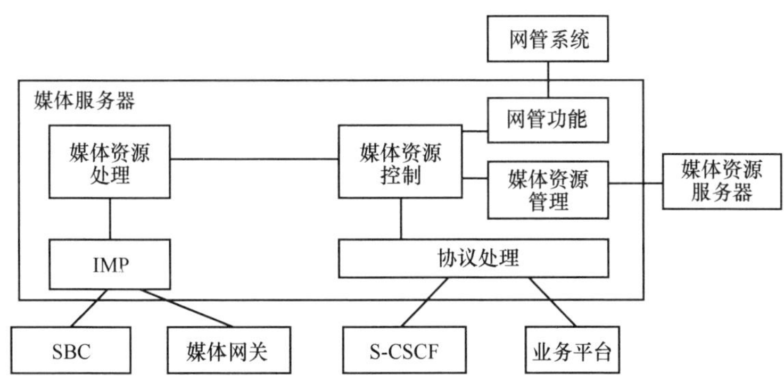

图 2-10 媒体服务器的逻辑结构

随着移动核心网向虚拟化架构的发展，媒体服务器也逐步向虚拟化架构演进，媒体资源控制、媒体资源处理和智能媒体平台（Intelligent Media Platform，IMP）在资源池内分布式部署，从而发展为媒体云系统。

2.4 5G 时代的网络智能化：移动通信和人工智能的结合

随着移动通信网从 4G 向 5G 的发展，运营商面临着网络复杂化、业务差异化和用户需求多样化等多种挑战。将人工智能技术应用于移动网络和服务提供，可以充分发挥移动网络的数据量优势、算力优势和应用场景优势，对内提升网络运维的效率和质量，对外在支持多种差异化、个性化服务的同时，提供垂直行业信息化和智能化能力支持。为此，各大标准化组织纷纷展开相关研究工作，运营商也制定了各自的人工智能战略。这些研究和战略主要围绕 5G、5G+网络展开。

2.4.1 标准化组织的相关工作

（1）ITU-T

ITU-T SG13 于 2017 年 11 月成立了“面向包括 5G 在内的未来网络的机器学习”的焦点组（Focus Group on Machine Learning for Future Networks Including 5G，FG-ML5G）[5]，目标是找出相关的标准化差距，以提高面向未来网络（包括 5G）

的机器学习（Machine Learning，ML）的互操作性、可靠性和可模块化能力，制定机器学习适用于未来网络的技术报告和规范，包括网络体系结构、接口、协议、算法、应用案例与数据格式等。FG-ML5G 第二阶段工作已于 2020 年 7 月结束。

（2）3GPP

在 2017 年 2 月发布的 R15 版本 5G 核心网网络架构中，3GPP 引入了网络数据分析功能（Network Data Analysis Function，NWDAF），并定义了网元负载数据分析结果；2019 年 6 月发布的 R16 版本完成了 NWDAF 第二阶段（Stage 2）标准研究工作[6]，包括 NWDAF 的整体框架、关键流程和可提供的数据分析结果。基于 NWDAF 功能，3GPP SA WG2 于 2017 年 4 月启动“5G 网络自动化的使能技术研究”（Study of Enablers for Network Automation for 5G，eNA）项目[7]，目的是充分利用 NWDAF 对网络数据的收集和分析，基于分析结果进行网络优化，包括定制化的移动性管理、5G 服务质量（Quality of Service，QoS）增强，动态流量的转向和分流，用户面功能（User Plane Function，UPF）选择，基于用户设备（User Equipment，UE）业务用途的流量路由策略等。

3GPP SA WG5 于 2018 年 8 月启动“意图驱动的移动网络管理服务”（Intent Driven Management Service for Mobile Network）项目[8]，目标是研究提升运维效率的意图驱动的移动网络管理服务场景，并定义意图驱动管理服务化接口以实现自动化的闭环控制。在该项目报告中明确了意图驱动的网络管理服务的概念、自动化机制、应用场景以及描述意图的机制等。

2020 年 6 月，3GPP SA WG5 成立“自治网络分级”（Autonomous Network Levels，ANL）项目，旨在在 3GPP 框架内，基于网络“规-建-维-优”四大类典型场景，规范自治网络的工作流程、管理要求和分级方法，明确不同网络自治能力标准对 3GPP 现有功能特性的增强技术要求，引导网络智能化相关标准工作。

（3）ETSI

2017 年 2 月，ETSI 成立“体验式网络智能”（Experiential Network Intelligence，ENI）工作组[9]，目的是定义一个基于“感知-适应-决策-执行”控制模型的认知网络管理架构。通过使用 AI 技术和上下文感知策略，根据用户需求、环境条件和业务目标的变化调整提供的服务。该架构应能充分支持运营商灵活的业务策略和自动化、自优化、自治的智慧网络理念。目前，ETSI ENI 工作组已陆续发布了有关 ENI 系统术语和需求、系统体系架构、概念验证计划、AI 网络应用的分类等的标准或报告。

2017 年 12 月，ETSI 成立“零接触网络及服务管理”（Zero Touch Network and Service Management，ZSM）工作组[10]，其最初目标专注于实现 5G 端到端网络和服务管理（如网络切片管理）的自动化，未来目标则是让所有网络操作过程和任务的交付、部署、配置、保障、优化等都能够被自动化地执行。2019 年 8 月 ETSI 发布了零接触网络的分层分域架构，包含跨域协同层、单域自治层和网元层。在不同层次闭环之间，例如跨域闭环和各单域闭环之间，则需要通过意图开放接口相互协调和交换信息。

（4）TMF

电信管理论坛（TeleManagement Forum，TMF）当前正在开展的“人工智能，数据和分析”（AI, Data and Analytics）项目[11]旨在帮助网络运营商大规模部署和管理人工智能。它提供了如何通过重新设计和重组操作流程来支持人工智能部署的蓝图，以及一个用于大规模管理人工智能操作的框架和工具集。通过该项目，服务提供商能够从自己的数据中获得更多的情报，从而做出更好的决策。当前，该项目包括 4 个方面的工作：闭环人工智能自动化异常检测和解决、人工智能治理、人工智能运营、数据治理。这些举措共同确保了行业能够大规模部署和管理人工智能，并在整个人工智能操作生命周期内降低风险。

2.4.2　国内运营商的网络智能化发展战略

（1）中国移动

中国移动认为，在网络和 AI 结合方面，运营商天然扮演着“三位一体”的角色：第一个角色是 AI 技术的使用者，下一代网络离不开智能化；第二个角色是 AI 产业的核心驱动者，未来的智能化时代离不开 5G 和物联网；第三个角色是 AI 服务的提供者，数字化转型以后的中国移动必将提供 AI 服务和 AI 产品。

2017 年 12 月，中国移动发布了其首个人工智能平台——“九天”。九天平台面向运营商的智慧连接、智慧运营、智慧服务场景，提供深度学习平台等基础服务智能平台，智能语音、自然语言理解、人脸图像等核心能力，以及智能客服、智慧网络、智能营销机器人等智能应用产品，并聚焦垂直行业，提供场景驱动的端到端AI应用解决方案及实施保障。九天平台自上而下由3层构成，最上面一层是产品应用层，即智慧运营、智慧连接、智慧服务领域，分别涵盖：智能营销、智能决策；智慧网络、智能物联；智能客服、互动娱乐。中间层是AI核心能力层，按照其所处理的输入数据的类型分为三大类：第一类是语音语言类型，包括智能语音分析及自然语言理解语义分析；第二类是图像视频类，如人脸识别、物体识别；第三类是对大规模结构化数据，如网络、市场、客服和IT产生的大规模数据进行深层次的分析，提供网维、网优、用户画像、推荐等智能化模型，数据可视化等。最下面一层的基础服务层以深度学习的开放平台方式对外提供。

随着AI技术进一步引入和全网智能化趋势的显现，中国移动明确了其网络智能化发展思路：从网元智能、网络运营智能、服务智能3个领域，为网络全生命周期注入智能化，推进网络智能化演进[12]。

具体到3个领域，中国移动将聚焦攻关网络运营智能、驱动网元智能内生及服务智能生态构建。中国移动网络智能化发展思路如图2-11所示，从网络运营智能向上，构建生态环境，使能垂直行业的智能业务服务，基于特定的行业、特定的场景需求，孵化“5G+”行业应用，共建AI服务新生态。从网络运营智能向下，引领产业完成网元智能协同和管理，为通信网络引入原生智能力、实现高度智能化网络。

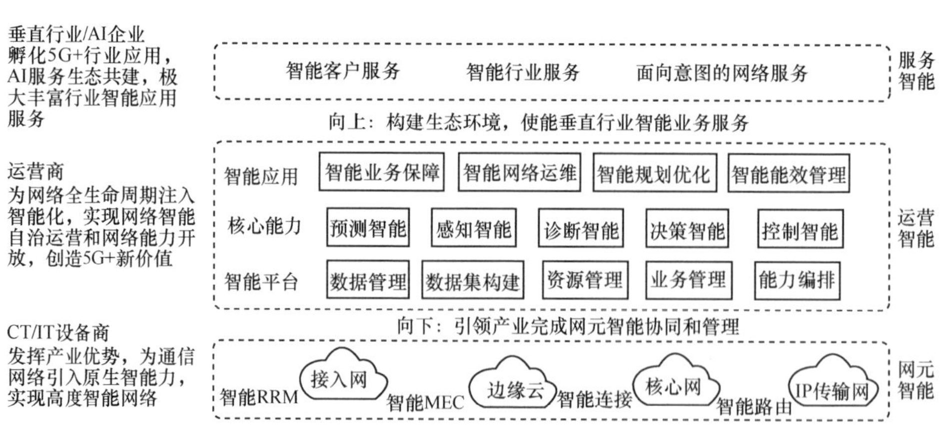

图 2-11　中国移动网络智能化发展思路

注：RRM为无线资源管理（Radio Resource Management）。

基于以上思路，中国移动围绕标准化、基础平台、核心能力、规模应用 4 个方面开展相关工作，并逐步实现在网络智能化方面的创新和实践。

标准化方面，中国移动先后在 8 个标准化和行业组织积极推动网络智能化水平分级框架和评估方法标准化工作；平台方面，中国移动以九天平台为创新引擎，搭建网络智能化通用基础设施平台，为上层应用提供丰富的算力和数据支持，全线孵化系列 AI 能力和应用服务能力；核心能力方面，中国移动以高价值的应用为导向，从智能业务保障、智能网络运维、智能规划优化、智能能效管理四大类应用出发，沉淀针对网络智能化的五大类共性能力，加速应用孵化和能力复用；应用方面，中国移动面向高价值的生产环节，打造全流程的智能化网络应用体系，提供多领域的规模化服务。目前，其智能客服、网络故障端到端智能运维和业务质量智能感知等多个典型案例已在网络运营中得到部署。

（2）中国联通

2019 年 6 月，中国联通发布了中国联通 AI 战略、网络 AI 发展战略及网络 AI 平台“CubeAI 智立方”，构建网络 AI 开放共赢的创新生态[13]。

中国联通 AI 战略以“客户信赖的 AI 服务价值创造者”为愿景，以提升智能水平、提质增效，降低运营成本、降本增效，创造智慧应用、创新增值为目标，聚焦支撑三大类应用，打造全智能化服务体系，加强 AI 生态合作。具体举措为“1 个数据平台+2 个能力平台+3 类业务应用”，中国联通 AI 战略[13]如图 2-12 所示。

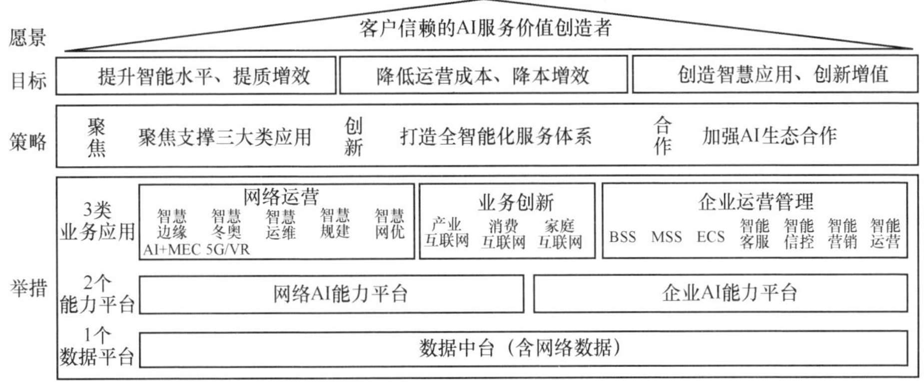

图 2-12　中国联通 AI 战略

注：BSS 为业务支撑系统（Business Support System）；MSS 为管理支撑系统（Management Support System）；ECS 为电子渠道系统（Electronic Channel System）。

如图 2-12 所示，在平台方面，中国联通 AI 能力平台包括网络 AI 能力平台和企业 AI 能力平台。网络 AI 能力平台“CubeAI 智立方”是提供 AI 即服务（AI as a Service，AIaaS）的云化平台，是中国联通网络 AI 发展的支撑设施核心。CubeAI 提供网络 AI 算法、模型应用（网络规划与设计模型、网络建设模型、网络运营模型、网络优化模型）等方面的技术服务，支撑网络运营和业务创新。企业 AI 能力平台“智汇”是基于大数据和机器学习技术的数据驱动型 AI 应用开发平台，采用容器化技术，集成各类流行的机器学习和深度学习框架，提供完整的数据抽取、存储、模型建立、模型训练和应用功能，服务于市场、政企、创新业务和运营管理等。

在标准化方面，中国联通积极牵头或作为主要参与者制定国际、国内网络智能化标准，向 ITU-T、3GPP、GSMA、中国通信标准化协会（China Communications Standards Association，CCSA）等输出研究成果。在应用方面，其智能客服、智能外呼系统、基于 AI 的核心网关键绩效指标（Key Performance Indicator，KPI）异常检测等已落地部署。

（3）中国电信

2019 年 6 月，中国电信发布《中国电信人工智能发展白皮书》[14]，其中介绍了中国电信人工智能发展的总体布局，如图 2-13 所示。

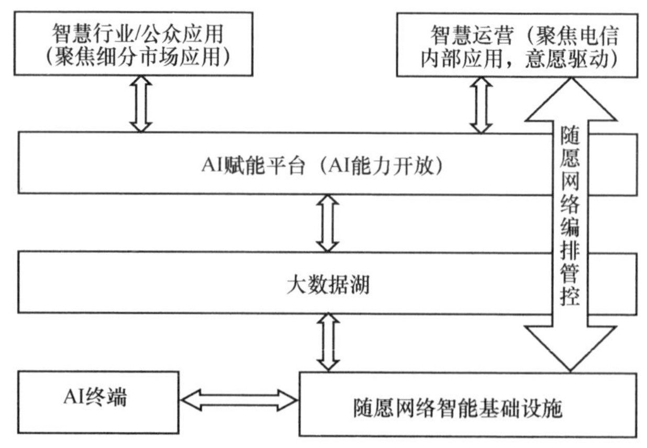

图 2-13　中国电信人工智能发展的总体布局

如图 2-13 所示，中国电信基于自身在数据、算法、通用算力和渠道方面的优势，将从面向客户与网络运营两大切入领域发展人工智能，六大关键举措包括：建设开放的 AI 赋能平台；建立“大数据湖”；建设随愿网络智能基础设施；建设测试验证平台和评估体系；建设复合型人才队伍以及成立中国电信人工智能发展联盟。

以总体布局为基础，中国电信提出了基于人工智能的“随愿网络”。随愿网络由随愿网络智慧大脑、随愿网络编排管控、随愿网络智能基础设施和 AI 终端 4 部分组成。其中，随愿网络智慧大脑包含总体布局中的大数据湖、AI 赋能平台及在其基础上形成的各类 AI 能力。打造智能化随愿网络演进路线共分为 3 个阶段：初期（2021 年）实现 5G 网络部署与运维的 AI 化，实现网络资源的自动化调度和配置，构建 AI 赋能平台，打造重点行业的智能化解决方案；中期（2025 年）实现多协议融合、无缝的网络接入，实现网络基础设施和运营商支撑的智能化，通过能力开放、资源共享，打造面向全行业的 AI 应用以及运营体系；后期（2025 年之后）实现万物互联、即插即用、随需接入，实现网络随愿服务、智能自治，推动 AI 行业规模应用，助力国家 AI 产业发展。

在平台方面，中国电信发布了自主可控、开放的人工智能赋能平台。该平台是集 AI 模型算法、计算集群等软硬件于一体的通用研发平台，通过微服务提供多层面的 AI 能力，用户可以使用简洁的操作命令调用平台上的各种 AI 算法，开展模型训练、预测和评估工作。

目前，中国电信已在智能客服、移动基站节能和运维智能化等方面落地部署了人工智能应用。

2.4.3　基于人工智能的网络智能化

网络智能化的发展趋势是全网泛在智能，因此，网络智能化的实现过程必然包括网络架构各层的智能化，即：底层网元层、中间网络管控层及上层网络运营层的智能化。网络智能化分层架构如图 2-14 所示。

如图 2-14 所示，底层网元层智能化通过在物理网元中嵌入实时感知能力、AI 推理能力及部分轻量化强化学习引擎能力，产生和采集更多的本地数据，实现网元本地的 AI 推理应用。网络管控层智能化通过在网络管控层引入 AI 模型和推理架构，实现网络管理、网络控制和网络分析的智能化，将上层运营和业务需求自动转换为网络行为，保障网络连接和性能 SLA 承诺，实现单域自治闭环。网络运营层智能化则通过全局编排、能力开放和全生命周期 AI 管理，实现跨域的网络服务编排、资源共享和能力开放，优化网络质量，提升服务体验，实现网络运营效率的最优化。

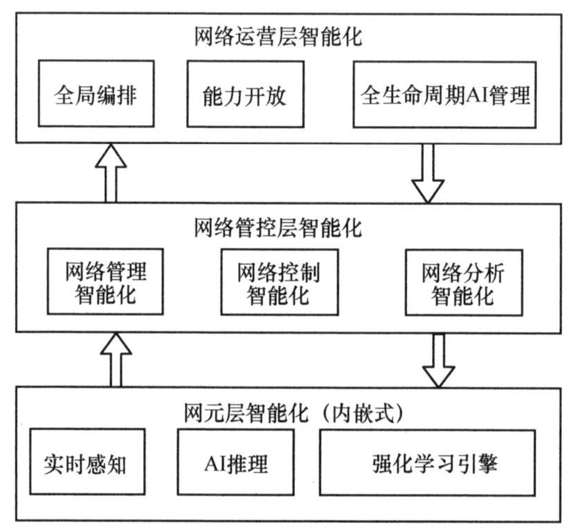

图 2-14　网络智能化分层架构

从标准化组织、运营商的实践及研究机构的关注点来看，目前移动核心网络的网络智能化应用主要集中在智能网络规划、智能网络部署、智能运维等领域，以下分别介绍。

（1）智能网络规划

智能网络规划是一种基于大数据和人工智能技术的全新网络规划方式。通过对运营商网络的容量、带宽、链路拓扑、时延、分组丢失率及网络规划专家知识库等数据进行机器学习，构建各种网络趋势预测模型，同时结合网络规划需求，形成新的网络规划。

在移动网络的规划建设中，站址选择和网络结构规划是核心和难点。采用智能网络规划方式，基于大数据、自动化和 AI 技术，采集全网用户的流量数据和网络性能数据，结合现网站点等信息，从网络覆盖、竞争对手差异、网络容量、用户感知等多个维度找出网络的高价值建设区域，以此为基础筛选出高价值的网络建设站点，在保证网络覆盖连续性的情况下自动完成剩余站点和相应的网络结构的规划，并智能预测规划网络的覆盖效果。最后对自动生成的候选规划方案进行评估，选择出最优方案。对完成规划的站点及其覆盖场景，还可采用 AI 技术对其无线网技术参数进行匹配预测，以缩短后期的无线频谱优化周期。

（2）智能网络部署

对于移动网络而言，网络部署特别是 5G 网络的初期部署主要关注站点的开通入网。智能网络部署指借助人工智能技术实现站点部署过程的端到端全面自动化。

在已有网络中部署新的基站，基站的初始参数配置是成功部署的关键。在智能网络部署过程中，首先根据规划数据、基站地理位置等信息生成部署特征，系统会根据基站的实际特征，自动匹配最佳的现网参数配置和部署策略。应用部署策略后，还可以根据站点周边基站的关键信息检测进行实时学习，对现有策略进行进一步的优化和完善，生成邻区、功率等补充信息。部署后的在线学习能力则可以对部分提前规划的参数进行实时优化，降低规划偏差，提升部署的准确性。通过这种方式，可以实现真正的极简参数规划，大幅度减少部署策略开发，达到快速开通站点的效果。

（3）智能运维

智能运维通过在运维领域引入大数据、人工智能技术，减少运维重复性劳动，提高运维效率；增强系统感知，提升运维决策能力；同时，通过对共性特征的提取，可以对未来事件进行预测，从被动响应式运维转变为主动式运维。从成本、效率、质量 3 个维度提升运维能力。

具体而言，智能运维包括如下应用。

- 核心网 KPI 异常检测。建立可配置、反馈迭代的单指标/多指标异常检测算法库，基于该算法库搭建各种运维组件对应的异常检测和监控场景，全面掌控系统异常点，快速发现问题。同时，结合监控数据、专家知识，基于机器学习方法对异常进行跨层根因定位，从而提升异常排查及解决的效率。
- 告警及故障处理。对不同来源的告警进行统一处理，通过告警合并、收敛、溯源等操作，提炼有效告警，为告警标注不同级别，触发不同的处理角色和流程。当系统出现故障时，可能会引起多个维度告警，故障诊断通过对多个维度数据的综合分析及日志分析，对故障进行自动精准定位。以此为基础，进行根因分析和风险分析，通过故障网元交互实现故障自愈。

- 智能预测。基于历史指标数据，进行周期性指标趋势分析，从而建立回归预测模型，实现给定的时间内指标的趋势预测。通过预测上下界判断系统容量状态，进行容量规划，帮助运维人员判断系统的性能情况和承受能力，从而实现对资源的及时扩容或者对资源的及时释放与回收，有效提高资源的利用率。

2.4.4 基于人工智能的业务智能化

利用已有的网络基础能力和业务提供能力，结合大数据和人工智能技术，运营商从多个方面进行了业务智能化的探索和应用。因涉及的领域和行业规模的不同，以及部分业务受限于网络智能化进程，其进展也不尽相同。有的智能化业务尚处于布局阶段，有的则已获得了广泛的应用。前者包括智慧城市、智慧交通、智慧家庭等需要与外部领域实现深层次协作互通，因而对网络、终端及外部环境智能化程度要求都较高的业务智能化领域，同时也是 5G，乃至 6G 时代业务智能化发展的重点方向；后者则属于市场需求较为迫切，同时其智能化主要体现在业务提供技术本身，对底层网络特别是外部环境的智能化要求较低的业务，以通信信息反欺诈系统为典型代表。

（1）通信信息反欺诈系统

当前，通信信息诈骗（又称“电信网络诈骗”）已成为国家急需解决和全球共同面临的重大社会问题。高度专业化的跨境诈骗犯罪集团采用网络虚拟改号、新型伪基站、分布式高频呼叫、人工智能等新技术，通过多源头、多渠道实施诈骗。诈骗模式日益复杂和隐蔽，多角色分工，多渠道组合。诈骗分子持续升级诈骗技术，改变诈骗剧本，窃取用户信息，实施精准诈骗。为了实现对通信信息诈骗的全面防御、精准识别、快速处置，从根本上遏制通信信息诈骗案件不断增长的趋势，中国移动联合北京邮电大学、东信北邮信息技术有限公司，基于智能开放的业务网络体系架构建设了全球领先的通信信息反欺诈系统，如图 2-15 所示。

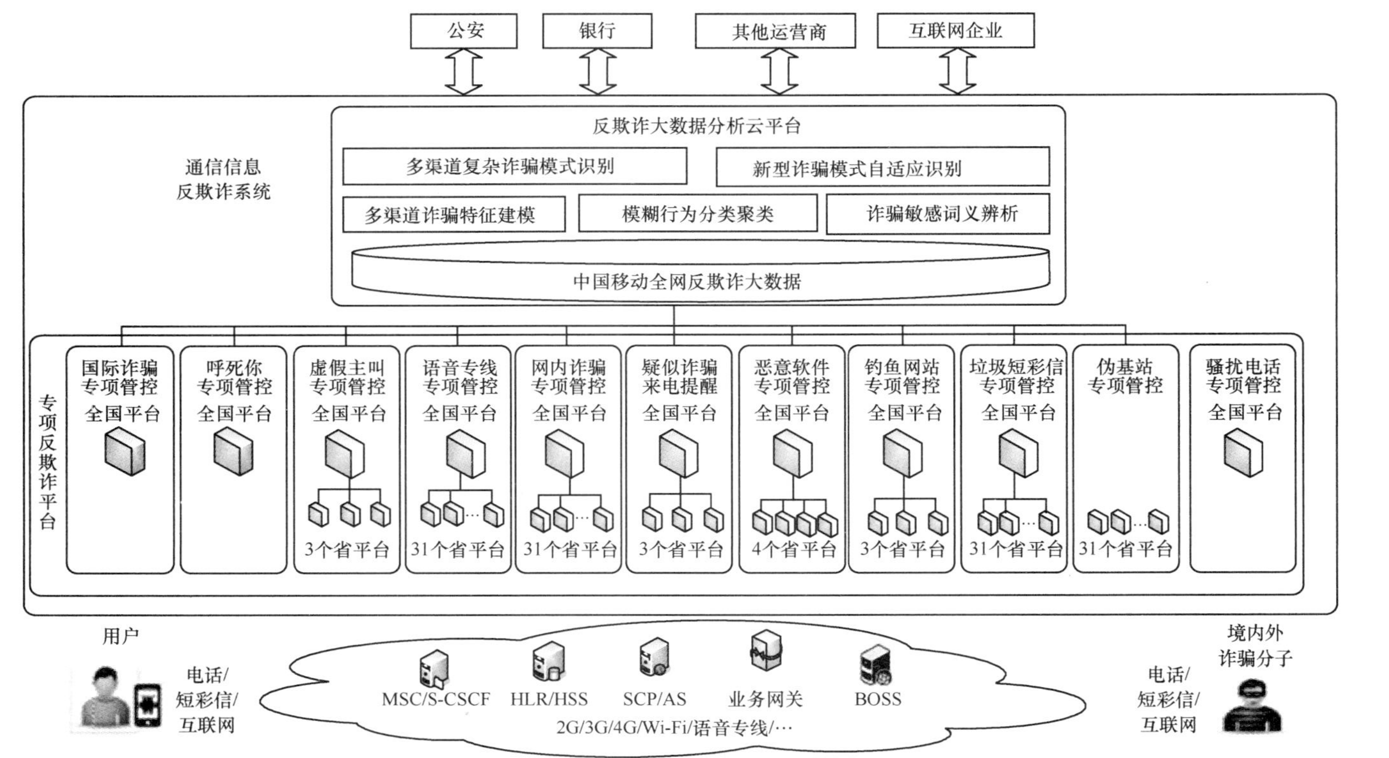

图 2-15　通信信息反欺诈系统

注：S-CSCF为服务呼叫会话控制功能（Serving-Call Session Control Function）。

如图 2-15 所示，通信信息反欺诈系统包括一套全网反欺诈大数据分析云平台，10 个专项反欺诈全国平台和 137 个省平台。其中，各专项反欺诈平台对特定渠道、采用特定技术手段的诈骗行为进行高效的专项研判，以及云、管、端三级联动处置；全网统一的反欺诈大数据分析云平台则汇聚各专项平台的数据资源与能力，进行跨渠道的综合分析研判，并调度各专项平台进行智能协同防治。在以上全网平台、全国平台和省平台的技术实现中，都采用了大数据和深度学习等人工智能技术。基于该系统，中国移动与公安、银行、其他运营商、互联网企业等多方协作，建立了跨部门一体化闭环反欺诈联合防控机制，实现了对通信信息诈骗的全流程立体防控。

通信信息反欺诈系统自 2016 年启动建设以来，在通信信息反欺诈领域已取得良好的效果。截至 2019 年年底，共关停违规号码 1 700 万个，拦截诈骗电话 25.7 亿次，拦截“呼死你”电话 20.4 亿次，拦截骚扰电话 11 亿次，拦截不良短彩信 382 亿条，下发来电提醒彩印 120 亿次，协助侦破伪基站 1.1 万个，发现手机恶意软件 218 万个，处置疑似钓鱼网站 127 万个，对全网 8.4 万台专用小交换机（Private Branch Exchange，PBX）设备实施了接入管控。借助该系统，联动公安机关实现了对诈骗的及时止付，仅广东、浙江、上海、山东、云南 5 省就为用户挽回了超过 10 亿元的直接经济损失。根据公安部门统计数据（平均每 1 万次诈骗电话会诈骗成功 3 次，平均每次被骗金额为 2.8 万元），仅通过拦截诈骗电话一项措施就为用户避免了 216 亿元的经济损失。

在向 6G 发展的过程中，通信信息反欺诈系统也需要不断演进，在应对新技术和新的网络形态引入的新型诈骗风险的同时，充分利用新的技术和网络提升自身的反欺诈能力。如对诈骗分子自然人的生物识别，物联网、区块链技术的应用，对新型接入网络引入的欺诈模式的预判和监控等。

（2）服务外部产业领域的业务智能化

从业务智能化的长远发展来看，通信网络及业务系统与外部产业的基础设施、专用系统、海量数据进行充分协作与融合，实现覆盖面不断扩大、智能化程度不断深入的智能化服务是必然的发展趋势。有很多智能化服务已经提出了较长的时间，但真正得到实质性发展和应用却是从 4G 网络（包括 4G-LTE 网络）普及、人工智能技术大规模应用才开始的，也必将伴随着通信网络向 5G、6G 的发展而逐步增强其能力。以下对其中的典型服务进行介绍。

① 智慧城市

智慧城市是运用物联网、云计算、大数据、空间地理信息集成等新一代信息技术，促进城市规划、建设、管理和服务智能化的新理念和新模式。根据中华人民共和国发改委等八部委联合发布的《关于促进智慧城市健康发展的指导意见》[15]，智慧城市旨在利用新一代信息技术创新应用，加强城市管理和服务系统智能化建设，推动创新城市管理和公共服务方式，实现公共服务便捷化、城市管理精细化、生活环境宜居化、基础设施智能化和网络安全长效化。

我国智慧城市的建设始于 2011 年前后。经过近 10 年的演变和发展，其已经历了以信息化为核心、提供智慧城市碎片化应用的 1.0 时代，以平台化为核心、提供“互联网 + ”融合应用的 2.0 时代，目前正处于向智能化发展的 3.0 新型智慧城市建设阶段。

在智慧城市的建设过程中，运营商的作用不可替代。5G 时代，三大运营商也积极布局智慧城市建设，内容如下。

- 2020 年，中国移动正式发布了“OneCity”智慧城市产品品牌。OneCity 是一个“1+1+3+*N*”的能力体系，具体包括：一朵云——以中国移动云网融合战略为基础，融合 5G 网络能力、边缘计算能力、网络切片能力、物联网平台能力，构建以中国移动云为基础的智慧城市智能基础设施；一平台——打造 OneCity 智慧城市平台，构建新一代新型智慧城市智能底座；三服务——为客户提供高质量的智慧城市顶层设计咨询服务、安全服务、运维运营服务；*N* 应用——以 OneCity 平台为基础，聚合生态资源，面向城市治理、民生服务、产业经济、生态宜居打造丰富的智慧城市新应用。目前，中国移动已在全国打造了一批典型的智慧城市标杆。
- 中国电信提出基于“1+2+*N*”标准范式打造新型智慧城市，“1”是通过中国电信物联网开放平台打造一个智慧城市能力底座；“2”是通过能力底座打造城市感知平台和城市大数据两个数字平台；“*N*”是深耕行业推出多项智慧城市行业应用产品，以及对这些应用进行封装，面向不同类型的需求打造智慧城市解决方案集。如，中国电信政务云自诞生以来，已承建了 11 个省级政务云平台，覆盖了 100 多个地市，打造了 1 000 多个智慧城市项目。

- 中国联通构建了 5G+新型智慧城市解决方案——五位一体“智能城市中枢”。同时，持续增强网络能力，加快推进云计算、大数据、物联网等建设与布局，将创新业务的支撑保障能力打包整合，形成支撑服务智慧城市体系的综合能力。中国联通积极打造智慧“城市微单元”产品，构筑一体化解决方案能力。围绕园区、社区、街区、楼宇等城市微单元领域，中国联通推出智能运营管理平台、5G+北斗定位、智能专网等核心产品，深入推动应用落地，助力智慧城市领域业务发展。近年来，中国联通已与国内 200 多个重点城市开展了智慧城市方面的业务合作，打造了一大批典型的综合信息化应用产品和解决方案。

② 智慧家庭

智慧家庭利用物联网技术，将家庭智能控制、信息交流及消费服务等家居生活有效地结合起来，创造高效、舒适、安全、便捷的个性化家居生活。智慧家庭也被认为是智慧城市的最小单位。

围绕物联网平台，智慧家庭主要包括传感器、智能家庭设备、手机应用程序等组成部分。因此，家电厂商、电信设备制造商和服务提供商等都纷纷涉足智慧家庭领域。由于物联网是智慧家庭的核心，因此，提供宽带网关和智能机顶盒的运营商在智慧家庭领域拥有独特的优势，可以打造完整的智慧家庭生态环境，提供综合信息、娱乐、安防、沟通、智慧家居等服务，加上运营商自身拥有的平台资源和庞大的客户基础，有利于资源交换和行业合作，更有利于运营商减少客户流失，提升宽带黏性和附加值，从而促进移动和宽带协同发展。

- 中国移动实施“五个加速”，加快推动全社会进入智慧家庭时代。一是加速推进“全千兆”。按照千兆 5G、千兆宽带、千兆 Wi-Fi、千兆应用、千兆服务五位一体的策略，大力发展全千兆，力争在 2021 年发展千兆用户超千万、Wi-Fi6 用户超千万。二是加速构建“1+*X*”智慧家庭产品运营体系。基于全千兆家庭网络，聚焦家庭教育、健康、养老、办公、安防、社区六大重点领域，打造“1+*X*”云上家庭产品体系。三是加速打造智慧家庭示范工程。基于上述六大重点领域，与产业链伙伴联合打造“可参观、可学习、可复制”

的示范工程。四是加速升级智慧家庭生态合作体系。丰富家庭泛智能终端销售模式，将家庭泛智能终端纳入泛终端全渠道销售联盟，助力智能硬件销售，促进智慧家庭生态产业发展。五是加速升级“三全三智”开放赋能体系。进一步做大做强“和家亲”一站式赋能平台，丰富“三全三智”开放赋能体系内涵，加大与合作伙伴的数智协同，全力助推生活数字化进程。

- 中国电信通过打造智慧家庭体系以及家庭信息化解决方案，积极应对宽带市场的激烈竞争；通过加快拓展“5G+千兆宽带+云”的智慧家庭应用、与智能家居企业深度合作等举措，抢占智慧家庭制高点。面向政府用户、家庭用户和合作伙伴，中国电信智慧家庭聚焦基本面、收割面、拓展面、创新面、支撑面五大方面推进中国电信“五智”智慧家庭体系持续升级演进。最终，中国电信将聚焦家庭信息化建设，聚焦客户感知、支撑赋能、产业合作、行业价值，从智慧家庭到智慧社区、智慧城市，一步步满足用户对美好信息新生活的向往。
- 中国联通智慧家庭新应用生态布局为“1+4+*X*”战略。其中，“1”代表接入能力——中国联通 5G 精品网络，千兆智慧宽带接入；“4”代表重点核心应用——沃家电视、沃家组网、沃家固话和沃家神眼；“*X*”代表面向多终端的全面合作——包括 VR、泛智能终端、家庭安防、云游戏、智能家居、超高清视频和 AR 等。

③ 智慧交通

智慧交通是在智能交通系统（Intelligent Traffic System，ITS）的基础上，在交通领域中充分运用物联网、云计算、互联网、人工智能、自动控制、移动互联网等技术，使交通系统在区域、城市甚至更大的时空范围内具备感知、互联、分析、预测、控制等能力，以充分保障交通安全、提升交通系统运行效率和管理水平。近年来，我国智慧交通发展取得了明显的成效，基础设施和装备智能化水平大幅上升。政府从路网规划、交运系统建设、交通管理等多个角度推进智慧交通。包括道路交通监控、电子警察/卡口、交通信息采集和诱导、智能交通指挥控制、智慧公共交通、电子不停车收费（Electronic Toll Collection，ETC）等都已得到广泛应用。在国家政策牵引下，全国也涌现出北京、上海、无锡、常州等大量的示范区，进行智慧交通车路协同的业务应用示范。因此，智慧交通也被认为是智慧城市建设的重要突破口。

智慧交通涉及通信芯片、通信模组、终端设备、整车制造、平台与运营、前期与测试以及高精度定位与地图等，各领域所涵盖的企业众多。其中，运营商在信息采集和传输、信息化服务、多维度大数据、系统集成及直接面向用户的推送渠道方面具有独特优势。

- 2020 年 12 月，中国移动交通强国建设试点实施方案正式获得中华人民共和国交通运输部批准。根据批准意见，中国移动作为目前唯一一家获批的通信运营商试点单位，将依托自身的行业影响力、丰富的运营经验、网络技术优势以及全球最大的 5G+北斗高精度定位系统，在 5G 智慧交通信息基础设施建设、5G 车路协同与智慧公路技术创新及应用、智慧航运领域的技术创新及应用 3 个方面进行试点。在 5G 智慧交通信息基础设施建设方面，进行 5G+北斗高精度定位平台研发，建设覆盖全国的 5G+北斗高精度定位网络，以及泛在融合的新型交通信息基础设施；在 5G 车路协同与智慧公路技术创新及应用方面，进行车路协同硬件系统研发，构建车路协同大数据体系和车路协同信息安全体系，创新智慧公路应用并打造面向固定园区的自动驾驶 5G 云控平台；在 5G 智慧航运领域的技术创新及应用方面，进行港机设备远程控制、港口无人集装箱卡车运输、港口智能安防、航运检测与信息服务、船舶通航监管及船岸协同的研究和应用。
- 中国电信打造了包括 1 个数据中心、2 项支撑服务、3 大互联网+平台的互联网+交通总体框架。其中，1 个数据中心即交通大数据中心，实现各交通有关部门的互联互通，收集、存储和处理分散在各部门的交通基础数据和运行数据，完成所有信息的交换和整合。2 项支撑服务包括交通地理信息服务和统一视频监控服务。其中，交通地理信息服务通过进一步封装部分应用系统的公共功能，如专题图、气象图、规划图、影像图等，为上层应用软件提供地图展现、交通流量分析、实时影像、路况事件、出租车专题、公交车专题等运行环境；统一视频监控服务构建于现有视频监控系统之上，整合不同厂家的异构视频资源，实现全网基于监控平台的数字互通异构视频统一接入开发框架，为交通综合管理、应急指挥调度提供支持服务。3 大互联网+平台包括互联网+管理决策平台、互联网+高效运营平台和互联网+便捷出行平台，分别实现综合管理及安全应急、公交运营管理及重点营运车辆的联网监控、一站式出行信息服务及智慧停车场等功能。这些平台均已实现了广泛应用。

- 中国联通积极开展基于 5G 的智慧交通研究和建设。在技术研究方面，提出“基于 5G 的平行交通体系”，将 5G 作为端-管-云之间的衔接桥梁，实现车、路、云实时信息交互，助力构建车、路、云协同的新型交通体系。在新型交通体系中，路端需要实现基础设施的全面信息化，构建数字孪生城市；车端需要实现交通工具智能化，建立智能驾驶系统、智能物流系统；云端需要实现智能交通的一体化管控，包括大数据的收集、共享、分析，以及全局交通动态的智能管控等。在产品研发方面，中国联通开展“交通设施信息化”“远程驾驶系统”及“车辆高精度定位”的产品研发。已开发的“C-V2X 辅助驾驶”原型系统获世博会新技术新产品新应用创新奖银奖。同时，中国联通积极推进智慧交通的应用落地，进行了远程驾驶、编队行驶等典型智慧交通业务示范，并参加了科技冬奥、常州车联网示范区、重庆车联网示范区等智慧交通项目。

参考文献

[1] 廖建新, 王晶, 郭力. 移动智能网[M]. 北京: 北京邮电大学出版社, 2000.

[2] 廖建新, 王晶, 张磊, 等. 移动通信新业务——技术与应用[M]. 北京: 人民邮电出版社, 2007.

[3] 王晶. 业务网络智能化及其关键技术研究[D]. 北京: 北京邮电大学, 2008.

[4] LIAO J X, WANG J Y , WU B, et al. Toward a multiplane framework of NGSON: a required guideline to achieve pervasive services and efficient resource utilization[J]. IEEE Communications Magazine, 2012, 50(1): 90-97.

[5] ITU-T. Focus group on machine learning for future networks including 5G[EB].

[6] 3GPP. Architecture enhancements for 5G system (5GS) to support network data analytics services: R16 TS23.288[S]. 2019.

[7] 3GPP. Study of enablers for network automation for 5G: R16 TR 23.791[S]. 2018.

[8] 3GPP. Study on scenarios for intent driven management services for mobile networks: R16 TR28.812[S]. 2019.
[9] ETSI. Industry specification group (ISG) experiential networked intelligence (ENI) [EB].
[10] ETSI. Zero touch network and service management (ZSM) [EB].
[11] TM FORUM. AI, data and analytics [EB].
[12] C114 通信网. 中国移动网络智能化发展思路：向下引领产业，向上构建生态[EB].
[13] 唐雄燕, 廖军, 刘永生, 等. AI+电信网络，运营商的人工智能之路[M]. 北京：人民邮电出版社, 2020.
[14] 中国电信集团有限公司. 中国电信人工智能发展白皮书（发布稿）[EB].
[15] 中华人民共和国发改委, 中华人民共和国工信部, 中华人民共和国科学技术部, 等. 关于促进智慧城市健康发展的指导意见[EB].

第 3 章

知识定义网络

要实现 6G 的“智慧内生”，就需要在 6G 网络的设计之初，将 AI 全面融入网络内部，从而在网络的各个层面自然体现出其“智慧”特征。要实现这个目的，必然要求为 6G 网络引入一个实现“大脑”功能的结构，它能够随时感知网络的内外部变化，并根据这些变化指示网络的动作。更重要的是，它能够不断学习新的知识，更新自己的知识体系，以更好地应对未知的变化，作出前瞻性判断。在对 6G 网络“大脑”的功能进行设计、丰富和改进方面，以知识定义网络（Knowledge-Defined Networking，KDN）为基础是主流方向之一。本章将对 KDN 技术进行介绍，首先介绍 KDN 的提出和基本概念；其次介绍 KDN 的架构及流程、知识获取；最后介绍 KDN 的应用场景。

3.1 KDN 的提出及其基本概念

3.1.1 知识平面的提出

21 世纪初，Clark 等[1]提出“知识平面”（Knowledge Plane）的概念来减少网络管理中配置、诊断和设计的成本：知识平面应当能够应对从基础网络本身收集到的不完整、不一致、误导性的，甚至恶意的数据；应当能够协调网络参与者之间冲突或不一致的高层次目标；应当能够应对网络环境或短期或长期的变化。通过引入知识平面，可以建立一种新的网络，它可以根据高层次的指令进行自我组装，随着需求的变化进行自我重组，在出现问题时自动发现问题，并自动修复检测到的问题。Clark 等在文章中进一步指出，要实现其目标，知识平面必然要借助人工智能技术和认知系统，将“智能”根植在未来网络的基因里。可以看出，这种看法正与 6G 核心网络的智慧内生理念不谋而合。受限于当时的技术条件和网络环境，该“知识平面”仍停留在概念阶段，未得以实现原型化或实际部署。

“知识平面”无法实施的一个重要原因在于，网络本质上是分布式系统，其中的每个节点（交换机、路由器等）对整个系统只有部分视图和控制能力，要将知识平面部署到这个分布式系统上，并获得系统的全局视图和控制能力是十分困难的。

3.1.2　从知识平面到知识定义网络

在计算机通信网络的发展中，软件定义网络（SDN）的提出和应用被认为是网络领域的一场革命，具有重要的价值和意义。SDN 将网络控制和数据转发进行解耦，分离成控制平面和数据平面。在 SDN 出现以前，网络设备内置控制逻辑，一旦出厂便难以更改，甚至会使用设备商的私有协议，无法做到灵活控制。在软件定义网络中，通过分离控制平面和数据平面以及开放的通信协议，打破了传统网络设备的封闭性，实现了网络流量的灵活控制，使网络作为管道变得更加智能。此外，南北向和东西向的开放接口及可编程性，也使网络管理变得更加简单、动态和灵活。可以说，SDN 为核心网络及应用的创新提供了良好的平台。

SDN 技术的出现和应用，也为“知识平面”的实现和部署提供了可能性。SDN 将控制平面与数据平面分离，并提供一个逻辑上集中的控制平面，即网络中具有整体知识的逻辑单点；与此同时，SDN 数据平面中的路由器和交换机也具备了更强的计算和存储能力，这也使得网络遥测技术（Network Telemetry）成为可能。该技术可以向集中式网络分析平台提供实时数据分组和流的粒度信息，以及配置数据和网络状态监视数据。即，通过网络遥测技术，SDN 可以向一个集中的管理平台提供更为丰富的网络视图。基于上述原因，Mestres 等[2]认为，结合 SDN 提供的集中控制和网络遥测提供的丰富的网络集中视图，“知识平面”可以在 SDN 环境中得以实现，并进一步提出“知识定义网络”的概念：知识平面可以使用机器学习和深度学习技术收集关于网络的知识，并使用这些知识控制网络，这种控制通过 SDN 提供的逻辑集中控制能力实施。这种组合了 SDN、网络遥测、网络分析及知识平面的网络即“知识定义网络”。

3.2　KDN 架构及其基本流程

3.2.1　KDN 的基本架构

由于 KDN 的概念是在 SDN 环境中提出的，因此，KDN 的基本架构也是在 SDN

架构的基础上引入知识平面形成的，KDN 分平面结构如图 3-1 所示。该架构由 4 个功能平面组成。

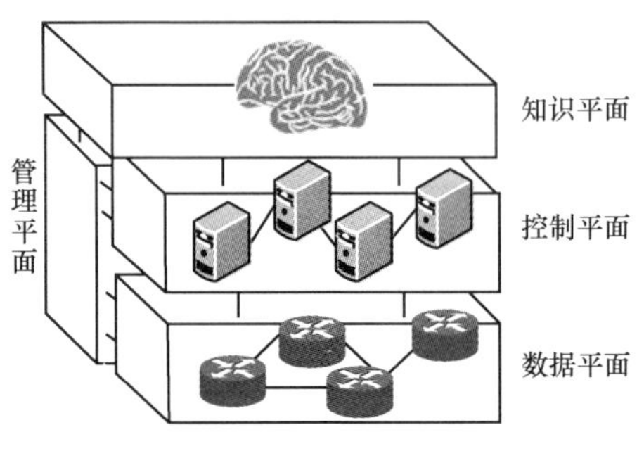

图 3-1　KDN 分平面结构

- 数据平面即 SDN 中的数据平面，负责存储、转发和处理数据分组。在 SDN 中，数据平面由可编程转发的硬件设备组成，即数据平面处理流程中的所有功能，包括数据分组的解析、转发和调度都是可编程、与协议无关的。数据平面中的设备并不了解网络中的其他部分，而是依靠其他平面填充自身的转发表并更新配置信息。
- 控制平面承担了 SDN 控制平面中与数据路由相关的功能，负责交换操作状态以更新数据平面的匹配和处理规则。在 SDN 中，这部分功能由逻辑上集中的 SDN 控制器实现。该控制器通常通过南向接口对 SDN 数据平面的数据转发进行编程。数据平面通常在分组的时间尺度上运行；控制平面则相对慢一些，通常在数据流的时间尺度上操作。
- 管理平面承担了 SDN 控制平面中与网络管理相关的部分功能，并进行了一定的增强，作用是确保网络的长期正确运行和性能。它定义网络拓扑并处理网络设备的加入和配置。在 SDN 中，这通常也由 SDN 控制器处理。此外，管理平面还负责监控网络，提供关键的网络分析。为此，它从数据平面和控制平面收集遥测信息，同时保留网络状态和事件的历史记录。管理平面与控制平面和数据平面正交，并且通常在更大的时间尺度上操作。
- 知识平面构建在控制平面、数据平面和管理平面之上，将行为模型和推理过程集成到 SDN 的决策过程之中。利用其下的 3 个平面，知识平面可以获取全局的网络状态信息和灵活的网络控制能力。它使用人工智能技术将获得的网络数据转化成知识，并利用这些知识来管理网络。虽然解析信息并从中学习通常是一个缓慢的过程，但自动使用这些知识可以在接近控制平面和管理平面的时间尺度上完成。知识平面的长期目标是学习网络是如何运作的，并最终自动化地管理和控制网络。

3.2.2 KDN 的运行过程

图 3-2 所示为 KDN 运行的基本流程。各步骤的操作如下。

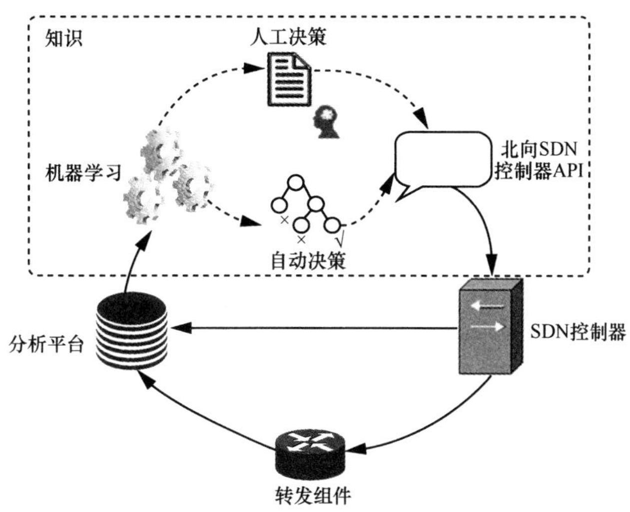

图 3-2 KDN 运行的基本流程

- SDN 控制器和转发组件→分析平台：分析平台的任务是收集足够的信息以提供完整的网络视图。为此，它需要实时监控数据平面发送数据分组的操作，以获得细粒度的流量信息。此外，它还向 SDN 控制器查询控制平面和管理平面的控制和管理状态。具体而言，分析平台收集的信息包括数据分组层面和流层面数据、网络状态、控制和管理状态、业务层面的遥测数据及相关外部信息。为了高效地学习网络的行为并且更全面地了解网络，分析平台会存储所有的历史数据，以收集网络不同状态、不同配置及不同业务环境下的信息。

- 分析平台→机器学习：机器学习算法是知识平面的核心，能够从网络行为中进行学习。分析平台向机器学习算法提供网络当前及历史数据，后者据此进行学习并生成知识（如网络模型）。常见的机器学习算法包括有监督学习、无监督学习和强化学习。学习过程可以离线进行，学习结果在线应用。
- 机器学习→北向 SDN 控制器 API：知识平面的存在简化了由遥测数据（分析平台收集）向控制执行特定动作之间的转换。传统上，运营商需人工检查遥测过程获得的指标，并决定在网络上如何动作。在 KDN 中，这个过程部分卸载到知识平面上，利用机器学习的优势自动进行决策或提供决策建议。
- 北向 SDN 控制器 API→SDN 控制器：北向 SDN 控制器 API 提供一个通用的接口，供基于软件的网络应用程序和决策者控制网络部件。用户指令可以是传统的命令式语言，也可以是声明式语言。在后一种情况下，用户表达他们对网络的意图，由知识平面将其转换为特定的控制指令。
- SDN 控制器→转发组件：SDN 控制器通过南向协议将指令传递给转发组件，从而实现知识平面决策在数据平面的具体执行。

3.3 KDN 中知识的获取

如前文所述，知识定义网络能够拥有内生智慧的关键在于知识平面具有的知识的获取、学习和运用功能。而“知识”正是知识平面的核心。

对于何为“知识”，不同领域的人们给出了不同的定义和解释。其在不同的应用环境下有不同的内涵和外延。在知识定义网络的范畴内，我们对知识的广义理解如下。

- 一种识别、理解网络基础数据的方法，后续网络优化算法可以基于此实现。
- 一种根据网络运行状态进行智能化决策、推理和优化的方法。
- 一种可以通过机器学习不断对自身数据、模式进行丰富、修正的数据库。
- 一种能够为网络的计算、优化、推理和决策提供支撑的框架。
- 一种可解释的、人类能够理解的网络镜像。

可以看出，以上理解中包含了两层含义：第一层是知识是一种对网络状态的全面描述，这种描述可解释、可理解、可操作；第二层是知识自身的运用和“进化”，即由知识向智慧的转化。之所以进行这样的解读是为了强调知识体现的内在智慧性。而在对知识的形成和运用过程进行具体的阐述时，我们往往采用对知识的狭义理解，即上述第一层含义。

3.3.1 KDN中知识的形成过程

主流自主网络中知识的形成和运用过程如图3-3所示。首先，将从外部获取的数据通过一定的规则分类整理成有相关性的信息，这些信息可以按需存储在数据库中，以方便调用。接着系统通过机器学习等人工智能技术对信息进行学习理解产生模型化的知识，通常情况下系统会将知识存储在数据库中，以便在未来的闭环控制中循环利用知识并提升系统效率。其后，系统根据知识结合外部意图产生智慧，即通过了解用户、服务等意图匹配相关的知识模型，经过训练学习之后找到满足意图的最优解。最后，由智慧决定未来行为，即网络按照最优解进行调整，新的行为又会产生新的数据被系统回收为知识，依此往复，达到知识系统不断学习、修正和丰富的目的。

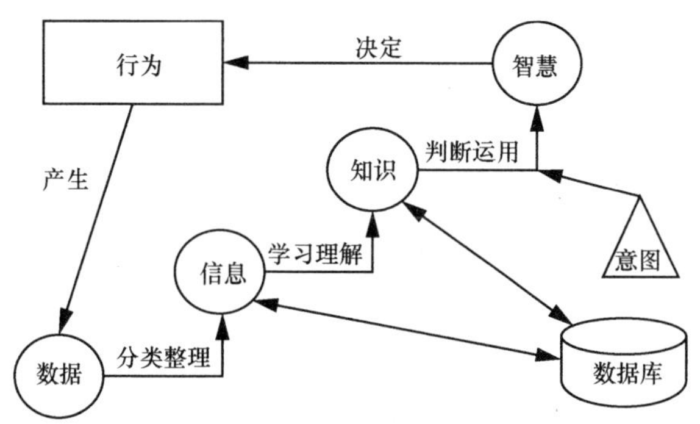

图3-3 主流自主网络中知识的形成和运用过程

具体到KDN中，数据来源于下层的控制平面、数据平面和管理平面，具体的数据收集和整理过程由图3-2中的分析平台完成，形成的信息传递到机器学习算法中，由后者进行学习理解产生知识。

3.3.2 网络遥测技术及其提供的数据

在 KDN 中，分析平台需要收集足够多的信息以提供完整的网络视图。为了解决传统网络监控方案无法全面、实时获取网络状态的难题，业界广泛引入了网络遥测这一技术。

网络遥测指从物理网元或者虚拟网元上远程实时高速采集数据，实现对网络实时、高速和更精细的监控。在 SDN 环境中，网络遥测基于可编程数据平面 P4 语言实现，不需控制平面参与。

（1）可编程数据平面语言 P4

为了充分解放数据平面的编程能力，斯坦福大学的 McKeown 等于 2014 年首次提出并设计了数据平面特定领域编程语言 P4[3]。P4 一经提出就得到了学术界和工业界的广泛关注和认可，工业界纷纷跟进并研制了一系列高性能的可编程硬件。基于可编程设备的可定制化特性，能够快速实现和验证一些新型的网络架构、功能和协议，极大加速了网络演进和创新；基于可编程设备的高性能特性，传统上由灵活但低性能的中间件实现的一些较为简单的网络功能（如防火墙，负载均衡等）可以卸载到可编程数据平面上实现，以获取可观的性能提升。P4 的成功源于其具有的如下 3 点语言特性。

- 可重配置性：转发逻辑代码经过编译部署到具体平台上之后，可以动态修改分组的解析和处理方式。因此，运营商可以在不更换硬件的前提下灵活定义数据平面的处理行为，极大降低了更换设备的资金成本和等待新设备开发的时间成本。
- 协议无关性：P4 并不绑定于某个特定的网络协议。开发人员只需根据 P4 语言定义的语法语义要素，结合平台的相关特性就可以自定义新协议，同时也能够去除冗余的协议，按需使用协议，降低了额外开销，提高了设备的资源利用率。
- 平台无关性：开发人员可以独立于特定的底层运行平台编写数据分组处理逻辑。代码能够通过设备相关的后端编译器快速地在硬件交换机、现场可编程门阵列（Field Programmable Gate Array，FPGA）、智能网卡（Smart Network

Interface Controller，SmartNIC）、软件交换机等不同平台之间移植，减轻了开发人员的负担，提高了开发效率。

为了支持上述 3 点特性，P4 语言定义了一套抽象转发模型[4]。该抽象转发模型包含 3 个主要部分：可编程的数据报文头部解析器，可编程的多阶段流水线及控制平面上的控制程序。

（2） 网络遥测技术的基本模式

相比于传统的网络监控技术拉模式的一问一答式交互，网络遥测技术通过推模式，让网络设备周期性自动推送数据给网管侧，主动向采集器推送数据信息，避免重复查询，提供更实时、更高速、更精确的网络监控功能。

传统的网络监控方式下，查询及跟踪操作都是由路由引擎、控制层面处理，而网络遥测则可以借助于厂商支持，在硬件板卡专用集成电路（Application Specific Integrated Circuit，ASIC）层面植入代码，直接从板卡导出实时数据。而板卡导出的数据按照线速发送，从而使得上层的路由引擎专注于处理协议和路由计算等。

（3）网络遥测的关键技术

网络遥测的模型架构如图 3-4 所示，其由网络设备和网管系统两大部分组成。在网络设备侧包含以下结构。

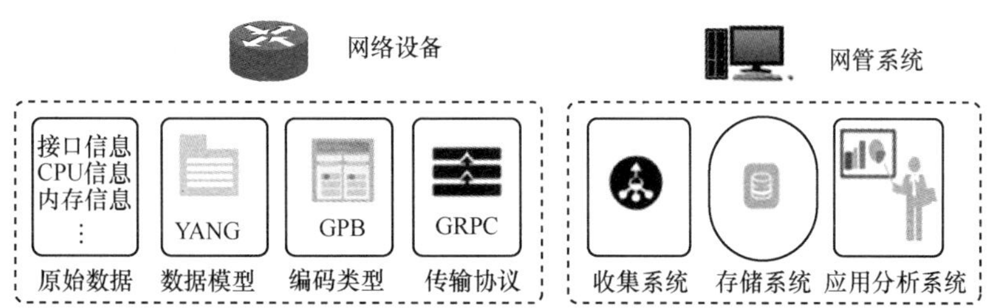

图 3-4 网络遥测的模型架构

- 原始数据：网络遥测采样的原始数据来自网络设备的转发、控制和管理平面，目前支持采集设备的接口信息、中央处理器（Central Processing Unit，CPU）信息和内存信息等。
- 数据模型：网络遥测基于 YANG 数据模型[5]组织采集数据。YANG 是网络配置协议（Network Configuration Protocol，NETCONF）的数据建模语言，其目的是统一管理、配置、监控网络中的各类设备。YANG 数据模型定位为一个面向机器的模型接口，明确定义数据结构及其约束，可以更灵活、更完整地进行数据描述，便于设计可以使各种传输协议操作的配置数据模型、状态数据模型、远程调用模型和通知机制等。YANG 数据模型正逐渐成为业界主流的业务布放接口的数据描述规范。

- 编码类型：网络遥测支持谷歌协议缓冲（Google Protocol Buffer，GPB）编码格式。GPB 是谷歌公司用于大数据存储及交换的开源协议和开发库。GPB 编码格式是一种与语言、平台无关，扩展性好的用于通信协议、数据存储的序列化结构数据格式。网络遥测利用 GPB 编码格式提供一种灵活、高效、自动序列化结构数据的机制。GPB 编码格式属于二进制编码，性能好，效率高。
- 传输协议：网络遥测支持谷歌远程过程调用（Google Remote Procedure Calls，GRPC）协议和用户数据报协议（User Datagram Protocol，UDP）。GRPC 协议是谷歌公司开源的一个高性能、跨语言、通用的远程过程调用（Remote Procedure Calls，RPC）开源软件框架，使用 HTTP/2 协议并使用 GPB 作为序列化和反序列化的工具。通信双方都基于该框架进行二次开发，从而使得通信双方聚焦在业务，不需关注由 GRPC 软件框架实现的底层通信。网络遥测通过 GRPC 协议或 UDP 将经过编码格式封装的数据上报给采集器进行接收和存储。GRPC 协议可以用于静态订阅或动态订阅，UDP 用于静态订阅。

网管系统侧包括收集系统、存储系统和应用分析系统，完成数据的采集存储和分析诊断，利用分析结果为网络配置调整提供依据。

（4）网络遥测技术实现方案

网络遥测技术的实现主要可以分为 4 类，提供的数据类型也不尽相同。

- 基于 GRPC 交互机制直接获取网络状态数据。通过在交换机中集成 GRPC 应用，定义灵活的数据格式以及数据推送的阈值来实现交换机自身状态的主动推送能力，可以向网管系统周期性地推送交换机缓存使用、CPU、内存等信息。当缓存不足导致数据分组丢失时，也会实时通知网管系统，实现网络运行数据的可视化。
- 在带外采集网络状态信息并保存。在带外采集网络状态信息的方式也被称为带外网络遥测（Out-band Network Telemetry, ONT）。该方式是通过监控设备单独发送探测数据分组，收集链路状态信息，类似在网络中部署一套互联网分组探测器（Packet Internet Groper，PING）设备，通过 PING 网络中不同设备和主机，从而判断网络链路是否可达。

- 基于交换机采集流状态并保存。利用网络内的交换机设备也可以实现网络状态信息的采集与保存。该方式基于可编程交换机实现，将网络状态测量请求编译为基于 P4 语言的交换机程序，在交换机上运行。交换机将采集的数据保存在本地的存储模块，并且定期将网络遥测结果发向网管系统。该方案可以实现对网络设备 CPU、内存、流量、时延等网络状态的细粒度测量。
- 基于数据分组保存采集的状态信息。基于数据分组保存采集的状态信息的方法以带内网络遥测（In-band Network Telemetry，INT）[6]为主要技术成果。INT 是一种新型网络遥测协议，由 Barefoot、Arista、Dell（戴尔）、Intel（英特尔）和 Vmware（威睿）共同提出，是目前使用和研究最为广泛的一种网络遥测技术。INT 的思想是在报文到达首节点后，通过在交换机上设置的采样方式匹配并导出该报文的镜像，在 4 层头部后插入 INT 头，并将交换机身份识别号（Identity，ID）、入端口信息、入端口时间戳、出端口信息、出端口时间戳、出端口链路利用率和缓存信息等封装，并插入 INT 头。完成上述操作的交换机将报文转发至下一跳；转发报文的每一跳交换机都会收集相应的信息，封装在报文里面；最后，在最后一跳交换机剥离报文里面收集信息，然后把原始报文发给服务器，收集到的交换机信息则传递给监控端。这样既不影响正常业务转发，又能收集到经过交换机的信息，在不知道网络拓扑的情况下还能探测出网络拓扑。INT 的出现解决了转发路径和转发时延不可见的问题。

3.3.3　知识平面的机器学习

在知识平面中，信息通过机器学习的过程转变为知识。结合机器学习领域的当前进展，具体的学习方式包括以下 3 种。

- 有监督学习。有监督学习基于有标签的训练数据获得知识，其主要目标是在有标签的条件下学习“什么是什么“这样的分类问题，或者“什么是多少”这样的回归问题。支持向量机（Support Vector Machines，SVM）是一种经典的统计机器学习方法，使用已知样本构建解空间，并尝试最大化此空间下不同类别的线性分类距离。对于非线性问题，可以使用核方法进行改进。类似地，也可以使用特殊的核方法基于 SVM 实现聚类。决策树方法可以实现对决策过程的良好解释，模型容易转换成对应的规则策略。对于多个决策树模型的集成可以进一步提升效果，如随机森林等。在 KDN 中，知识平面通过有监督学习获得可以描述网络行为的模型。该模型可以具体反映运营商所关注的网络变量和网络行为之间的相关性。
- 无监督学习。无监督学习是一种数据驱动的知识发现方法，其主要目标是在未知标签的条件下，学习“什么和什么是同一类”这样的聚类问题或者“什么有几个部分”这样的分割问题。K 均值聚类（K-Means）算法将样本划分到 k 个类别中，每个点最近的聚类中心就表示了它的归属类别。层次聚类对样本集在不同层次和粒度上进行聚类划分，最终形成多层的树状聚类结果。常见的方法还有使用主成分分析（Principal Component Analysis，PCA）降维后进行聚类或区分。在 KDN 中，通过无监督学习可以提示网络运营商数据中尚未发现的相关性。
- 强化学习。有监督学习和无监督学习主要基于统计学习方法，不能很好地直接解决决策过程中的推理问题。为了探索更优的决策策略，强化学习的方法被提出并取得了重大的进展，已被广泛应用于网络领域。强化学习用于描述和解决决策者（在强化学习中被称为“强化学习代理”）在与环境的交互过程中通过学习策略达成回报最大化或实现特定目标的问题。强化学习面向的环境通常被建模为一个由状态空间、动作空间、状态转移概率、回报函数和损失系数组成的马尔可夫决策过程（Markov Decision Process，MDP）。强化学习代理需要通过不断地和环境进行交互，探索状态、动作和回报的对应关系，并更新自己的策略追求最大化长期累积收益。例如，在 KDN 中，网络管理员可以设置一个目标策略，比如一组流量的时延，然后知识平面通过改变配置对 SDN 控制器进行操作，每一次操作都会获得奖励，随着策略越来越接近目标策略，奖励也会增加。最终，知识平面将学习到导致这种目标策略的一组配置更新。

表 3-1 所示为在运营商需要的不同网络控制方式下，KDN 采用不同的机器学习方法可提供的网络管控功能。

表 3-1　在运营商需要的不同网络控制方式下，KDN 采用不同的机器学习方法可提供的网络管控功能

网络控制方式	有监督学习	无监督学习	强化学习
闭环	自动化，优化	强化	自动化，优化
开环	验证，预测，情景预案	提供建议	无

3.4　KDN 的应用场景

目前，业界对 KDN 架构及其关键技术的研发尚处于初级阶段，本节根据 KDN 的特性和相关文献总结了学术界比较认可的 KDN 应用场景。需说明的是，目前所有的应用场景都处于理论设计阶段，并没有在网络中的应用案例。

3.4.1　流量工程

目前，SDN 中的流量工程算法存在开销大、计算成本巨大的问题，通常需要额外的硬件来解决，或者是只将算法应用于大流量场景。同时，传统的模式中使用 SDN 控制器从交换机中获取数据流信息会使 SDN 控制器有很大的负担。

利用 KDN 架构，通过分析平台获取和分析流量信息可以减少 SDN 控制器的压力。在 KDN 中对流量信息进行细化和分类也可以减少流量工程算法的输入量。

通过融合 SDN 控制器中的集中式网络全貌数据信息，KDN 可以分析出多种流量特征，比如流量大小、间隔、时长、端点等。这些宝贵的信息在预测短时和长时流量状态方面能够起到重要的作用，进而提高流量工程的效率。

3.4.2 NFV 场景下的资源分配

NFV 资源分配的目标是对虚拟网络下所有的虚拟网络功能（Virtualized Network Function，VNF）进行合理化配置，这是一个十分复杂的问题，因为改变一个 VNF 的配置将会给整个系统性能带来重大的影响。

KDN 可以通过机器学习将一个 VNF 的特征抽象为一个模型函数。有了这个模型，VNF 的资源需求可以由知识平面建模，而不必修改网络。这有助于优化该 VNF 的设置位置，从而优化整个网络的性能。

3.4.3 短时和长时网络运行规划

目前，网络规划技术通常依赖专家管理的计算机模型，这些模型可以估计网络容量并预测未来的需求。由于规划过程中容易出现错误，网络规划通常会导致过度配置。

通过 KDN 架构，可以建立一个基于分析平台中存储的历史数据的准确的网络模型。例如，KDN 可以学习网络中客户的数量（或者服务的数量）与网络负载的关系，准确地预测出网络在何时需要进行策略变更，从而使得短时和长时网络运行规划的过程更为合理，结果也更为准确。

3.4.4 智能运维

一方面，传统的网络运维故障识别手段少，往往要等 KPI 劣化触发网元告警或引发用户投诉后才开始定位故障，效率低、耗时长、易出错。另一方面，随着 5G 业务和 NFV/SDN 新技术的引入，核心网网络愈加复杂，业务变更（升级、割接、配置变更等）更频繁，故障隐患更多，故障风险大幅提升。运营商网络每年平均有上千次变更操作，而 70%的事故都是由业务变更引起的，给运营商带来巨大挑战。

针对上述两方面问题，KDN 将智能预测引入网络运维中，从而变被动运维为主动运维，在大部分情况下可以做到“防患于未然”，及时排除故障隐患。一旦故障发生，也可以在故障影响范围扩大前及时止损。

- 日常监控场景：知识平面对历史故障数据和 KPI 数据进行持续机器学习，实现海量 KPI 动态阈值的设置和维护，降低人力成本，提升检测准确率，在出现故障隐患时即可先于故障识别异常。在故障发生时，进行多维事件关联检测与分析，根据时间和空间相关性，实现故障根因分析和快速故障定界，从而及时处理故障，减少损失。相关数据又可丰富知识平面的历史故障数据，将同类故障纳入新的机器学习过程中，从源头上降低其在未来发生的概率。
- 网络变更场景：针对变更场景，在变更前执行模拟变更操作，查找并排除网络变更隐患，提前规避变更引入的问题，并自动调整变更模型。变更过程的实现基于变更模型的自动化操作，变更和值守阶段通过 KDN 实现智能在线机器值守，执行基于机器学习的异常检测，实现前期异常识别，尽可能避免故障发生。并在故障发生时通过多维事件聚合和故障根因分析，实现快速故障定界和处理。

参考文献

[1] CLARK D D, PARTRIDGE C, RAMMING J C, et al. A knowledge plane for the internet [C]//Proceedings of the 2003 Conference on Applications, Technologies, Architectures, and Protocols for Computer Communications (SIGCOMM'03). New York: ACM, 2003: 3-10.
[2] MESTRES A, RODRIGUEZ-NATAL A, CARNER J, et al. Knowledge-defined networking[J]. ACM SIGCOMM Computer Communication Review, 2017, 47(3): 2-10.
[3] BOSSHART P, DALY D, GIBB G, et al. P4: programming protocol-independent-packet processors[J]. ACM SIGCOMM Computer Communication Review, 2014, 44(3): 87-95.
[4] P4 LANGUAGE CONSORTIUM. P4 language specification, Version 1.0.4[EB].
[5] BJORKLUND M. The YANG 1.1 data modeling language, RFC 7950[EB].
[6] CHANGHOON K, PARAG B, ED D, et al. In-band network telemetry[EB].

第4章

6G 按需服务网络

向用户提供全场景的沉浸式、个性化、极致性能体验是发展 6G 网络的驱动力和最终目标。基于网络管控具有的网络管理、控制、运维的基本功能，结合网络内外部环境的变化和按需服务的需求，在从整体上协调、调度网络各层面功能和动作的同时，深入各层面的智能化操作，以按需提供有效资源，确保网络通信的极致性能，是进行 6G 按需服务网络及其关键技术研究的可行方向。本章对 6G 按需服务网络进行介绍。首先介绍 6G 智能化网络的研究进展；其次分析从网络管控的角度构建 6G 按需服务网络的必要性及按需服务网络构建过程中面临的挑战；最后设计 6G 按需服务网络管控基本架构，分析归纳网络管控研究需解决的关键技术问题，以此引出本书后续章节的具体内容。

4.1 以人工智能为核心的未来网络研究

6G 智能化网络的研究大致可分为两类：一类从体系架构的角度，围绕人工智能进行未来网络分层体系架构的设计，将“智慧内生”的思想贯彻体系架构的各个层面内部及层面之间的协作；另一类则从人工智能在未来网络中应用的角度，研究 6G 网络应该具备的 AI 能力。

在 6G 智能化网络体系架构设计中，一类网络架构是“平面型”分层设计，如华为[1]、新加坡南洋理工大学[2]的相关研究成果；另一类网络架构则是“立体型”分层、分面设计，如中国移动通信集团有限公司研究院[3]的相关研究成果。以下将分别选取华为、中国移动设计的网络体系架构进行介绍。

4.1.1 华为自动驾驶网络

2018 年，华为提出在万物智能时代，电信网络应走向自动驾驶网络时代。2019 年，华为发布了《自动驾驶网络解决方案白皮书》[1]，提出从基础设施层、网络设备层、业务承载层 3 个层面引入 AI，并公布了华为将结合 5G 网络的规划、建设、优化和运维全生命周期，将 AI 渗透应用到端到端网络，实现智能 5G。

华为提出的自动驾驶网络参考目标架构[1]如图 4-1 所示。

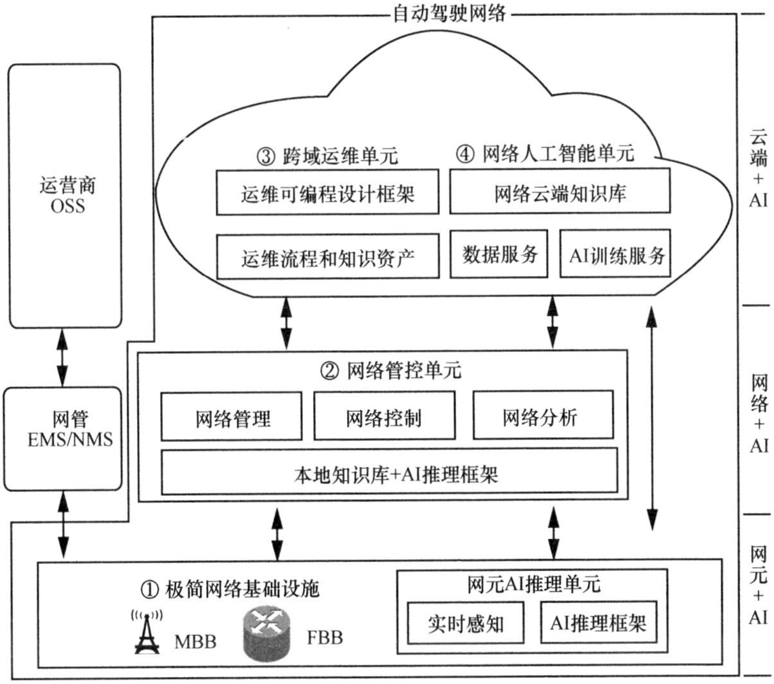

图 4-1　华为提出的自动驾驶网络参考目标架构

注：OSS 为运营支撑系统（Operation Support Systems）；NMS 为网络管理系统（Network Management System）；MBB 为移动宽带（Mobile Broadband）；FBB 为固定宽带（Fixed Broadband）。

- 极简网络基础设施一方面以更简洁的网络架构、协议、设备和站点、部署方案抵消超高带宽和海量连接带来的复杂性，提升全生命周期的效率和客户体验。另一方面，通过内置 AI 芯片和传感器，使网络实时可感知，在边缘实现数据采集加速和快速的 AI 推理。
- 网络管控单元融合网络管理、网络控制和网络分析三大模块，通过注入知识和 AI 模型，将上层业务和应用意图自动翻译为网络行为，实现单域自治闭环，网络连接或功能的 SLA 可承诺。同时，通过持续从云端注入新的 AI 模型和网络运维知识，不断强化与丰富本地化的 AI 模型库和网络知识库，让本地的智能化感知和决策能力不断优化增强。

- 跨域运维单元提供运维流程和知识资产与运维可编程设计框架的平台与云服务，面向聚焦运维流程的灵活的业务编排，允许其根据自身网络特点，快速迭代开发新的业务模式、运维流程及业务应用，这是运营商实现业务敏捷的关键。
- 网络人工智能单元提供网络领域的人工智能平台和云服务，包括云端的 AI 训练服务、数据服务、网络云端知识库等基础服务和能力。该单元集成电信 AI 知识资产，快速开发 AI 模型，并将 AI 模型同步到网络管控单元。

4.1.2 中国移动 6G 网络逻辑架构

2020 年 11 月，中国移动在其发布的 6G 相关白皮书[3]中，探讨了未来网络将具备的五大特征：按需服务网络、至简网络、柔性网络、智慧内生和安全内生。为了支持上述网络特征的实现，网络架构将在 8 个方面产生变革：面向全场景的泛在连接；向分布式范式演进；面向统一接入架构的至简网络；与实体网络同步构建数字孪生网络；具备自优化、自生长和自演进能力的自治网络；解决确定性时延核心问题；通信和计算融合的算网一体网络；资源按需、服务随选。以此为基础，中国移动提出了“三层四面”的 6G 网络逻辑架构[3]初步设想，如图 4-2 所示。

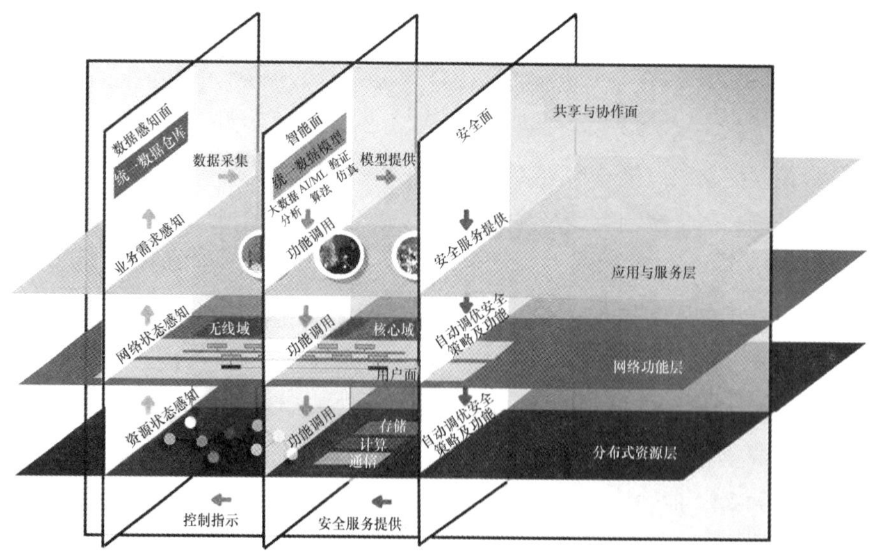

图 4-2 中国移动提出的“三层四面”的 6G 网络逻辑架构

其中，“三层”分别是分布式资源层、网络功能层和应用与服务层，“四面”分别是数据感知面、智能面、安全面和共享与协作面。

- 分布式资源层向其他层提供通信、存储、计算等资源基础。
- 网络功能层编排资源并执行服务逻辑。
- 应用与服务层向用户提供各项具体的应用及服务。
- 数据感知面采集用户及智慧网元的数据，这些数据可以被智能面订阅以用于模型训练、算法优化。
- 智能面在为其他“层”和“面”按需提供 AI 能力的同时，也支持实现网络管理的相关能力，通过数据采样构建网络的数字孪生体，对网络状态进行预判，对网络需求进行快速解析，反作用于实体网络。
- 安全面使网络具备内生安全的能力，为服务与应用提供更及时准确的安全风险识别和防控。
- 共享与协作面实现各“层”各“面”的多方共享，解决数据孤岛、异构系统安全性等问题。

4.1.3　其他 6G 网络智能化研究

除上述给出未来核心网络分层体系架构的研究外，还有多项研究对 6G 网络应具备的智能化能力及 AI 在网络中的具体应用进行了展望。

芬兰奥卢大学发布的 6G 网络白皮书[4]指出，6G 网络将由设想的用例和应用程序驱动，因此其网络架构必须适应应用的需求进行相应的调整，包括：通过普遍应用网络遥测和人工智能，进行分布式的智能化服务编排和管理，以实现虚拟资源的连续统一，从而支持真正的端到端服务；设计由泛在智能支持的新的 IP 体系结构，并推动 IP 尽力而为服务逐步被高精度服务所取代，这种高精度服务将在及时性、每个数据分组的执行以及与基于人的因素（如手势、识别和生理学）相关的指标方面提供广泛的 QoS 保证；提供高精度的端到端网络遥测和跨不同网络段的网络和数据分析，以支持自动驾驶网络的概念。

香港科技大学[5]的研究认为，6G 网络将从 5G 网络的“网络软件化”进化为“网络智能化”。6G 网络架构的设计应遵循“AI 原生”方法，智能化将使网络变得智能、灵活，并能够根据不断变化的网络动态进行学习和调整。它将演变成一个“子网网络”，以允许更高效灵活的升级，以及一个基于智能无线电和算法硬件分离的新框架，以应对异构和可升级的硬件能力。这两个特性都将利用人工智能技术：① 6G 能够利用灵活的子网范围的演进以有效地适应本地环境和用户需求，从而形成“子网网络”。特别是 6G 中的本地子网可以单独演进来升级自己。为了实现智能化的子网，每个子网都应该能够收集和分析本地数据，然后利用人工智能方法进行本地和动态升级。当本地底层物理协议发生变化时，子网间将进行交互以保持新协调。本地化的 6G 局部演进则需要一个相对稳定的控制平面，通过该平面实现“从头开始的学习”，以支持“子网网络”级的演进；② 为了敏捷适应多样化和可升级的硬件，6G 将不会继续采用设备和收发器算法的联合设计，而是引入新的算法与硬件分离的架构。他们提出了一种介于设备硬件和收发算法之间的操作系统，将收发算法视为运行在操作系统上的软件，该框架称为“智能无线电”。在智能无线电中，传统的编解码模块将被 AI 中的深度神经网络替代，收发器算法将能够自动估计协议运行的收发器硬件的能力，然后根据硬件能力进行自我配置。

西北工业大学[6]的研究指出，由于 6G 网络将比之前代际的移动网络更加复杂和动态，传统的网络管理方法将变得难以维持。因此，应采用智能网络管理和优化方法来满足不同的 QoS 需求。通过应用人工智能技术，未来的 6G 核心网络将能够感知和学习环境，通过大数据训练进行决策，自动预测和适应网络变化，通过自我配置实现最佳性能。预计将采用多级分布式人工智能对 6G 网络进行全局智能管理。具体而言，全局 AI 中心将部署在核心网络中，而本地 AI 中心可以嵌入传统的移动基站或 MEC 服务器中，从而提供本地网络管理的 AI 程序。同时，像智能手机这样的用户设备也可以感知和学习本地信道模式、业务模式、移动轨迹等，了解用户行为特征，预测网络状态。通过全局、本地及设备中人工智能技术的相互合作，维持网络的运行和优化。

4.2　6G 按需服务网络构建分析

综上所述，6G 网络体系架构的研究围绕 6G 按需服务的要求，以“智慧内生”为重点，从不同角度对人工智能技术在网络中的应用进行了研究。主要可归纳为两个方向：一是从传统网络竖向分层架构的角度，研究人工智能技术在各层中的应用，通过层间的交互实现相关信息、数据在层间的传递，达到按需服务的目标；二是从横向网络组成的角度，研究人工智能技术在 6G 各种类型的接入网、云端核心网、本地网及用户设备中的应用，达到各组成部分实现本地智能化、各组成部分之间智能化技术的相互合作，实现跨域、跨异构网络的智能化按需服务提供。

不难看出，要进行 6G 网络架构的设计，首先需要对“按需服务”的含义进行界定。我们认为，6G 网络将向立体空间扩展，覆盖空、天、地、海所有人类活动的空间区域，并针对任意具有通信需求的情景，利用空域、时域、频域等资源以及接入域、传输域、业务域等网络层次，向用户提供全场景的沉浸式、个性化、极致性能体验。与此同时，为满足按需服务的要求，6G 网络自身也必然要实现网络的自组织、自维持、自演进和自优化。

面向 6G 复杂的网络环境，从实现全场景全域按需服务的目标出发，在 6G 按需服务网络的构建中，需解决如下关键科学问题。

- 网络自主动态演化的全域资源协同管控问题。6G 网络大量智能节点涌现、个性化服务需求激增，导致网络行为复杂不确定，局部个体行为将影响全局性能，难以建立准确模型指导极可靠、极时延资源调配。因此，要建立 6G 按需服务网络，首先应将人类对网络的经验见解与人工智能模型获取的管控策略参数，统一应用于庞大的网络体系。
- 大规模分散网络资源的高可靠开放共享问题。6G 通信系统逐渐解耦与各类网络融合，处于高度开放动态的环境。大规模自主接入节点的分散资源与数据资产复用性不高。随需而变的网络特征，也使高动态性节点难以实现安全可靠的资源共享。如何有效捕获连接的时空动态性，解决节点可信接入和资源可信共享，是全场景全域网络按需服务的重要科学问题。
- 网络资源按需服务的动态实时精准管控问题。沉浸式和极致性能体验，需要通过实时控制与决策实现服务需求与网络交付精准对齐。如何实时刻画开放动态环境下的节点行为与网络状态，突破高度实时性约束，提供超低时延的精准管控决策，是实现网络按需服务的关键科学问题。

从上述分析可以看出，网络管控在实现 6G 网络全场景全域按需服务的目标中起着至关重要的作用，通过统一建模与表征全场景全域网络管控对象，设计面向任务可定义的管控交互机制与接口，提供用户个性化定制网络的渠道，实现精准按需服务的运行逻辑。为此，我们从全场景全域按需服务网络管控体系入手，进行 6G 按需网络的研究与设计。

4.3 6G 全场景全域按需服务网络管控体系的构建

4.3.1 现有网络管控体系存在的问题

针对上述 6G 全场景服务需求与全域资源管控态势的需求，现有网络管控体系存在诸多问题，主要体现在以下方面。

- 现有网络管控体系受限于单一平面部署、封闭网元设计、系统孤立分散，制约了全域网络统一科学管控，无法实现资源、数据、策略有效共享与协作，难以发挥 6G 使能技术的优势，保障全场景服务极致体验。
- 6G 网络持续演进，现有网络管控面向已部署的网络运行机制设计，以预置策略为主进行网络管控，缺乏自主演进性，难以支持 6G 网络高度动态化、多元化的网络和服务需求。
- 6G 网络中涌现出大量种类繁多的智能节点，传输控制、资源管理、配置维护等复杂性倍增，基于人工规则的网络管控效率低下，与网络服务需求的矛盾日益突出，补丁式局部智能化仍然难以解决全场景灵活适配问题。

尽管在现有的网络管控体系中，以智能化网络运维为代表，在实际应用中通过在某些层面引入人工智能技术，在一定程度上解决了已有网络管控以人工为主的策略式管理带来的被动、低效等问题，但仍存在如下问题。

- 现有的在网络管控中应用的人工智能技术都是面向特定网络场景或特定问题的，各种网络管控功能也面对不同的业务需求和不同的网络资源进行设计实现，缺乏标准化和统一化的智能化网络管控框架，使得已有模型难以达到通用性要求。
- 现有的智能化网络管控方法缺乏合理的评估、反馈和优化机制。调度方法多基于大量的数据训练，实时性和收敛性难以保证，且对于方法模型的效果也缺乏合理有效的验证手段。同时，现有智能运维方法虽然能针对 5G 网络完成部分故障的根源自诊断工作，但其在对故障的自恢复实现方面仍存在一定差距，对于 6G 复杂网络的故障诊断能力也有待研究。

因而，不改变现有网络管控体系及其传统的演进方式，已经难以满足 6G 按需服务网络的管控要求。我们需要通过建立新的统一的网络管控体系，将网络演化规律和优化机理提取为知识并加以运用，解决全域网络协同管控与资源调配问题，提供服务保障，应对 6G 网络按需服务的发展态势。

4.3.2　6G 全场景按需服务网络管控基本架构

6G 按需服务网络管控基本架构如图 4-3 所示，其将网络管控体系构建于 6G 全场景应用和全域网络之间，从全局视角出发，以知识定义重塑网络管控，以智能管控、按需服务、网络调配为核心技术，打造可演进、可扩展、可定制的新型网络管控体系，将智能、协同、可信内置于管控体系与自治自愈闭环中，实现服务随心所想、网络随需而变、资源随愿共享的目标，为沉浸式、个性化服务提供极致性能保障。

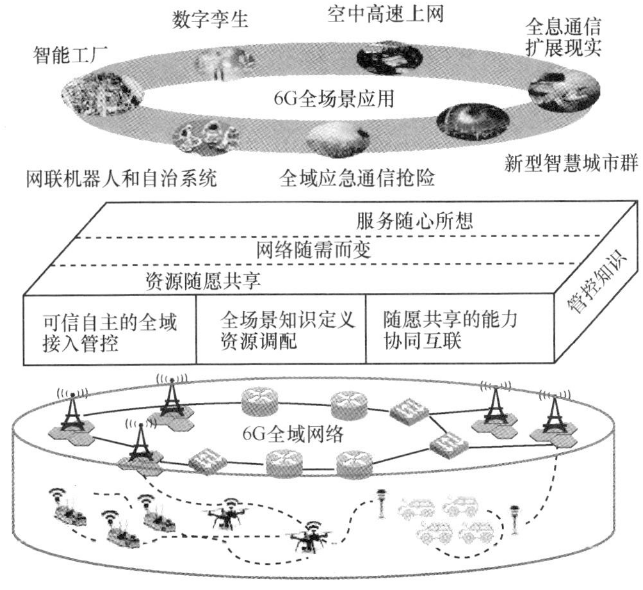

图 4-3　6G 按需服务网络管控基本架构

4.3.3 6G 按需服务网络管控关键技术问题

围绕上述 6G 按需服务网络管控基本架构及基本实现目标，对于 6G 按需服务网络管控体系的研究应解决如下技术问题。

- 全场景全域网络管控体系构建。由于覆盖了对整个 6G 全域网络的管控、同时面向 6G 全场景应用，6G 网络管控体系的构建必然涉及 6G 网络中的各个组成部分和多个层面。如何打通多个智能化网络管控领域，实现全域接入，实现网络、业务等层面的安全、智能、协作管控，并设计面向任务的网络管控交互机制，为用户提供可参与网络个性化定制的渠道，是网络管控体系构建的关键技术问题。
- 全域大规模自主节点的可信共享管控技术。分散、异构的大规模自主节点的引入是 6G 网络的重要特征。由异构异质端系统自主构建的网络具有随需而变的灵活性，但其规模庞大、位置分散、存在高移动性，且端系统的资源受限，如何在这种环境下实现可信可控的高效资源管控是为按需服务提供资源随愿共享需要解决的关键技术问题。
- 全场景知识定义网络的资源智能调配技术。知识定义是按需服务网络管控体系中的枢纽和关键，知识体系的构建则是实现知识共享和知识驱动的基础。基于网络转发与控制分离架构设计知识平面，建立全场景需求和全域资源的知识表征体系，实现为各场景调配资源的知识共享。知识平面如何通过与其他层面的交互实施自动、可靠、可变的统一筹划，是知识定义网络智能资源调配需要解决的关键技术问题。
- 虚实融合的个性化按需服务技术。在 6G 网络中，数字空间的构建将大大扩展按需服务的范围和能力。针对物理空间与虚拟空间中各类资源，如何通过系统性的按需协同互联业务能力，实现全场景信息的智能虚实映射，为用户提供个性化、极致性能服务，是 6G 全场景服务需要解决的共性关键技术问题。

4.4　6G 按需服务网络管控研究内容

通过整合上述 6G 关键技术问题，结合全场景按需服务的网络管控系统的特点，我们将 6G 按需服务网络管控的研究分解为 4 个研究主题。以下对各个主题的研究内容进行概要介绍。

① 全场景全域按需服务网络管控体系。具体对如下问题展开研究。

- 全场景全域网络按需服务机理。统一建模与表征全场景全域网络管控对象，设计面向任务可定义的管控交互机制与接口，为用户提供个性化定制网络的渠道，实现精准按需服务的运行逻辑。
- 网络管控体系架构。以网络管控视角系统性设计网络管控的有机架构，定义网络逻辑层间适配接口与管控平面交互机制，研究网络内在功能结构对资源管理和业务适配的映射调度机制。
- 全场景全生命周期闭环自治技术。建立全域网络复杂场景下的智能化异常检测、定位与自愈的基础理论框架，通过反复迭代增强实施复杂网络运维的能力。

② 可信自主的全域接入管控技术。具体对如下问题展开研究。

- 大规模分散自主网络智能拓扑感知、自愈、重构技术。建立分散网络拓扑结构与全域资源映射关系，快速发现可信终端与潜在恶意攻击并重构网络。
- 大规模分散自主网络全域资源协同管控技术。自主认知网络环境变化，设计水平与垂直协作域，研究全域资源智能迁移、调度激励与主动式弹性协同分配。
- 融合区块链的自组织资源可信共享技术。构建基于区块链的自主资源可信共享架构，解决资源共享参与双方信任问题，实现资源结算和价值转移，设计资源共享激励机制和基于智能合约的资源共享模型。
- 面向端系统资源管控的区块链优化。设计轻量级区块链结构，研究基于区块链分片机制的自主资源共享与弹性服务。

③ 全场景知识定义网络智能调配技术。具体对如下问题展开研究。

- 知识增强的全场景流量感知技术。研究普适性的流量数据分析与信息获取模型，突破知识模型压缩技术，提高模型在全场景中的快速适配能力与广泛适用性。
- 知识可增量学习的网络知识获取。研究从多样化设备与异构连接关系中学习网络区域角色、功能划分与资源调配等知识。设计支持增量学习的网络知识获取模型，可自动感知、自主适应知识迁移。
- 知识定义的全场景资源调配策略生成。获取不同资源调配策略对网络状态的影响，研究多种路由、传输等网络资源调配方式。设计具有实时调配能力的计算架构，快速响应资源调配需求。
- 基于知识的调配策略验证技术。研究资源调配策略的验证技术，实现调配策略可管可控。研究基于知识图谱的策略验证算法，发现策略间的潜在冲突。

④ 随愿共享的业务能力协同互联技术。具体对如下问题展开研究。

- 捕捉、通信、认知、计算和控制一体化的资源协同技术。探索精细化测量以及 5 种资源的交互与联合优化，实现资源管理和业务适配的调度。
- 业务能力动态组合的服务个性化定制。研究业务能力动态拼接和组合方法，建立描述复杂服务的链式结构或者图结构，设计从用户意图表达到业务能力组合的自动化编译和运行架构。
- 数字孪生支撑下的用户数字资产共享。研究数字资产可信共享及资产交易架构，实现数字孪生空间中数字资产的可信共享。
- 多模态全场景信息的智能虚实映射技术。建立物理世界向数字空间的虚实映射模型，研究多模态信息感知、信息异构资源表征，数字虚拟孪生体重建以及基于意识感知的虚实映射资源调度方法。

参考文献

[1] 华为技术有限公司. 自动驾驶网络解决方案白皮书[EB].

[2] YAND H, ALPHONES A, XIONG Z, et al. Artificial-intelligence-enabled intelligent 6networks[J]. IEEE Network, 2020, 34(6): 272-280.

[3] 中国移动通信有限公司研究院. 2030+网络架构展望白皮书[EB].
[4] 6G FLAGSHIP, UNIVERSITY OF OULU, FINLAND. Key drivers and research challenges for 6G ubiquitous wireless intelligence[EB].
[5] LETAIEF K B, CHEN W, SHI Y M, et al. The roadmap to 6G: AI empowered wireless networks[J]. IEEE Communications Magazine, 2019, 57(8): 84-90.
[6] ZHANG S W, LIU J J, GUO H Z, et al. Envisioning device-to-device communications in 6G[J]. IEEE Network, 2020, 34(3): 86-91.

第5章

全场景全域按需服务网络管控体系

全场景全域按需服务网络管控体系旨在面向未来沉浸式、个性化的全场景服务和极低时延、极高可靠的性能需求，构建全场景全域网络按需服务的顶层系统架构与技术体系，是研究 6G 按需服务智能网络管控系统的基石。本章对全场景全域按需服务网络管控体系的研究思路及方法进行介绍。首先研究分析 6G 全场景全域网络按需服务机理；其次提出全场景全域按需服务网络管控总体架构；随后研究构建网络管控知识空间，打通多个网络管控领域；最后将知识定义方法与理论内置于全场景全域网络管控各层面，设计网络自治自愈闭环管控。

5.1 6G 全场景全域网络按需服务机理研究

5.1.1 6G 按需服务分析

“按需服务”是 6G 网络服务提供的基本特征。我们认为，应该从如下几个层面理解“按需服务”。

- 首先，从用户的角度，针对全场景、全域环境下用户对 6G 服务的多元化、个性化需求，通过合理配置网络资源，提供“随心所想”的服务保障。
- 其次，从网络的角度，随着环境和需求的实时变化，进行网络资源的动态调配，实现服务网络的“随需而变”。
- 最后，从各种网络资源的角度，在实现资源的细粒度化的基础上，可以根据需求进行精准、高效的资源封装和协同利用，实现网络资源的“随愿共享”。

因此，从本质上而言，按需服务的实现需要完成从用户需求到网络动态决策、再到资源调配的基本过程。

5.1.2　意图及基于意图的网络

在将用户需求转变为网络具体动作方面，较为引人关注的是对于“意图”及基于意图的网络（Intent-Based Networking，IBN）（或意图驱动网络）的研究。以表达用户需求的“意图”为驱动，也出现了针对通信网中其他相关技术进行的研究，如基于意图的智能网络切片等。本节在介绍相关研究进展的基础上，总结其对 6G 全场景全域按需服务网络管控系统研究具有的重要借鉴意义，并分析基于意图的网络相对于解决 6G 全场景全域按需服务网络管控问题存在的不足。

1. 意图的含义

“意图”一词在过去 15 年中一直存在于电信行业中[1]，它基本上是作为术语“策略”的一个演变版本而出现的。这种演变的动机是：对于不同的参与者而言，很难实现复杂的基于策略的网络管理。无论是最终用户、进行网络服务开发的程序开发人员，还是网络运营商，都希望能以更为简单、健壮的方式启动网络服务。意图定义为在高级操作和业务目标中编写的一组特定策略类型，其主要思想是用户只需给出特定的业务目标（希望网络达到何种状态），而不需详细说明如何实现这些目标。意图有如下重要特征[2]。

- 意图对底层硬件是不可知的，因此可以跨技术移植。
- 意图提供上下文，并适合构建非冲突的服务部署。
- 意图可以是持久的（固化到数据库）或暂时的（将数据转换成另一种格式）。
- 意图是可兼容的，使用意图可使需求更加明确和简化。

2. 意图驱动网络及其基本实现方式

伴随 SDN 概念的出现和 OpenFlow 协议的引入，“基于意图”的体系架构在网络管理和编排领域有了现实性和可能性。在引入了 SDN 架构的网络中，用户可以在应用平面对网络进行编程，提高网络管理运维效率。然而，管理人员在对网络编程时仍然需要了解相关的底层实现细节，这极大地限制了非专业人员对于网络行为的感知和控制。为了支持服务提供的敏捷性，网络需要从一个静态资源系统演变成为一个能一如既往地满足商业目标的动态系统，基于意图的网络应运而生。有诸多文献对 IBN 给出了不尽相同的定义，其本质是基本一致的：向用户提供一个简单的意图接口，用户通过这个接口描述他们期盼网络达到的状态（而不需描述如何实现这个状态），网络自动将其转化为网络策略和行为，满足用户的需求。

2016 年，开放网络基金会（Open Networking Foundation，ONF）发布了技术报告《Intent NBI – Definition and Principles》[3]，其主要思想是创建一个嵌入到 SDN 控制器中或外部的基于意图的北向接口（Intent NorthBound Interface，NBI）处理器，这也被认为是 IBN 的首次标准化工作。3GPP 从 2018 年开始进行移动网络中基于意图的网络管理服务研究[4]，提出了向用户提供意图驱动管理服务（Intent Driven Management Services, IDMS）来管理 5G 网络和服务，所考虑的场景包括意图驱动的服务部署、网络供应、网络优化、覆盖和容量管理等。

IBN 的实现按照意图的获取、意图的分析和转译、策略的验证、策略的下发与执行以及实时反馈的顺序执行，形成一个优化闭环，IBN 的实现流程[5]如图 5-1 所示。

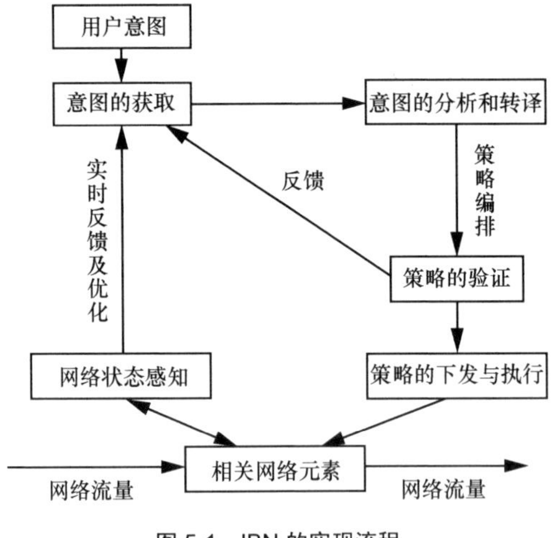

图 5-1　IBN 的实现流程

① 意图的获取。意图是 IBN 的核心，用户意图作为 IBN 的输入表示用户希望网络到达的状态。目前，针对意图获取的工作没有统一的标准，对意图的表达形式的研究可分为两类：基于自然语言的形式和基于领域特定语言（Domain-Specific Languages，DSL）设计的意图表示语言，后者使用高级别描述性编程语言来表示意图。

② 意图的分析和转译。有研究将意图分为可译意图和协商意图，即所谓的“低

粒度意图”和“高粒度意图”。当前关于 IBN 的框架和解决方案的研究大多集中于可译意图，即将高层意图转译为低层的网络策略。目前，用户意图的转译主要采用自然语言处理的方法对意图进行处理，对用户意图进行关键字提取、词法分析、语义挖掘等操作，从而获得用户期望的网络运行状态，并使用智能化的方法生成网络策略，具体包括基于资源描述框架（Resource Description Framework，RDF）图的策略生成、基于模版的策略生成、使用 P4 I/O 可编程方法、基于案例学习的策略生成等。网络策略描述了网络为实现某一目标而执行的动作以及动作执行的顺序，可以把一条网络策略分解为多条子策略方便策略的实现，也可以把多条策略组合成一条复合策略使得网络策略的实现模块化。协商意图与可译意图的区别在于：前者不仅需要进行翻译，而且还接收影响这些翻译的反馈，并相应地进行调整，这种方法有利于对用户意图进行精确的表达和转译。

③ 策略的验证。为了保证 IBN 整体运行的流畅性，确保用户意图可以在不破坏网络正常运行的情况下正确实现，在策略下发之前，必须对策略进行可执行性验证。目前，对于策略的可执行性验证主要考虑资源的可用性、策略的冲突以及策略的正确性 3 个方面。① 对于资源的可用性的验证工作，主要是对当前的网络状态进行感知，维护一个网络状态信息的数据库。在策略下发之前，查看当前策略所需要的网络资源是否可用及是否足够。② 对于策略的冲突的验证工作，根据策略匹配域的相交关系以及策略执行的动作给出几种策略的冲突关系：冗余（Redundancy）、覆盖（Shadowing）、泛化（Generalization）、相关（Correlation）、重叠（Overlap）。如果检测到待下发策略与网络当前策略存在上述冲突，则要进行冲突的消解。目前，冲突的消解方法主要采用设置优先级的方法来消除一些优先级低的策略。③ 策略的正确性验证是指策略下发到实际网络中是否能够按照用户的预期实现。目前，对于策略的正确性验证主要采用形式化验证的方法。

④ 意图的下发与执行。对网络策略进行验证后，IBN 会将网络策略自动地下发到实际的网络基础设施，并对转发设备进行配置。此过程需要对网络进行全局的控制，以实现由一个单点集中式的意图需求到分布式全局网络配置的转换。目前，IBN 大多在 SDN 环境下实现，这是因为 SDN 的控制器可以收集网络状态信息，为 IBN 的验证工作提供方便。在 SDN 环境下，意图的下发即把网络策略转换为相应的

OpenFlow 流表规则，从而实现用户意图。

⑤ 意图的实时反馈。在策略下发到实际网络后，需要对网络的状态信息进行实时监控，确保网络的行为符合用户意图。此外，网络的状态是会不断变化的，执行之初的网络状态与运行过程中的网络状态可能存在不一致，IBN 需要自动根据期望达到的状态以及当前的网络状态对策略进行适当的优化与调整，保证网络始终满足意图需求。如果用户意图没有正确实现或者在网络运行期间被意外改变，就需要及时向上层反馈信息，根据当前的网络状态对用户意图进行重新转译、编排。网络状态监控是确保网络始终满足用户意图的基础，目前在 IBN 的研究中多采用前文介绍过的带内遥测（INT）技术。

3. 基于意图网络的基本架构

目前，业界还没有统一的 IBN 标准架构，但是不同的组织及研究者提出的 IBN 参考体系架构均围绕上述意图驱动网络的基本实现步骤，并（部分地）基于 SDN 的基本架构进行构建，其分层情况及各层完成的功能是基本一致的。

图 5-2 所示为一个较为典型的 IBN 基本架构，从上到下分为应用层（业务层）、意图层（意图使能层）和网络层。其中，应用层完成意图获取工作，主要负责收集用户以各种形式输入的意图，并把各种形式的意图统一为标准的形式后，输入意图层；意图层是 IBN 的核心，其主体部件是意图引擎，主要负责意图的分析与转译，然后根据当前的网络状态信息进行网络策略的验证，把（可能经过优化的）策略下发到网络层；网络层包括各种实际的网络设施，负责意图的具体执行，并向意图层上传网络运行状态；意图层对网络状态信息进行收集和分析，并向应用层进行反馈。

4. 基于意图网络的应用研究

目前，对基于意图网络的应用研究大致可以分为以下两类。

- 从 SDN 技术发展的角度，研究 IBN 在 SDN 之上的应用。这些研究主要围绕 SDN 的北向接口，研究开放的北向接口及与之相关的用于描述用户意图的通用化工具，实现用户意图向 SDN 操作的转换。
- 从具体网络出发，研究某种意图驱动网络的实现方案。通过在某种具体网络中引入 IBN 相关层面或组件，研究在该网络中实现意图驱动的方法。如基于意图驱动的核心网络、无线接入网、物联网等。

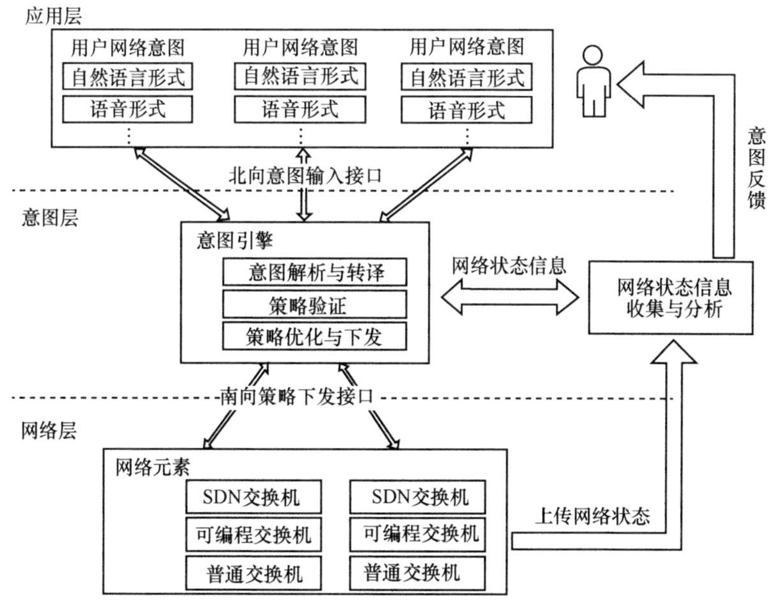

图 5-2　典型的 IBN 基本架构

5. IBN 应用于 6G 全场景全域按需服务网络管控面临的挑战

由上述介绍可以看出，IBN 的基本思想与 6G 全场景全域按需服务的基本机理存在较大的相似性，其中诸如意图表达、网络信息收集、网络自主优化等方面的具体研究成果对于 6G 全场景全域按需服务网络管控系统的研究有很大的借鉴价值。但从总体而言，直接将 IBN 应用于 6G 全场景全域按需服务网络管控系统仍然存在较大的障碍，主要体现在以下两个方面。

- IBN 无法应对 6G 全场景全域的应用环境。目前，大多数对于 IBN 的研究局限于在一个单独的网络域内，缺乏对跨域问题的研究。全场景全域是 6G 按需服务所要面对的关键挑战，对于从需求的输入、分析到具体执行的各个步骤都需要考虑全域范围内各不相同的网络类型和资源情况，进行统一的网络信息收集和执行策略部署，并根据具体服务所涉及网络域的变化情况进行及时的调整和优化。这是目前的 IBN 研究工作无法胜任的。同时，因针对不同网络，当前的各种 IBN 解决方案的意图转译、策略验证及网络状态收集的方法和机制也不尽相同，无法在统一的架构内满足跨域服务的要求。

- IBN 在安全性方面的考虑不足。由于主要针对集中可信的网络域进行研究，在IBN的研究中对于因策略自动化部署带来的相对于传统网络管控更为严重的安全性问题考虑较少，特别是对于自主接入资源的安全性管控更缺乏研究。而在 6G 复杂多变的接入网环境中，对于大规模全域自主接入的安全性管控是至关重要的问题。

此外，IBN 研究中目前也存在如下挑战，在进行 6G 全场景全域按需服务网络管控体系的相关研究时也值得借鉴考虑。

- 意图分析与转译问题。在意图分析方面，目前的研究往往局限于一些简单的、特定环境下的意图描述或者策略描述，这使得一些研究工作往往忽略了意图的分析工作；在意图转译方面，目前还没有统一的实现方法，且现有方法大多停留在实验阶段。要想完美实现意图的转译工作，对于意图的语义挖掘等问题还需要进一步的研究与探索。
- 策略验证问题。在策略验证的内容方面，除了上面提到的资源的可用性验证、策略的冲突验证以及策略的正确性验证外，还应考虑其他需要验证的方面，例如对于网络策略与用户意图一致性的验证等；在策略验证的方法方面，目前的验证方法有各自的局限性，尚需将不同的验证方法进行有效集成，以实现高效全面的策略验证。
- 全局优化问题。目前，虽然 IBN 实现过程中的各个步骤都有一定的优化方法，但是尚没有研究工作给出一个全局优化实现架构，需要对系统中包括网络信息收集、策略验证及意图反馈等在内的各个模块进行协调统一的优化。

5.1.3 6G 全场景全域按需服务实现的基本思路

为支撑 6G 全场景全域按需服务的实现，需要从 6G 全网络的高层角度出发，构建与 6G 业务空间、数字空间、物理空间处于同等位置，且能对后者进行统一有效管控的网络管控空间。如图 5-3 所示，划分构建 6G 全场景全域按需服务的网络管控体系，融合网络管理、控制与运维形成网络管控空间，支撑 6G 物理空间、数字空间以及业务空间。

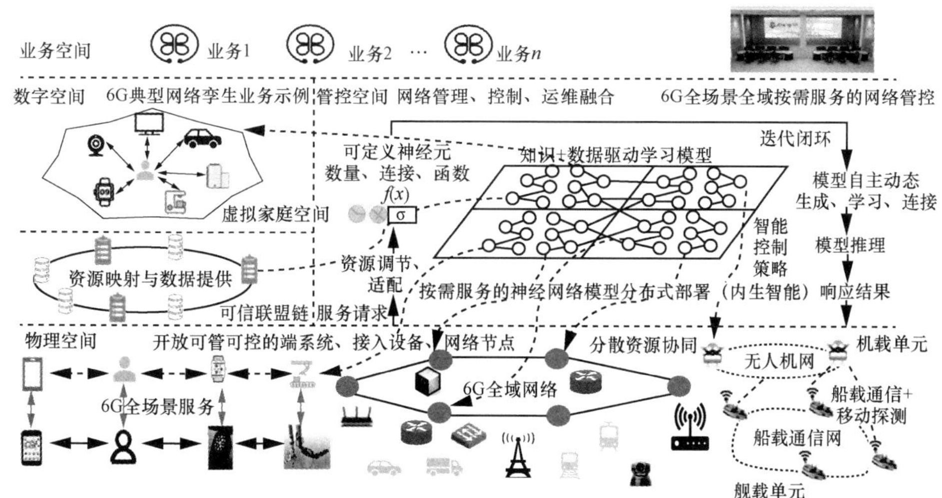

图 5-3　6G 全场景全域按需服务网络管控空间及其在 6G 网络中的位置

网络管控空间的核心是知识+数据驱动的学习模型，以此为基础进行按需服务的神经网络模型构建及其在 6G 网络中的部署。将神经网络模型分布式部署于开放可定义的端系统和网络节点，形成网络的神经系统，渗透端、边侧，进行数据采集、模型训练、推理判断及智能预测，及时满足全场景下的智能交互需求，提高网络能效，实施更快、更实时的管控智能决策，使网络全域自治自愈。通过知识定义的内生智能方式，提供协同资源映射与数据共享，实现可持续演进的按需服务。

围绕上述网络管控空间的基本任务及按需服务实现的核心机理，研究确立支持 6G 全场景全域网络按需服务实现的基本思路。

① 以全场景按需服务为目标,以全局视角梳理网络管控相关多领域的需求与关联，如图 5-4 所示，将全场景业务、全域覆盖以及按需服务相关的网络规律、机理、策略凝练为知识。

② 以形式化的方法统一建模与表征全场景全域网络管控对象，明确相互约束机制。

③ 设计实现全场景全域网络管控架构,从网络管控的角度完成按需服务的网络实现过程和 6G 网络的持续演进。

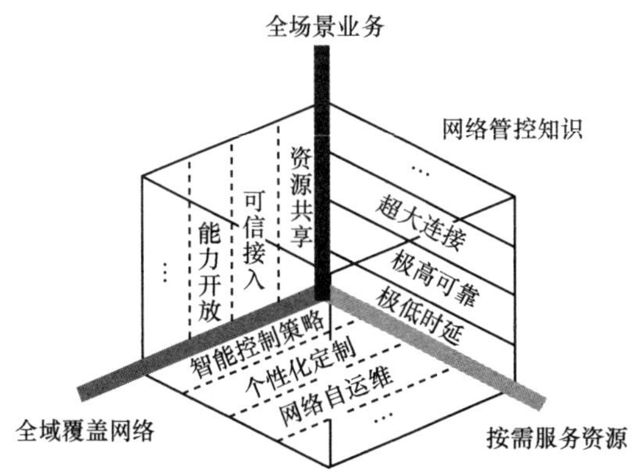

图 5-4　按需服务网络管控多领域关系参考模型

④ 设计面向任务可定义的管控交互机制与接口，提供用户个性化定制网络的渠道，实现精准按需服务的运行逻辑。

5.2　6G 全场景全域按需服务网络管控架构研究

基于前文 6G 全场景全域按需服务的核心机理和基本思路，为支持个性化、沉浸式全场景新型应用，6G 网络管控应打破接入方式、管理区域、通信层次间的壁垒，以系统全局观看待移动通信，设计可持续演进的网络管控体系。由知识定义的网络内生智能作为 6G 神经系统，渗透全域网络，及时满足全场景的智能交互需求，实现分布式资源协同，提高网络能效，实施实时的智能决策，使网络自治自愈、按需服务。

5.2.1　“三纵三横”棋盘式网络管控架构

通过挖掘和分析网络管控体系与未来演进式网络的内在关系，我们设计了“三纵三横”棋盘式网络管控架构。如图 5-5 所示，从网络管控视角，研究跨地域、跨空域、跨海域空天地海全域无缝覆盖网络的 3 个逻辑层次，即接入层、网络层、业务层。以可信自主接入、知识定义调配、能力协同互联为核心技术，设计安全管控、智能管控、协作管控 3 个平面。

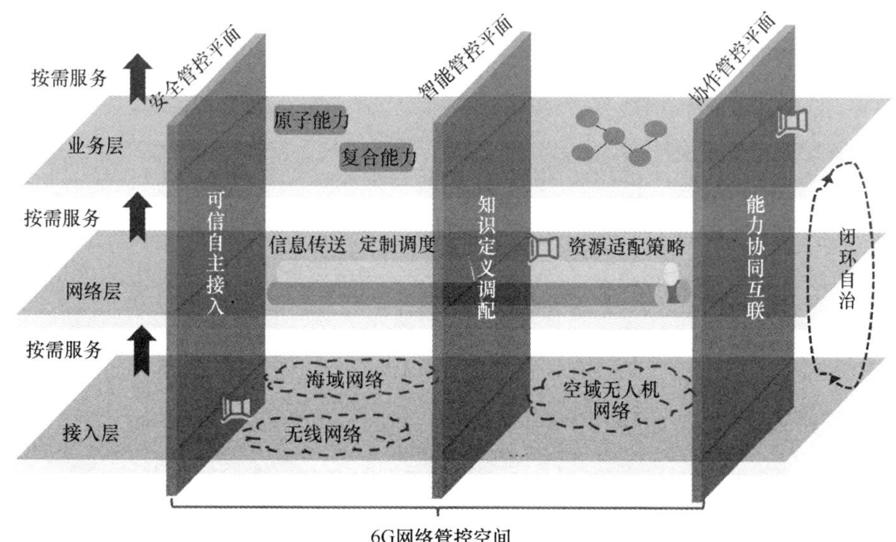

图 5-5　6G 全场景全域“三纵三横”棋盘式网络管控架构

“三纵三横”棋盘式网络管控架构中全面融入了 AI 技术，架构下的网元具有 AI 能力，网元间的接口和协议也是多模态的，可以感知环境，具有很强的适变性。结合其与现网系统体系结构兼容、具有接口和交互的特点，整个架构具有可兼容、可演进的特性。对该架构的深入研究和技术实现，需要定义逻辑平面层间适配接口与技术剖面交互机制，研究网络开放架构下核心技术的承载与协作，实现智能化、可信化与定制化等技术的深度交叉融合，为 6G 网络提供持续演进动力。

5.2.2　网络管控架构中的逻辑层次

3 个逻辑层次的设置与现有通信网中的业务网络及网管、运维系统保持一致，确保网络管控架构能够平滑引入移动网和业务网中，并随后者的演进发展进行持续演进，不断优化全网的功能和性能。具体包括以下内容。

- 接入层。接入网在空、天、地、海的全方位覆盖是 6G 通信的重要特征。从 6G 网络管控的角度，接入层包括移动通信网的各种接入网与端资源，通过接入层实现对大规模自主接入网的合理抽象和统一管控。

- 网络层。网络层主要包含 6G 核心网络，对服务所需的各种网络资源进行抽象。
- 业务层。业务层不是一般理解的网络上层应用，还包括目前电信领域的能力层和能力开放层。因此，业务层同时具备基础业务能力（原子能力）和组合业务能力（复杂能力），对外可通过组合方法按需生成各种业务应用。

从按需服务的角度，以上 3 个逻辑层次自顶向下映射需求，从业务层到网络层、再到接入层进行服务意图的转达，通过逐层映射翻译成下层的控制策略，进行高效的细粒度资源调配，以实现个性化的按需服务。具体而言，最终用户的业务需求，由业务层理解用户意图，将其翻译为具体的业务能力，并进行按需编排；网络层将业务能力映射为网络能力，并进行网络资源的按需调配；接入层根据网络资源的需求接入可信的服务节点，进行按需组网和认证。

5.2.3 网络管控架构中的管控平面

从管控功能的角度，设计纵向管控平面。每个管控平面都需要和每个逻辑层进行操作，彼此映射和响应需求，从而与后者形成纵向交叉关系。通过对接入域、网络域和业务域的管理，对 3 层资源进行统一协同调配，从系统角度打通 3 个层次，并从 3 个不同的管控维度形成 3 个管控平面。

- 安全管控平面。安全管控平面保证资源可信。根据服务需求，对相关网络节点进行动态组网，并提供基于区块链的可信接入认证，保证资源共享的安全性，并对共享资源的使用情况进行记账。
- 智能管控平面。智能管控平面对网络各层的资源进行优化调配。在智能模型的推理和训练阶段，由智能管控平面负责数据的传输、共享和交换；在服务提供阶段，智能管控平面对网络资源进行调配，根据服务过程中网络流量、拓扑的变动情况选择合适的路径传输数据。
- 协作管控平面。协作管控平面确保各层分散资源的有效协作。协同捕捉、认知、计算、通信控制等资源，满足动态按需服务的要求。业务层协作管控平面支持不同级别的个性化定制服务，根据用户需求动态配置 5 类资源。

从按需服务的角度，根据需求的动态变化，智能管控平面生成相应的资源调配策略，协作管控平面根据策略实现资源的协同组合，安全管控平面实现新资源的纳入。

5.3 知识空间的构建

5.3.1 知识赋能网络管控

结合现在及未来网络中引入人工智能技术的相关研究可以看出，在图 5-5 所示的网络管控体系的 3 个层面中，都应用了人工智能技术实现管控自动化、智能化的研究和实践，包括业务层的智能服务选择、智能服务组合，网络层的智能资源管理、智能切片编排、智能路由策略及接入层的智能接入策略、智能控制功能。但各层之间的智能化实现仍然相对封闭，缺乏从统一、全局的视角实现贯通 3 个层面的智能自治能力的机制，无法满足 6G 全场景全域按需服务网络管控的需求。与此同时，6G 网络的高动态特性，也导致现有的各类智能模型难以扩展，部署和应用的成本较高。因此，我们结合网络管控体系 3 个管控平面的设计，提出构建知识空间，实现知识赋能网络管控，以打通多个网络管控领域，实现基于知识的网络管控策略在 3 个网络层面间的有机流动和协作实现。

知识赋能网络管控如图 5-6 所示，知识空间凝练并管理全场景全域的网络管控知识，管控平台获得知识空间提供的知识形成各类管控策略，并将其下发到智能网元，实现策略的执行；管控平台感知网络状态，将执行结果不断反馈给知识空间，对知识进行丰富增强，从而实现了知识的流动。在这个过程中，6G 中的网元是实现网络管控策略的具体对象，具有认知能力，管控平台则应具备可信、智能与协作的功能。

此外，知识赋能网络管控从知识空间、管控平台和智能网元 3 个层面设计了与运营商运营支持系统、网络管理系统和网元管理系统的接口，以实现 6G 网络管控与现网管理运营系统的兼容性；考虑到 6G 网络网元的演进性，在智能网元的层面，仅对网元的认知能力进行抽象，不涉及具体的网元设备。

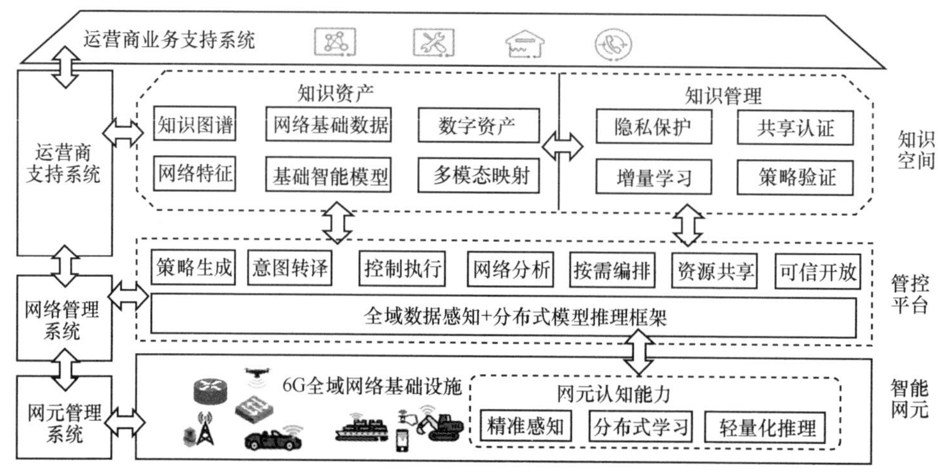

图 5-6　知识赋能网络管控

5.3.2　知识空间的内容及构建

知识空间是类似于人类大脑的知识存储和管理结构，从多个维度凝练网络方方面面的素材，实现对网络管控空间更为立体、全面的理解。从认知科学的角度，我们将知识空间的内容归纳为“GDER”4 个维度。

- G：历史记载。包括运维手册、配置文档、日志、记录等在内的网络知识图谱。
- D：客观现状。网络基础数据，包括网络拓扑、性能指标、业务需求等。
- E：主观体验。包括特征工程、业务质量体验建模等在内的服务映射关系。
- R：动作反馈。反映网络管控策略动作执行影响的程度，如网络构建、流量调度、资源分配等。

其中，历史记载部分是知识空间对网络管控中人类经验知识的抽象，可以用于智能化管控策略的验证与补充，提升网络管控知识的可用性。

知识空间的构建采用机器学习、知识图谱、自然语言处理等方法，是伴随网络运行及管控过程持续进行的过程。从网络运维手册、网络设备手册以及网络配置文档等资料中，以机器学习、自然语言处理等自动化的方式构建网络管控的知识图谱；通过抓取网络状态获取关于网络的客观现状和动作反馈知识，结合规则及人工经验先验知识，通过学习方法训练机器学习模型，获得可下发至管控平台的知识（模型）。

在知识空间的构建过程中，每类知识素材采用不同的表征方法，包括知识图谱、图模型、时间序列、预训练的通用模型等。例如，网络拓扑用图模型表征，性能指标则使用时间序列。

综上所述，通过“GDER”4 个维度的素材形成知识空间，通过机器学习、特征工程进行知识凝练，把共享的特征输入神经网络，使模型可以公用，以支持多种不同的任务和不同的网络环境；再进一步形成策略作为最终结果，最终结果可以为不同域的多种管控任务所用，从而实现跨域的策略互通。

5.3.3　知识空间与知识定义网络的不同

如第 3 章的介绍，Clark 等[6]提出可以借助人工智能技术和认知系统实现“知识平面”，以减少网络管理中配置、诊断和设计的成本；基于知识平面的基本思想，Mestres 等[7]进一步提出了“知识定义网络”（KDN）的概念：知识平面可以使用机器学习和深度学习技术收集关于网络的知识，并使用这些知识控制网络，这种控制通过 SDN 提供的逻辑集中控制能力实施。

基于知识的网络智能管控借鉴了知识定义网络中通过知识平面进行知识的获取、学习和运用功能的思路，并对知识平面的内涵进行扩充升级形成了知识空间，即含场景、资源、服务等多维度的立体空间。具体而言，知识空间中的知识相对于知识定义网络有如下不同。

- 知识的内容：知识空间中的知识包括人工知识与网络学习到的知识。知识定义网络仅包含网络学习到的知识。
- 使用知识的范围：知识空间中的知识应用于对业务层、网络层和接入层的管控，知识定义网络中的知识仅应用于网络层。
- 知识如何运用：知识空间中的知识用于网络管理、控制、运维的融合，知识定义网络中的知识仅用于网络控制。

5.4 6G 全场景全域按需服务网络管控体系的全生命周期闭环自治研究

针对未来网络的自治问题，运营商、厂商及标准化组织已经围绕“智能自治网络”进行了大量的研究，设计并落地了部分应用案例。本书对 6G 全场景全域按需服务网络管控体系的全场景全生命周期闭环自治的研究将参照智能自治网络的相关成果，并通过 6G 网络管控空间中跨层次、跨平面的知识空间的构建，打通异常检测、容量预测、资源优化等多个网络管控领域，实现全生命周期闭环自治与可持续演进的按需服务。以下将首先介绍智能自治网络，其后以现有智能自治网络中 4 个典型的网络运维案例应用为例，介绍实现全生命周期闭环需解决的关键问题。

5.4.1 智能自治网络

1. 智能自治网络的提出

随着移动通信逐步迈入 5G 时代，传统的电信网络运行管理模式面临着巨大的挑战。主要体现在以下两个方面。

- 网络体系结构日趋复杂。首先，5G 网络将长期与之前的 2G/3G/4G 网络并存，必然使得网络中大量支持不同代际移动通信技术的设备需协作共存；其次，在 5G 中引入了诸如 Massive MIMO（大规模多输入多输出）、灵活空口等复杂性较高的新技术，以满足更为苛刻的技术指标；同时，与之前的核心网相比，基于虚拟化和云化理念重新构筑的 5G 核心网在带来资源调度灵活性的同时，也增加了网元和接口的多样化。复杂、异构的网络体系架构使得对网络的统一、灵活调度变得日益困难。
- 业务场景不断拓展，新的业务需求层出不穷。在业务场景方面，人与人通信的单一模式在 5G 时代将逐渐演化为人与人、人与物、物与物的全场景通信模式，新的业务场景提出了对 SLA 的差异化需求；在业务创新方面，主要业务创新将更多集中于与其他行业的结合，这需要移动运营商在商业模式上变革，并大幅增强网络灵活性以满足用户和业务运营需求；此外，业务体验也呈现出多元化、个性化发展态势。这些不断加速的业务需求对网络运营的精细化和适变性提出了很高的要求。

针对这种情况，将人工智能技术引入移动网的建设和运营成为大势所趋。通过人工智能技术，对运营商沉淀的大量运营数据（包括传输层、网络层及应用层数据）进行大数据分析及自适应策略决策，能够进一步优化自动化方案，帮助我们不断理解和预测用户和网络的需求，实现更好的资源编排和调度，从而逐渐实现完全的智能自治网络[8]。

根据 Analysis Mason 在 2018 年所做的调查，有 80%的移动运营商将以降低运营成本作为采用人工智能辅助网络自动化的首要任务。随着运营商开始评估及应用，5G 商用网络已有自动化流程在部分网络流程中开始部署，这些流程也主要集中于网络的运维、规划和优化等方面。

2. 智能自治网络的分层架构

为了逐步达成完全智能自治网络的目标，并保证不进一步增加网络的复杂性，需要在架构上保证自治网络的分层实现。2019 年 5 月，电信管理论坛（TeleManagement Forum，TMF）发布了业界第一部自治网络白皮书，提出了智能自治网络的 3 层框架与 4 个闭环，并于 2020 年 10 月发布的第二版白皮书[9]中进行了细化阐释，如图 5-7 所示。

TMF 智能自治网络包括以下 3 个层次。

- 资源运营层：主要提供各自治域级的网络资源和能力自动化。
- 服务运营层：主要提供跨多个自治域的 IT 服务和网络规划、设计、部署、供应、保证和优化操作的能力。
- 商业运营层：主要为客户、生态系统和合作伙伴提供业务赋能和自主网络业务运营的能力。

为实现层间相互作用的整个生命周期而确定的 4 个闭环如下。

① 资源闭环。网络和 IT 资源操作在自治域粒度上的交互。网络需要从分散的、孤立的网元级集成升级到具有极其简化的网络体系结构的自治网络域的闭环，通过抽象隐藏复杂性，为网络操作和协作生产的闭环奠定基础。

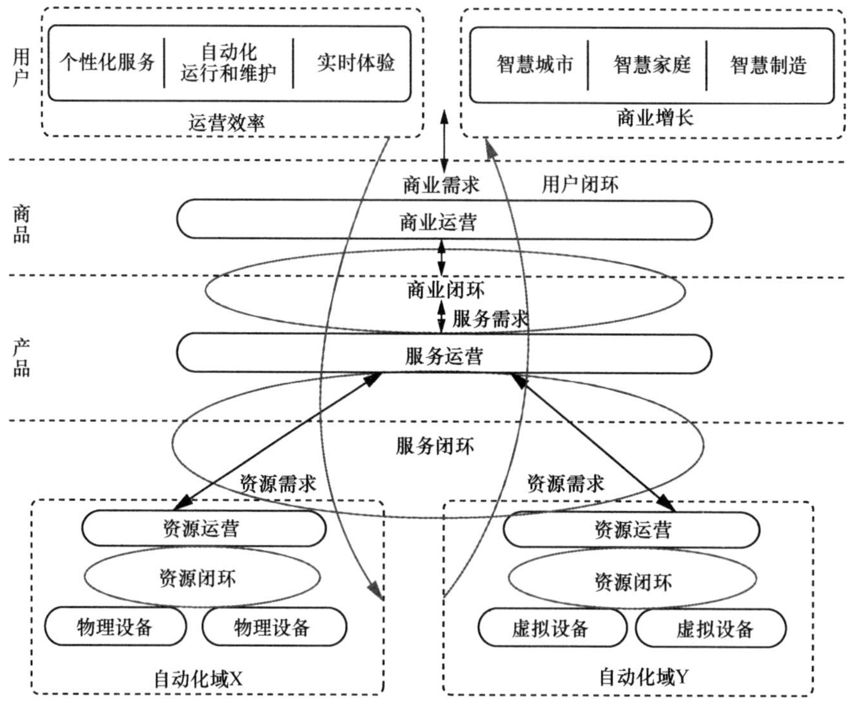

图 5-7　TMF 智能自治网络架构

② 服务闭环。服务、网络和 IT 资源操作之间的交互。操作需要从传统的以项目为中心的定制方法升级到基于全服务生命周期操作自动化的数据/知识驱动平台。最重要的部分是从“构建和运营”到“设计和运营”的思维转变，以及对运营知识即服务（Knowledge-as-a-Service，KaaS）价值的认识。KaaS 是通过台式计算机、笔记本电脑或任何移动设备，在适当的时间、适当的环境中将适当的知识传递给适当的人。运营自动化是生产效率和业务敏捷性的核心。

③ 商业闭环。商业和服务操作之间的交互。运营需要从孤立的商业（业务）升级到按需、自动化的业务协作和生态系统，从而实现客户/业务/生态系统运营的闭环。这通常需要跨多个服务提供者、跨业务接口进行全局协作。

④ 用户闭环。跨上述 3 层和 3 个闭环的交互，以支持用户服务的实现。

图 5-7 说明了不同层的闭环之间的相关性和相互作用的基本原理。用户闭环是简化商业/服务/资源闭环的主线，而每个商业/服务/资源闭环处理相邻层之间的交

互。相邻层之间的交互是简单的、需求驱动的和技术/实现独立的，不同的需求用于不同层次的交互。

在 GSMA 的白皮书中，则聚焦于智能自治域的实现范围，给出了更为抽象的智能自治网络 3 层架构[8]，如图 5-8 所示。

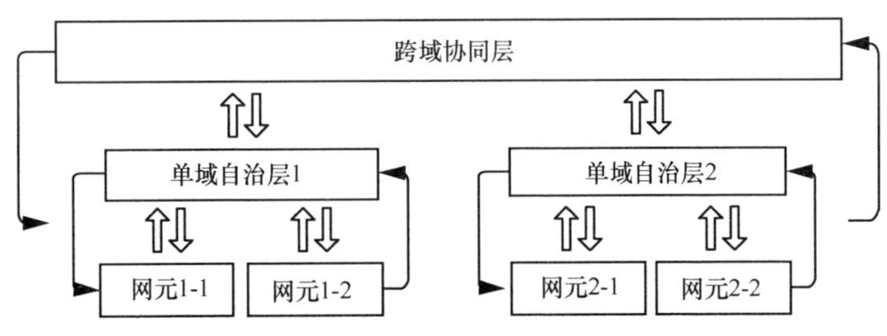

图 5-8　GSMA 智能自治网络架构

GSMA 智能自治网络包括以下 3 个层次。

- 网元层。在网元设备内部，基于嵌入式系统，构建机器学习、深度学习的框架和算法平台，提供场景化的 AI 模型库与结构化的数据。本地智能主要提供两个重点能力，即数据提炼和模型推理。将站点产生的海量数据提炼为有用的样本数据，通过嵌入式的 AI 框架支持在 CPU、DSP 或 AI 芯片上进行实时的 AI 模型推理，最终在本地实现场景的自适应匹配和实时参数处理及资源的自动调优。
- 单域自治层。网络单域可以由能够共同完成相同工作的一组网元构成，根据场景的不同可以是核心网络、无线网络或者包含核心网和无线网的企业专网。在单域自治层，需要打造管控融合的智能引擎，实现每个网络单域内的自治和闭环。网络智能要进行本域内的数据分析和推理，识别各种网络场景，对未发生的故障进行预测预防，对已经发生的故障进行根因分析，最终给出决策，从而实现对网络的智能控制。
- 跨域协同层。运营商借助专家经验和全局数据，完成 AI 模型训练，实现跨域、整网的闭环控制，目标是将专家经验转换成模型，为客户提供更智能的服务。

可以看出，尽管 GSMA 智能自治网络架构更为简化，但对于各层完成的智能化工作给出了更为具体的说明。

3. 智能自治网络的阶段划分

通信网络的复杂性决定了智能自治网络的实现是一个长期目标，应基于技术的发展和运营商的需求分步骤实现。从提供重复执行操作的替代方案，到执行网络环境和网络设备状态的感知和监控，根据多种因素和策略做出决策，直到最后网络能够感知运营商和用户的意图，自我优化和演进。TMF 从智能化、自治化的程度，将智能自治网络分为 L1～L5 这 5 个级别，这也是目前被业界普遍接受的实现智能自治网络的 5 个阶段。从没有智能自治能力的既有网络（L0 级别）出发，每阶段的名称及评估维度见表 5-1。

表 5-1　智能自治网络的阶段划分

阶段	自治网络服务	执行	感知	分析/决策	意图/体验
L0：人工运营管理	无	人工	人工	人工	人工
L1：辅助运营管理	独立案例	人工/系统	人工	人工	人工
L2：部分自治网络	独立案例	系统	人工/系统	人工	人工
L3：有条件自治网络	部分案例	系统	系统	人工/系统	人工
L4：高度自治网络	部分服务	系统	系统	系统	人工/系统
L5：完全自治网络	任意服务	系统	系统	系统	系统

智能自治网络各阶段的关键特征如下。

- L0：人工运营管理。系统提供了辅助监控功能，这意味着所有动态任务都必须手动执行。在 L0 阶段没有自治网络服务能力。
- L1：辅助运营管理。系统在预先配置的基础上执行某个重复子任务，以提高执行效率。在 L1 阶段仅在个别情况下有自治服务能力。
- L2：部分自治网络。系统在特定外部环境下基于 AI 模型为某些网元启用闭环运维环境。在 L2 阶段有部分独立的自治网络案例，但不能组成完整的自治网络服务。
- L3：有条件自治网络。基于 L2 能力，具有感知能力的系统可以感知实时环境变化；在某些网络域中，可以优化并调整自身以适应外部环境，实现基于意图的闭环管理。在 L3 阶段，可以选择自主网络案例组成部分自治网络服务。

- L4：高度自治网络。在更复杂的跨域环境中，基于 L3 能力，系统能够基于服务和客户体验，驱动网络执行预测或主动闭环管理，进行分析和决策。在 L4 阶段，可以选择自主网络服务组成端到端的全生命周期操作。
- L5：完全自治网络。这一级别是电信网络演进的目标。该系统具有跨多个服务、多个域和整个生命周期的闭环自动化功能，实现了自主网络。在 L5 阶段，可以使用任意自主网络服务组成端到端全生命周期操作。

4. 智能自治网络的电信应用案例及探索实践

由图 5-7 可知，从应用效果的角度，智能自治网络的应用案例可归纳为商业增长和运营效率两个方面。

其中，商业增长案例基于移动业务向垂直行业的拓展。典型的案例如下。

- 支持“智慧-*X*”的行业自治网络闭环。智能自治网络提供了零等待、零接触和零故障能力，可以支持智慧城市、智慧教育、智慧看护等各类垂直行业的需求，并隐藏了端到端的生命周期复杂性，为各方参与者提供更好的无缝体验和更高的运营效率。新的自治网络框架实现了更大的灵活性，可为更快推出新服务和解决方案提供最佳实践。
- 用于垂直行业的自动化、零接触边缘计算即服务（Edge Computing-as-a-Service，ECaaS）。在 5G 时代，有大量垂直行业应用需要获得边缘计算的支持。服务提供商在协调网络接入、边缘部署等方面面临着巨大的挑战，需了解运行在边缘上的服务及其边缘感知需求，边缘资源的联合，以及与云提供商服务的集成。针对边缘计算提供一个自动化、零接触、边缘计算即服务的端到端解决方案，可以屏蔽边缘计算服务的细节，帮助服务提供商以自动化、零接触的方式管理边缘计算环境，根据需要请求和接收适当的边缘资源，从而简化业务实现，提高利润。

运营效率案例针对移动网络自身的规划建设、故障定位、安全防护、网络运营等方面。典型案例如下。

- 无线网络优化。在复杂的无线环境中，利用人工智能技术自动实现最佳的无线特征参数组合，以提供最佳的覆盖范围和容量是非常有益的。基于多厂商的无线网络部署场景是典型的 5G 网络部署场景，其中运营商的网络由多个子网组成，每个子网包含来自同一供应商的多个覆盖不同区域的 NG-RAN 节点。协调不同区域的无线网络优化也是实现整个无线网络性能最优的关键挑战。多厂商 OSS 与不同的 RAN 域管理器协同进行无线网络优化，以协调的方式实现整个无线网络的最优覆盖和容量。多厂商 OSS 负责通过预测服务性能（如流量）的变化趋势，为不同的 RAN 域管理器生成和动态调整无线网络需求和协调策略。RAN 域管理器负责对特定区域的 NG-RAN 节点进行无线网络优化，包括自动识别网络问题和基于在线迭代优化选择最佳无线特征参数模式。另外，通过快速预测增益值，生成最优的无线特征参数模式组合，实现场景自适应和业务自适应无线网络优化。

- 智能保障管理。智能保障管理系统通过自动故障分析，可以根据故障对服务质量的影响程度，对大量的传输报警进行处理，并根据故障对服务质量的影响程度，对故障处理进行优先级排序。采用人工智能、大数据和人工智能运维算法将传统的报警监控转换为智能故障运维，基于故障而非警报产生故障通知，提高故障识别的准确性。
- 智能家庭网络管理。针对家庭网络和家庭网络设备故障恢复周期长、运营成本高和用户满意度低的问题，智能家庭网络管理可以自动监控其网络的状态和性能，确定是否存在网络故障，还可以自动识别用户体验与网络性能指标之间的关系，找出网络故障或不良体验的根本原因，提供推荐的解决方案，并能快速、远程地进行故障分析和故障排除。
- 智能网络切片。网络切片是 5G 网络的重要使能技术，是端到端的逻辑子网，涉及核心网络（控制平面和用户平面）、无线接入网和承载网，需要多领域的协同配合。网络切片可以帮助用户实现想要的功能和特性、完成业务的快速部署、减少上线时间。通过智能网络切片，可以精准预测流量使用状况，按需动态配置切片资源，从而合理分配网络资源、保障业务服务质量。
- 智能网络节能。在评估设计阶段，通过大数据分析自动梳理现网主流场景，根据业务模型和基站配置节能场景分析，据此自动预估不同特性组合、网络环境及场景下的节能效果，进行方案设计；在功能验证和方案实施阶段，对全场景的能耗进行自动监控和分析，提供精确的能耗报告，并根据自动节能策略和参数设计，完成开通及效果验证，快速高效地实现不同场景、不同站点、不同时间的多网协同节能；在效果调优阶段，根据全场景话务模型，节能效果和KPI趋势的大数据分析，利用AI算法自动依据不同的话务模型及网络变化优化门限参数，监控指标及能耗，进行自动参数调整，在保证KPI稳定的基础上，最大化网络节能效果，达到节能效果与KPI的最佳平衡。

- 智能投诉处理。智能投诉处理聚合运营商服务类数据和网络类数据进行多源、多维综合分析，融合语音识别、自然语言处理、知识图谱技术、深度学习、智能推理等多种AI技术，构建从用户意图感知、网络数据自动关联、网络故障定位、到故障解决方案等端到端的自助服务，实现投诉等问题的一键智能处理，替换传统人工环节，提升投诉处理效率和用户体验。

目前，运营商、设备商和第三方厂商对智能自治网络的探索更多地集中于提升运营效率方面，并在4G、5G网络中实现了部分网络自治案例的应用。如，在网络规划方面，江苏联通已采用智能规划机器人进行无线网络规划，达到了提升效率、降低成本的作用；在网络维护监控方面，基于AI和大数据的无线网络智慧运营平台于2018年在福建电信试点运营，可实现指标分布对比、异常值诊断、趋势预测、扩容预测等功能；在网络节能增效方面，中国电信基于AI及大数据构建5G基站节能能力体系，每年仅一个基站就可以节省电费1.38万元；在网络安全防护方面，中国移动的垃圾短信智能管控系统已取得大规模应用，拦截不良短信上百亿条。

5.4.2　全生命周期闭环的实现

如前所述，目前智能自治网络的实践更多集中于网络运维领域。这是由于随着网络结构的日益复杂与分散，多厂家、多技术、多软硬件版本共存已经成为常态。从近期看，传统的人工、被动网络运维模式存在的问题更加凸显，运维成本居高不下，成为运营商急需进行效率提升、成本降低的领域。与此同时，在运维领域存在大量传统低效、重复性的操作工作，也为网络的智能化运维提供了更大的改进空间；

从远期看，复杂的网络环境不仅带来了更高频率的故障发生，并且故障的复杂程度、解决难度都会大大提升，也需要更为智能化的运维模式以支撑未来日趋复杂化的，大量异构网络并存的通信网。本节结合网络智能运维中状态预警（预测）、异常检测、根因分析与网络自愈的研究实践，探讨通过 4 阶段自治实现网络全生命周期闭环控制的方法。

1. 状态预警

状态预警依托大数据分析和机器学习能力，建立网络故障预测模型，对历史数据进行关联分析和深度学习，同时与监控系统获取的网络当前状况监测数据结合，进行故障的趋势分析和预测，在故障发生之前提前通过预测作出风险判断并预警，帮助运维人员在故障发生之前采取有效措施，规避网络风险和业务中断。

具体而言，通过对历史日志及故障相关记录数据的分析，获取原始故障数据、性能数据、故障工单数据及设备诊断数据，进行原始数据的关联，将数据转换、聚合形成故障特征数据，构建故障特征值知识库，训练故障预测模型预测故障隐患。在日常的网络巡检中，获取当前网络状态数据，通过故障预测模型预测各类网络设备发生故障的时间和概率，并及时进行状态预警。

此外，根据故障预测模型的预测结果，还可以对故障概率较高的设备进行提前维护，有针对性地制订网络巡检计划，提高网络维护及巡检效率。

2. 异常检测

异常检测旨在通过算法自动地发现网络运行过程产生的动态数据中的异常波动，为后续的告警、自动止损、根因分析等提供决策依据。针对不同的应用场景，可以区分如 Volte 异常检测、无线接入异常检测、核心网异常检测等，并根据场景的不同选用相应的异常检测策略。

异常检测策略的具体执行依赖于异常检测算法的实现。从异常检测算法的角度，处理的数据类型主要是时间序列数据（KPI 序列）和文本数据（日志）。其中，KPI 异常检测主要采用机器学习处理方式。由于异常点数据稀少，异常类型多样、KPI 类型多样且需要考虑多指标检测的情况，给异常检测带来了很大的挑战。因此，往往需要考虑多种应用场景的需要，提供针对 KPI 单指标检测及多指标检测的有监督、无监督的多种检测算法，以更好地适配网络的需要。针对日志的异常检测方法包括基于规则处理、无监督和有监督的方法。其中，基于规则的处理需要结合专家经验进行规则的制定和更新。

3. 根因分析

根因分析的任务是在发现异常或者故障之后的问题根本原因定位，即将多维度的异常、告警等事件进行汇聚，减少噪声，并准确定位到故障的具体原因。在具体实现上，一般分为两个步骤：告警压缩/告警收敛和根因分析。

告警压缩过程指通过告警关联分析和聚类算法，对告警信息进行有效压缩，消除重复告警及衍生告警信息，将大量告警信息压缩为少量的有效告警事件，用于后续的故障根因分析。

故障根因分析则基于故障知识图谱、故障传播图、故障树的构建，对故障进行定界，快速找出故障根因。

4. 网络自愈

网络自愈指根据故障根因分析给出恢复策略，尝试由网络自行修复出现的故障，恢复网络的正常运行。在实践中，网络自愈的实现难度较高，往往在故障类型单一、故障范围较小且自行恢复过程简单的情况下才能实现。一般地，根据故障根因分析给出的故障的具体信息及恢复策略建议，由运维人员进行人工排障后实现网络恢复。

5. 闭环过程的实现

综上所述，尽管智能运维在以上全生命周期中各阶段的研究实践取得了许多成果，但仍未能实现全生命周期的真正闭环过程。要实现 6G 全域网络复杂场景下的全生命周期闭环过程，尚需在以下方面进行研究探讨。

- 闭环过程的实现。首先是对于网络自愈的过程，需要将目前的自愈策略生成推进到策略的执行控制，从而实现闭环的贯通。
- 闭环过程的演进优化。上述 4 阶段过程在网络生命周期中是连续进行的，即：旧故障恢复、网络自愈后，还会出现新的异常现象。从异常现象找到异常出现的具体位置和原因，再进行自我修复。如上文所述，在该生命周期中涉及了多种各有特色、各有侧重的机器学习方法，需要对在上述过程中实现贯通学习、不断演进优化自愈过程的基础理论框架进行研究设计。

参考文献

[1] ETSI. Zero touch network and service management (ZSM) means of automation: GR ZSM 005[S]. ETSI GS ZSM 002-2019 , 2019.

[2] ZEYDAN E, TURK Y. Recent advances in intent-based networking: a survey[C]//2020 IEEE 91st Vehicular Technology Conference (VTC2020-Spring). Piscataway: IEEE Press, 2020: 1-5.

[3] OPEN NETWORKING FOUNDATION. TR-523: Intent NBI – definition and principles[EB].

[4] 3GPP. Telecommunication management; Study on scenarios for Intent driven management services for mobile networks: R16 TS 28.812[S]. 2020

[5] 李福亮，范广宇，王兴伟，等. 基于意图的网络研究综述[J]. 软件学报，2020, 31(8): 2574-2587.

[6] CLARK D D,PARTRIDGE C,RAMMING J C, et al. A knowledge plane for the internet[C]//Proceedings of the 2003 Conference on Applications, Technologies, Architectures, and Protocols for Computer Communications(SIGCOMM'03). New York: ACM, 2003: 3-10.

[7] MESTRES A, RODRIGUEZ-NATAL A, CARNER J, et al. Knowledge-defined networking[J]. ACMSIGCOMM Computer Communication Review, 2017, 47(3): 2-10.

[8] GSMA. 智能自治网络案例报告[EB].

[9] TMFORUM. Autonomous networks: empowering digital transformation for smart societies and industries[EB].

第 6 章

可信自主的全域接入管控技术

由异构异质端系统自主构建的 6G 网络具有随需而变的灵活性，但其规模庞大、位置分散，存在高移动性、端系统资源受限等问题。可信自主的全域接入管控技术专注于接入层管控，以实现可信可控的高效资源随愿共享。本章对可信自主的全域接入管控技术的研究思路及方法进行介绍。首先研究大规模分散自主网络智能拓扑感知、自愈与重构技术；其次面向 6G 全场景网络对资源随愿共享的需求，研究分散自主组网终端的协同管控技术；随后通过融合区块链设计自组织资源可信共享的安全管控架构；最后针对端系统资源受限和服务需求差异化巨大两个问题，对 6G 大规模异构自主网络区块链技术进行优化设计。

| 6.1 大规模自主网络智能拓扑感知、自愈与重构技术 |

以移动自组织网络（Mobile Ad Hoc Network，MANET）的相关研究为基础，结合 6G 大规模自主网络的特点，引入 AI 技术对 6G 大规模自主网络智能拓扑感知、自愈与重构技术进行研究。

6.1.1 移动自组织网络的拓扑感知、自愈与重构

移动自组织网络节点之间通过路由技术可以自主形成网络，并且网络节点可以动态加入或离开网络，不会对其他节点之间的通信造成不利的影响。移动自组织网络中的拓扑感知、自愈与重构一般通过以下过程实现。

① 新节点加入网络或位置信息等发生变化时，向周围节点广播自己的到来或变化，并侦听周围的网络活动，构建自己的拓扑路由表。在接收其他节点的拓扑路由表后，与自身的路由表进行对比，完成对后者的更新。通过这个过程的重复，使得每个节点构建起完备、动态的全网拓扑信息。

② 为了实现节点对全网拓扑结构的动态实时掌握，各节点有间隔地对外广播自己的拓扑路由表。

③ 出现异常节点或有节点退出网络时，网络拓扑发生变化，基于前述拓扑路由

表的动态更新机制，异常或退出节点从邻近节点的拓扑路由表中删除，并通过具体的路由算法构建新的拓扑路由表，实现网络的自愈与重构。

移动自组织网络的路由协议是实现上述过程的基础。围绕传统的移动自组织网络，业界提出了大量的路由协议，可分为：表驱动（Table-Driven，也被称为先验式，Proactive）路由协议，如目的节点序列距离矢量（Destination-Sequenced Distance-Vector，DSDV）路由协议、优化链路状态路由（Optimized Link State Routing，OLSR）协议；按需（On-Demand，也称为反应式，Reactive）路由协议，如自组织按需距离矢量路由（Ad Hoc On Demand Distance Vector Routing，AODV）协议、动态源路由（Dynamic Source Routing，DSR）协议、临时排序路由算法（Temporally Ordered Routing Algorithm，TORA）；地理位置信息辅助路由协议，如位置辅助路由（Location Aided Routing，LAR）协议、贪婪周边无状态路由（Greedy Perimeter Stateless Routing，GPSR）协议；混合（分级）路由协议，如区域路由协议（Zone Routing Protocol，ZRP）、分簇路由协议（Cluster Based Routing Protocol，CBRP）等。近年来，随着对车联网和无人机集群技术研究的深入，移动自组织网络的范围扩展至车联网自组织网络（Vehicular Ad Hoc Networks，VANET）、无人机自组织网络（Flying Ad Hoc Networks，FANET）。根据这些网络的不同特点，我们对以上协议进行了大量的改进研究和设计。

6.1.2　异构移动自组织网络

在由异构终端组成的自组织网络中，由于终端采用不同的硬件设施、软件平台及通信协议，具备不同的计算能力、通信能力、数据格式、操控指令，且不同终端的移动性也因其部署位置的不同有较大的差异；同时，在异构自组织网络中，还可能存在不同的通信方式。因此，其网络结构往往较为复杂，具有更强的灵活性和包容性，体现出分层、分布式的特点。

以车联网为例，完整的车联网系统以车内网、车际网和车载移动互联网为基础，提供车与车（Vehicle to Vehicle，V2V）、车与基础设施（Vehicle to Infrastructure，V2I）、车与云（Vehicle to Cloud，V2C）的互联互通，车载多模终端采用多种接入技术混合通信。未来车联网中将包括移动边缘计算（Mobile Edge Computing，

MEC）、路侧设备、车辆、用户终端设备（手机、平板计算机等）在内的各种终端，以充分利用各类资源，降低任务的处理和传输时延。多种丰富的车联网应用也对车联网的组网方式提出了各不相同的要求。面对车辆节点高移动性、路网拓扑高动态性以及网络资源高异构性带来的挑战，业界认为未来车联网应融合软件定义网络架构和雾计算服务模式，基于 SDN 的多层雾计算车联网[1]如图 6-1 所示。

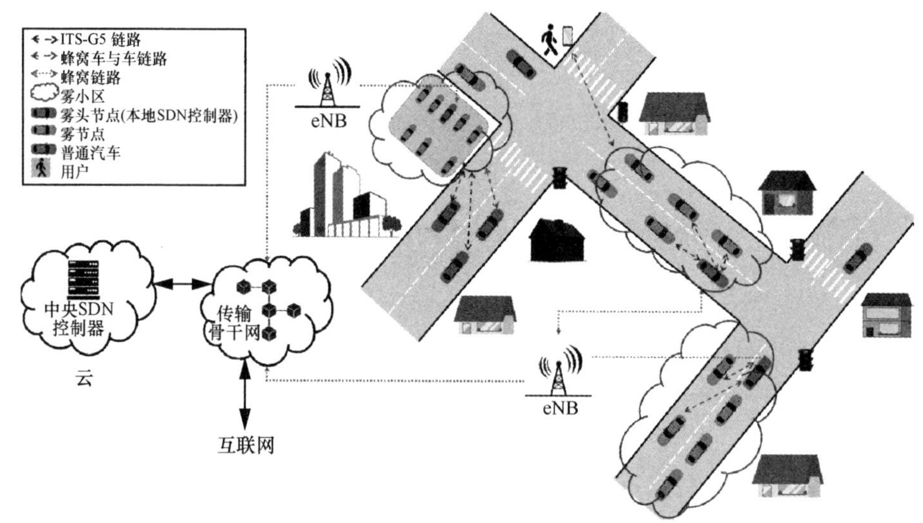

图 6-1　基于 SDN 的多层雾计算车联网

注：eNB 为演进的 NodeB（envolved NodeB）。

在雾计算车联网中，不同节点的运动性存在很大差异，其中车辆节点存在的高速相对运动，导致时变的负载分布与不稳定的通信连接，为数据交换与任务协同处理带来挑战。因此，需要利用车辆雾计算的多层结构，结合区域内的无线通信网络智能自组织网络，快速感知因节点移动性造成的拓扑结构的动态变化，通过节点间组网形成分散的网络结构，在每个自组织网络内以相互动态协作的方式实现网络负载平衡，减轻网络负担，为节点间的资源共享与任务协同处理构建基础网络架构。

在异构性方面，雾计算车联网中的异构性主要包括数据、协议异构和网络异构。数据、协议异构体现为设备输入/输出数据的格式、大小不同；网络异构可用网络属性表征，包括无线资源、网络开销、收费标准等。数据、协议异构特性导致设备间通信困难，可通过在雾计算边缘服务器上部署智能中间件，形成感知网络接入、异构数据转换和数据过滤等功能，可根据不同用户的特点自适应感知上下文，完成数据预处理并选择数据转发时间与类型，实现高效的设备互连[2]；网络异构导致多网资源无法共享，在动态环境中服务质量下降，需要研究异构网络融合组网及动态资源分配技术，实现服务质量与通信资源的匹配[3]。

6.1.3　自主终端接入的安全性

移动自组织网络的自组织、多跳无线路由、动态拓扑等特点使其很容易受到各种攻击，在大规模自主终端参与组网的情况下，安全性问题就更为突出。在自主终端组网环境下，需考虑的问题主要包括通信信道安全、隐私保护及信任管理。

在通信信道安全方面，一个好的安全方法应该在可用性、机密性、身份验证、完整性和不可否认性方面提供高质量的服务[4]。由于应对威胁和攻击的解决方案与移动自组织网络和互联网等其他研究领域的解决方案相似，此处不再展开论述。

在隐私保护方面，隐私意味着只有得到合法授权的人员才有权访问和控制节点信息，如车联网中车辆、终端的真实身份和位置信息。通常采用匿名身份验证方案[5]保护隐私，这些匿名身份验证方案基于不同的密码机制，包括对称密码、公钥基础设施、基于身份的签名、无证书签名和群签名等。为阻止跟踪攻击者重建目标节点的轨迹，还需要位置隐私保护机制作为匿名身份验证的补充。相关技术包括：在提供可接受的服务质量的前提下降低位置信息的准确性，模糊化位置和信标频率信息的模糊保密方案[6]等。

在信任管理方面，部署不完全依赖于静态基础设施的分散信任模型。分散信任模型可以分为 3 类：以实体为中心的信任模型、以数据为中心的信任模型及组合信任模型[7]。其中，以实体为中心的信任模型旨在评估节点的可信性，其实现的关键在于建立信誉体系或根据相邻节点的意见进行决策。由于节点存在高速移动性，我们很难收集足够的信息来计算特定节点的信誉得分。再者，如何保证信誉体系本身的安全性是另一个尚未解决的严重问题。以数据为中心的信任模型侧重于估计接收数据的可信度。为了准确地验证接收的数据的可信度，模型需要来自不同来源的合作信息，如相邻节点。以数据为中心的信任模型的主要缺点是时延和数据稀疏，在没有足够信息的情况下很难取得好的效果。组合信任模型不仅可以评估节点的信任水平，还可以计算数据的可信度。组合信任模型继承了以实体为中心和以数据为中心的信任模型的优点和缺点。

6.1.4 大规模异构自主终端的智能化组网技术

针对包含大规模异构终端的自主网络，通过引入 AI 技术实现网络的智能拓扑感知、自愈与重构。研究思路如下。

首先，研究大规模分散自主网络终端分布规律。利用先进的自学习和协同学习机制，感知和发现大规模分散网络中的可用终端。根据智能感知结果，动态调整组网规模及网络参数，提供高效可靠的按需动态服务，并提出大规模分散自主网络认知拓扑感知架构。针对全场景大规模终端处理、存储和计算能力的差异性，确定拓扑组网域，形成智能的多域、跨域协同按需组网，实时保证网络拓扑结构安全可靠。

其次，研究大规模分散自主网络自愈及重构机理。针对大规模分散自主网络中终端广域分布性及其能力差异性，提出大规模分散自主网络自愈及其重构方案。通过智能感知及协同感知机制，快速高效识别多域、跨域网络中的安全可用终端，为全场景大规模分散自主网络的快速组网提供拓扑环境基础。进一步研究当大规模分散自主网络受到外部恶意攻击或部分节点不可用时的网络快速发现及适配机制、节点动态迁移及拓扑重构方法，以实现网络拓扑结构的快速可靠重构。

最后，研究大规模分散自主网络架构与资源映射关系，为全域资源协同管控奠定基础。基于模糊数学理论对网络实体与全域资源建立非对称映射关系，利用深度学习和随机优化理论对网络实体进行抽象映射，实现全场景多维度资源协同调度，以服务需求为核心，实现全场景大规模人机物的泛在智能融合。

6.2 大规模分散自主网络全域资源协同管控

首先，针对多域并存的自主网络环境和节点的立体广域分布，设计同域资源联动以及跨域资源互补的全域资源管控方案；其次，研究跨维度自组织网络资源补偿；

最后，针对大规模分散自主网络的特点，对其中的设备直通（Device-to-Device，D2D）通信技术进行研究，以提升自主网络的性能。

6.2.1　全域资源管控方案

针对大规模分散自主网络中终端广域分布的问题，我们提出资源和需求联合驱动的水平协作域划分方案以及垂直协作域补偿方案。如图 6-2 所示，水平协作域针对海陆空三维立体空间中的单一维度构建，根据资源的地理位置、类型、移动性等特征进行自主域的划分，具体可体现为 VANET、无人机群等；垂直协作域打通不同维度之间的资源，通过全域资源的协同调度，为水平协作域提供资源补偿。

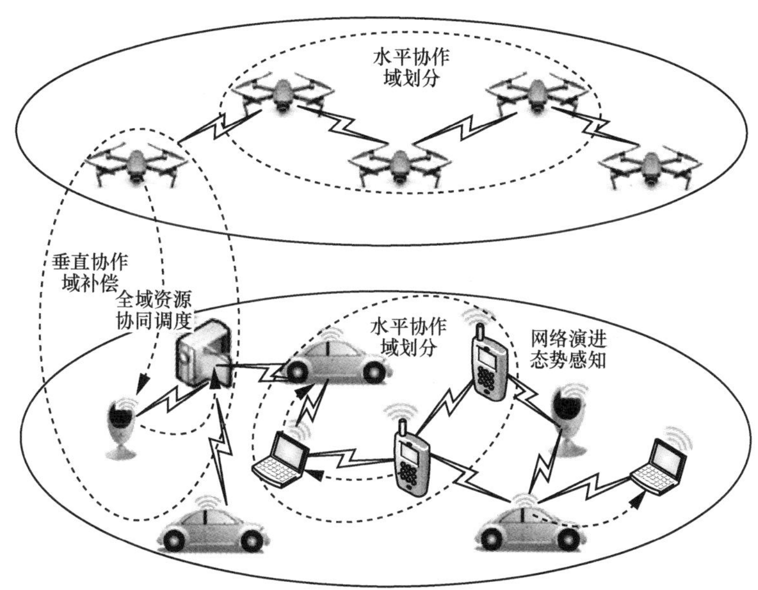

图 6-2　水平协作域划分和垂直协作域补偿

通过划分协作域，将全域资源管控转化为小规模协作域内的资源管控，只需在协作域内进行全域资源管控优化即可获得可观的性能保证，从而解决空天地海全域覆盖、人机物融合网络的超大规模性与高效按需数据交换的矛盾。

6.2.2 跨维度自组织网络资源补偿

目前，在跨维度自组织网络资源补偿中，最具代表性的是将无人机用于辅助地面网络的通信，提高地面网络的连通性、可靠性或传输性能。根据目标的不同，研究的重点也有所不同。

- 提高地面网络的连通性[8]。如，将空中的无人机群作为地面车联网的一个子网，当车联网出现不连通的问题时，以无人机群作为车联网的中继节点，维持路由的畅通[9]。参考文献[10]提出了一种基于连通性的无人机交通密度感知路由方案，通过结合连通性、交通密度和通信节点之间的距离，逐步建立路由路径，当没有可用的路由路径时，将数据分组直接转发到范围内的无人机群，由后者将其转发到目的地。参考文献[11]研究了无人机/地面车辆协同系统中的自动地形图生成和有效路径规划问题，其中无人机提供空中视觉，然后对其进行处理、校正，并自动识别不同的障碍物。参考文献[12]提出了一种新的无人机辅助反应式路由协议，该协议结合洪泛过程，利用一种预测技术来准确估计发现的路由路径的过期时间，从而可以在路径断开前寻找到有效的替代方案。
- 提高地面网络的抗干扰能力。车载总线的高移动性和具有固定路侧单元（Road Side Unit，RSU）的大规模动态网络使得 VANET 容易受到干扰[13]。智能干扰机通过使用智能无线电设备观察 VANET 的通信情况并评估其基本策略，不仅可以灵活地控制干扰频率和信号强度，还可以诱导 VANET 使用特定的通信策略并对其进行相应的攻击。参考文献[14]中研究的无人机移动中继系统利用凸差规划方法来优化移动设备和中继的发射功率，最大化保密数据速率。参考文献[15]中引入博弈论理论，建立了一个无人机辅助 VANET 传输博弈模型；参考文献[16]中对该模型进行了进一步的扩展，揭示了无人机传输成本和无线信道条件对 VANET 抗智能干扰性能的影响，提出了一种基于热启动的无人机抗干扰中继策略，使无人机在不知道 VANET 模型和干扰模型的情况下实现最优中继策略。
- 提升地面网络的传输性能。参考文献[17]中提出的中继方案使用无人机最大化无线中继网络的容量。参考文献[18]中对多天线无人机和移动地面终端进行优化，提高了无线中继网络中上行链路的传输速率。参考文献[19]中提出的迭代无人机中继算法优化了功率控制和中继轨迹，提高了移动网络的吞吐量。参考文献[20]中研究的无人机辅助无线传感器网络可以减少节点故障时网络的数据分组丢失和功耗。参考文献[21]中开发的无人机辅助数据采集系统减少了无线传感器网络中所需的执行时间和能耗。

6.2.3 大规模分散自主网络中的 D2D 通信

D2D 通信使得邻近的移动设备之间能够直接通信，而不需基站或 eNB 的参与。D2D 通信可以提供更高的吞吐率、更低的时延和更高的能源效率，并在公平性、拥塞控制及 QoS 保证方面更具优势，被认为是 5G 蜂窝网络中的关键使能技术。

目前，对 D2D 通信的研究主要分布在设备发现、模式选择、资源管理、移动性管理和安全性方面[22]。大规模分散自主网络中的 D2D 通信应以上述研究为基础，并充分考虑全域全覆盖网络环境下 D2D 通信的特点。

（1）设备发现

设备发现使设备能够发现附近的潜在候选设备并与其建立直接连接。通常，D2D 通信中的设备发现可以分为集中式发现和分布式发现。在集中式发现中，设备在集中式实体（通常是基站）的帮助下相互发现。设备将其与附近设备通信的意图通知基站。基站发起两个设备之间的消息交换，以根据网络需求获得诸如信道条件、干扰和功率控制策略等基本信息。基于协议的预先配置，基站完全或部分参与到设备发现过程中。分布式发现允许设备在没有基站参与的情况下相互定位，这些设备周期性地发送控制消息以定位附近的设备。在大规模分散自主网络中，更为普遍的是分布式发现或仅需基站进行辅助的部分集中式发现，因此应着重对分布式设备发现进行研究。分布式发现需重点研究信标信号的同步、碰撞和能耗等问题。针对这些问题，参考文献[23]提出了一种信标设备发现方法，其中设备使用正交频分多址接入（Orthogonal Frequency Division Multiple Access，OFDMA）在并行时隙中发送信标设备信号。在设备发现阶段，设备扫描信标信号以发现附近的其他设备。在该信标设备发现方法中，时隙的选择以最小干扰为准则。参考文献[24]提出了一种基于特征码的设备发现方法，可以在使用最少物理资源的情况下最小化发现阶段冲突。参考文献[25]提出了在公共安全场景中 D2D 网络的节能设备发现方法，其中主要限制因素包括干扰和用户对资源的同时访问。与静态和随机退避模式相比，该方法增加了发现设备的数量。

（2）模式选择

在包含 D2D 设备的蜂窝网络环境中，用户设备的通信模式包括纯蜂窝模式（D2D 用户不能传输数据）、部分蜂窝模式（用户设备通过基站通信，没有直接的 D2D 通信）、专属链路资源模式（D2D 使用专用频谱资源）和 underlay（下层或基础架构）模式（D2D 用户和蜂窝用户共享频谱资源）。设备可以根据网络环境及其变化进行通信模式的选择和切换。当前的研究工作中，往往将模式选择与资源管理问题进行联合优化，以提升网络容量。需要特别注意的是，分散自主网络中进行 D2D 通信的设备之间可能存在较大的能力差异，因此直接的 D2D 模式并非总是有利的。在这种情况下可以考虑采用中间中继的方式提升 D2D 网络的覆盖范围和容量[26-28]，中间中继可以是终端设备或基站。为了支持各种通信方式，迫切需要为具有中继能力的终端设计健壮的自适应协议。此外，中继 D2D 模式的参与也使得信道评估和随后的调度过程更加复杂。因此，设计低功耗和最小开销的信令方案仍然是一个挑战。

（3）资源管理

资源管理通常与模式选择同时进行。有效的资源管理可以显著地减少干扰、节省电力并最大限度地提高吞吐量。目前，已有研究设计了大量的干扰抑制方法，大致可分为集中式[28-29]、分布式[30-34]和半分布式[35-37]。其中，集中式方法中单个实体需要收集和处理大量信息，复杂性随着用户数量的增加而增加，因此，被认为更适合于小型网络。分布式方法中没有中心实体，需要相邻的 D2D 用户之间频繁地交换信息，并要求设备侦听正在进行的蜂窝通信以收集关于信道质量和空闲资源块的信息，这可能导致设备消耗大量功率。分布式方法可以很好地扩展到更大的网络，但需要复杂的干扰避免算法来确保高质量的蜂窝通信以及可靠的 D2D 通信。半分布式方法是一种混合方法，其中干扰管理是在不同级别的网络参与下进行的。未来的 6G 网络将必须支持各种异构设备和大规模部署的宏——小蜂窝网络，从而使干扰管理变得更为关键和具有挑战性。在未来 6G 密集的异构网络中，D2D 通信会涉及多个基站，底层频谱共享比现有的系统更加困难。此外，由于各种访问限制，小区中的干扰水平也各不相同。这些都要求我们为 D2D 通信设计自适应的资源分配策略。在功率控制方面，现有的研究成果可以为大规模自主网络中的 D2D 通信的资源分配方案提供借鉴，参考文献[38]提出了一种算法，该算法首先将联合资源分配给在蜂窝模式下通信的用户，然后对在 D2D 模式下通信的用户进行模式选择和资源分配。只有当两个通信设备非常接近（使得所需的传输功率电平低于预定义的阈值）并且远离基站时，才允许设备之间直接通信。结果表明，与传统的无 D2D 集成的 OFDMA 系统相比，该方案使得下行链路传输的功耗降低了 20%。参考文献[39-40]中的测试表明，如果 D2D 设备之间的距离大于小区半径的 0.8，则设备的电池寿命将低于蜂窝设备。因此，如果设备彼此处于特定距离之外，则限制它们直接通信是有益的。

（4）移动性管理

移动性管理包括两个互补的操作，即位置管理和切换管理。位置管理使得网络能够在移动终端漫游时，跟踪移动终端在连续通信之间的连接点。切换管理使得网络能够在用户从一个连接点移动到另一个连接点时维持用户的连接。当服务基站的信号强度劣化到某个阈值以下时，同质网络/系统之间产生水平切换。垂直切换出现在异构系统之间，可以由用户发起，也可以由网络发起。垂直切换决策依赖于多种因素，如应用类型（流、会话）、最小带宽、时延偏好、功率需求、观察到的网络负载、估计的数据速率等。D2D 移动性管理的大部分工作都与有效的切换选择有关。针对大部分研究集中于单个终端的传统切换过程研究的问题，最近的研究多围绕 D2D 设备对的联合切换[41]。参考文献[42]提出了两种在底层网络中进行 D2D 设备对切换的解决方案。第一种是 D2D 感知切换解决方案，其中服务基站推迟一对移出基站覆盖范围的设备的切换，直到该基站的信号质量降到预定义阈值以下。第二种是 D2D 触发切换解决方案，它将 D2D 组的成员聚集在最少数量的小区或基站组内。参考文献[43]提出的 D2D 切换机制让每对 D2D 用户根据自己的移动情况选择自己的切换目标 eNB，并根据连接的稳定性做出切换决策。首先从候选的相邻 eNB 集合中选择最合适的 eNB 作为潜在的切换目标，其次通过联合考虑两个用户观察到的到原始服务 eNB 以及目标 eNB 的参考信号接收功率，为每个 D2D 设备对做出切换决策。

未来 6G 网络的一个可能特征是设计多个小单元，这些单元创建多层拓扑结构。此外，6G 网络中存在支持多种无线接入技术的用户设备。这样的多层拓扑结构和多接入技术环境使得网络致密化，导致更高的空间频率重用和更高的网络容量，但是也使得 D2D 设备的切换决策更加复杂和具有挑战性。当 D2D 设备在多无线接入系统、多层环境中移动时，伴随着小单元快速出现和消失的同信道干扰的存在也给及时执行切换过程带来了额外的挑战。因此，用户移动性会降低预期的致密化增益。为了提高增益，有必要设计降低切换速率和控制开销的切换方案。

（5）安全性

D2D 通信采用了一种分布式和集中式方法耦合在一起的混合体系结构，因此容易受到蜂窝和自组织网络面临的一些相同的安全和隐私威胁，这些威胁会影响网络的身份验证、机密性、完整性和可用性。因此，D2D 通信需要高效的安全解决方案来实现设备和蜂窝网络之间及设备与设备之间的安全、私有和可信的数据交换。在 D2D 通信的背景下，物理层安全性正在成为一个突出的解决方案，用于在一对设备之间提供无线链路安全性[44-46]。D2D 通信中的干扰可以被用作人工干扰以降低窃听者拦截敏感通信的能力[47-48]。参考文献[49]联合优化了射频链路在遭受窃听攻击时的访问控制和功率，该优化策略在参考文献[50]中被扩展至大规模 D2D 网络。对于多个窃听器和多个天线的情况，参考文献[51]提出了一种健壮的波束成形技术，以使用最小功率最大化保密速率（即合法链路和窃听链路的速率之间的差异）。参考文献[52]提出了一种安全的消息传递协议，用以发现 D2D 自组织通信中路径最短、安全风险最低的路由，选择最安全的路由不仅要检测每个路由的恶意消息，还要考虑 QoS 和能量开销。参考文献[53]提出了两种适用于网络覆盖和网络缺失的 D2D 通信的组匿名认证和密钥交换协议。第一种方案中，不同的终端通过核心网提供的公共安全服务的组信息相互认证；第二种方案中，使用 k-匿名秘密握手方案、公钥加密和零知识证明来提供组匿名认证。参考文献[54]提出了一种保护隐私的时空方案，基于 D2D 设备的位置进行时空匹配。每个设备的时空信息通过跟踪设备的位置来保持。两个设备的时空匹配决定了相互信任的程度，具有相似时空信息的设备更有可能在彼此的传输范围内停留更长的时间。参考文献[55]提出了一种基于信任的中继节点选择方案，每个节点上的信任值是通过考虑来自直接交互的过去经验（例如消息的成功传递和中继处的解码错误）和来自其他用户的知识来计算的。每个节点维护其所有相邻节点的信任表,并基于设备信任表中更新的信任值选择中继节点。对于 6G 网络中的分散自主节点而言，需要特别关注的是目前尚没有相应的标准确保 D2D 用户设备的安全交互。此外，不同应用程序的身份验证机制可能不同，也使得互操作性难以保证。因此，需要一个标准文档来解决诸如安全用户与特定应用程序交互的过程、用户为确保隐私和安全信息数据库管理而需要共享的数据量等问题。

此外，为满足大规模分散自主网络中对服务的连续性和及时性的需求，还需要研究 D2D 通信中的终端智能无缝调度方案，即实现由 D2D 到 D2D 的切换。目前，业界尚没有这方面的研究。

6.3　融合区块链的大规模自主资源可信共享

大规模分散自主的智能化网络节点的加入及网络通信与计算能力的边缘化，给 6G 带来了新的安全挑战和威胁。传统集中式的网络安全管理模式已经不能抵抗 6G 网络潜在的泛在攻击与安全隐患。将具有分布式账本技术、去中心、防篡改和多方共识特点的区块链技术运用于 6G 边缘网络服务管理，能够使多维异构资源共享及服务公开透明、真实可信、安全可靠。本节研究融合区块链的 6G 网络自组织资源可信共享架构，包括终端侧、边缘侧和云端管理侧；设计适合用户及网络特点的多维异构资源共享激励机制，为资源需求用户求解最优的多维资源共享量以及相应的支付价格，从而实现最大化网络资源效用；在资源共享模型中引入智能合约机制，使资源共享在去中心化端系统中按照既定规则自动执行，提高资源共享效率。

6.3.1　融合区块链的 6G 网络自组织资源可信共享架构

大规模智能化网络节点的存在为 6G 网络带来了新的丰富的资源。通过融合区块链的资源可信共享，可以允许网络节点自由接入“资源市场”中，贡献空闲资源，获得相应收益。

图 6-3 所示为融合区块链的 6G 网络自组织资源可信共享架构，包括终端侧、边缘侧和云端管理侧 3 个层次。

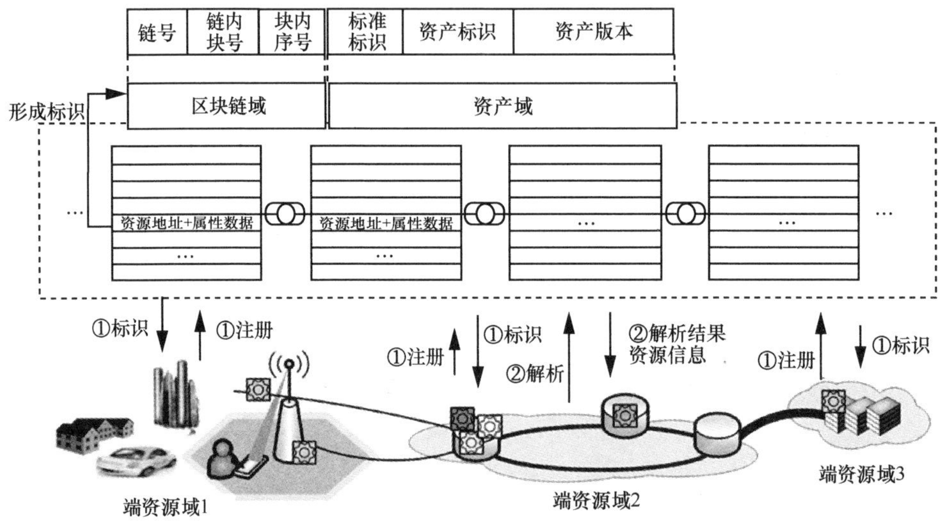

图 6-3 融合区块链的 6G 网络自组织资源可信共享架构

（1）终端侧

在终端侧，由智能化网络节点按照其“归属”的边缘服务器组成一个个端资源域。端资源域中的终端向其接入的边缘侧注册自己的身份信息，并接收边缘侧返回的身份标识完成身份认证。根据边缘侧下发的资源访问需求，完成对终端资源的接入控制。

（2）边缘侧

边缘侧负责对终端侧资源的访问控制、记录审计和终端标识的安全管理。边缘服务器接收所负责终端侧的注册信息，结合资源地址和资源的属性数据形成终端的标识。边缘侧还负责对区域内资源共享的控制，审计区域内用户资源共享记录，并把通过审计的资源共享记录打包成区块，执行区块共识协议，存储自主资源共享信息。

（3）云端管理侧

云端管理侧汇集所有边缘侧自主资源共享信息，完成资源共享区块存储，实现全域资源的共享管控。

该架构利用区块链机制管理资源提供与消费，并通过终端侧、边缘侧和云端管理侧协作执行身份认证、接入控制、标识管理、资源审计，保障 6G 网络资源高效可靠共享。满足 6G 端系统网络随需而变、资源随愿共享的需求，为全域资源的智能调度奠定基础。

6.3.2　多维异构资源共享激励机制

在由各自独立的智能网络节点构成的“资源市场”中，由于没有统一的管理者，相应的资源共享机制应保证公平竞争，在对资源提供者进行有效激励的同时，为资源需求用户求解最优的多维资源共享量以及相应的支付价格，从而实现最大化网络资源效用。拍卖无疑是实现这一目标的有效途径。

1. 拍卖理论及其在无线网络资源分配中的应用

拍卖[56]是博弈论的一个分支，它可以有效地将服务提供商拥有的资源分配给购买服务的用户。通过设定要价、评估成本函数和导出奖励函数，买卖双方可以达成交易，在满足用户需求的同时，最大化服务提供商的收益。因此，拍卖可以激励买卖双方参与资源共享。拍卖在经济学中得到了很好的研究，并被应用于有类似场景的其他研究领域，如无线通信系统中的干扰控制和认知无线电频谱资源分配。在诸如边缘计算、无线自组织网络这种涉及多个买家和多个服务提供者的环境中，拍卖机制是用来获得某些经济性质，如真实性、预算平衡、个人理性和计算效率的有效手段[57]。

按照竞标人的不同，拍卖可分为两类：如果服务需求方作为竞标人，则为正向拍卖；如果服务提供商作为竞标人，则为逆向拍卖，也称为采购拍卖。在无线网络资源分配中，根据不同的服务需求及资源特性，既可能是资源需求者对请求资源竞价的正向拍卖，也可能是资源提供者对资源任务竞价的逆向拍卖。

除对单一资源进行竞价的拍卖外，如果资源市场中有多种资源，并且多种资源之间可能存在一定的关联性，或者某类服务需要获得多种资源的组合，则资源需求者会因服务需求或购买资源的性价比而希望购买资源组合，因此产生了对组合拍卖的需求。随着无线网络中资源种类的不断丰富和任务的复杂化，越来越多的研究采用组合拍卖实现资源共享机制。

针对无线网络资源拍卖的较早研究多集中于无线资源分配（如频谱和功率分配）领域。参考文献[58]描述并提出了可应用于无线资源分配（如频谱和功率分配）的不同拍卖方法。参考文献[59]介绍了移动虚拟运营商（Mobile Virtual Network Operator，MVNO）和无线电服务提供商之间的拍卖设计，旨在最大限度地提高社会福利，实现高效公平的分配，文中还提出了一种贪心算法来降低算法的时间复杂度。在参考文献[60]中，学者利用 Myerson 的虚拟估值概念设计了一个用于频谱分配的真实拍卖。参考文献[61]提出一种 C-RAN 资源分配的双层拍卖机制，包括两个分层的耦合拍卖：终端用户与虚拟运营商之间的低层拍卖和 MVNO 与 C-RAN 运营商之间的高层拍卖。

近年来，拍卖机制在无线网络资源中的应用更多围绕移动边缘计算中的任务卸载及资源分配。参考文献[62]针对移动用户将计算任务卸载到边缘服务器的场景，由于边缘服务器的资源有限，用户需对所请求资源进行竞价，资源以贪心策略分配给竞价高者。参考文献[63]针对异构网络环境中，移动设备利用闲置资源提供计算服务以收取费用的场景，基于逆向拍卖模型建立了一种任务卸载机制。其中，移动设备为获得计算任务进行竞价，符合任务资源需求且竞价最低者赢得拍卖。参考文献[64]针对边缘服务商作为计算资源的卖家、移动用户作为买家的情景，建立了非竞争环境下的优化模型，在此基础上引入用户的相互竞争，设计了一种多轮正向拍卖机制，在满足用户需求的同时，最大化边缘服务商的收益。参考文献[65]针对工业物联网中移动边缘计算的资源分配问题提出了一种双向拍卖机制，终端设备向边缘服务器请求所需服务并进行报价，同时边缘服务器设置提供的服务及所要求的服务价格，拍卖商基于服务的供需要求及两者的出价进行匹配。参考文献[66]通过逆向拍卖为移动群智感知系统招募成员、执行拍卖决策时，综合考虑候选人的报价和感知能力，以优化系统的运营成本。参考文献[67]针对移动边缘计算中服务提供商和用户终端之间组合资源的交易问题，提出了一种多轮密封顺序组合拍卖机制。

2. 基于组合拍卖理论的异构资源共享模型

考虑 6G 大规模自主资源共享的特点，使用拍卖理论进行资源共享激励机制的设计需考虑两个问题：一是竞标的资源是单一资源还是组合资源，二是拍卖的方向是正向拍卖还是逆向拍卖。对于前一个问题，考虑到不同自主节点提供的资源种类及能力往往存在较大的差异，同时资源需求方需求的复杂性也各不相同，通用拍卖机制的设计应尽量满足更多的资源供需情况，竞标的资源应为组合资源。对于拍卖方向的问题，对于由大量分散、各自独立的智能节点提供空闲资源构成的“资源市场”，更常见的情况是根据具体的任务进行资源的选择，即由节点为获得任务进行竞价，拍卖的方向为逆向。

基于上述分析，设计基于组合拍卖理论的异构资源共享模型，如图 6-4 所示。

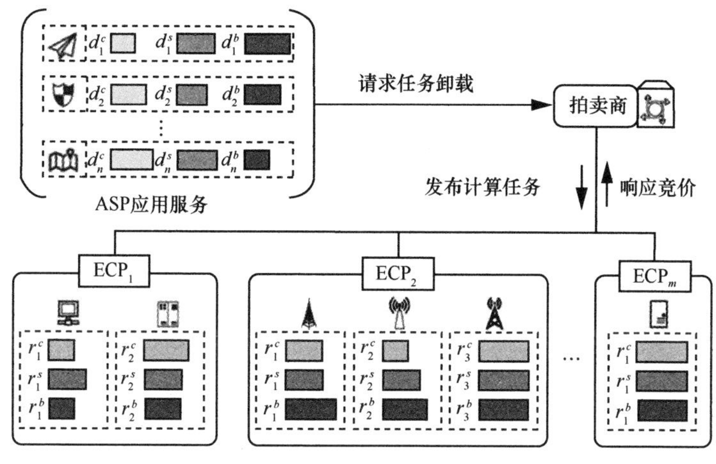

图 6-4　基于组合拍卖理论的异构资源共享模型

在组合拍卖中，拍卖商作为资源共享的中枢，是模型实现的关键。拍卖商必须取得所有资源需求者和资源提供者的认可，以保障资源共享的公平进行。具体而言，拍卖商需履行以下职责：向资源提供者平等发布任务信息，提供公平竞争机会；按照既定算法公正执行胜者裁决和价格计算；根据任务完成情况进行结算。6.3.1 节设计的 6G 网络自组织资源可信共享架构融合了区块链技术，其云端管理侧（针对跨资源域的资源拍卖）或边缘侧（针对同一资源域内的资源拍卖）就成为了组合拍卖中天然的可信拍卖商。在终端侧进行身份认证的过程中，其资源信息写入区块，并在资源信息发生改变时通过与边缘侧的交互实现信息同步。

组合拍卖的基本流程如下。

① 拍卖商接受资源需求者的拍卖请求。

② 拍卖商利用任务信息和节点注册的资源信息进行任务划分,并为每项任务确定候选者集合。

③ 拍卖商将未分配的任务信息发布给对应的候选者。

④ 候选者进行投标。

⑤ 拍卖商确定本轮获胜者与成交价，完成资源分配。

⑥ 重复步骤③～⑤，直至任务分配完毕或没有候选者参与投标。

在上述过程中，可以利用共识算法确保任务信息向合格资源提供者平等发布，并对拍卖结果进行审查。每次拍卖的信息，包括任务信息、竞价信息、拍卖结果等作为交易记录写入区块链账本。

3. 大规模多维异构资源共享激励机制的关键挑战

基于上述基于组合拍卖理论的异构资源模型，对 6G 环境下大规模多维异构资源的共享激励机制进行研究设计，具体包括投标决策、拍卖算法、对多维资源需求的任务的考虑等。其中的关键挑战包括以下内容。

- 不同类型的任务对拍卖效率的要求有很大差异，比如某些时延敏感性任务要求尽量减少拍卖轮次，最小化拍卖完成时间；某些价格敏感性任务则要求在实现拍卖任务的同时尽量降低成交价。因此需要针对不同的任务场景设计不同的拍卖算法。
- 资源由大量自主分散节点提供，因此资源市场中资源的流动性、可信度也存在较大的差异，需要设计不同的拍卖算法。针对流动性较高、可信度较低的资源，拍卖算法应注重保证拍卖的诚实性；对于较为稳定、且存在大量历史交易记录的诚信资源，拍卖算法则应注重拍卖的高效性。
- 资源协作和资源联盟。任务中可能存在对分布于不同资源提供者处的资源协作的要求，特别是对于资源协作紧密的任务，由相关资源提供者组成的资源联盟作为投标者参与投标可能会优化资源利用率和任务执行性能。如果这种资源协作中包含了多维资源，依靠前文所述的协作域补偿也可为多维资源组建资源联盟提供条件。

6.3.3 智能合约在资源共享机制中的应用

在设计实现上述大规模多维异构资源共享激励机制的基础上，考虑引入智能合约实现资源共享过程的长期自动化执行，以进一步提高资源共享效率。

智能合约作为第二代区块链的技术核心，是区块链技术从虚拟货币、金融交易向通用平台发展的必然结果。广义上讲，智能合约就是一种使用软件代码和计算基础设施自动执行特定协议条款的计算机交易协议。狭义上讲，智能合约是部署并运行在区块链上的分散的计算机程序，具有已编码的可自动运行的业务逻辑。合约一旦生成部署，由程序智能识别触发条件并自动执行[68]。该程序是不可变的，并且经过加密验证以确保其可信。智能合约的代码、执行的中间状态及执行结果都会存储在区块链中，区块链除了保证这些数据不被篡改外，还会通过每个节点以相同的输入执行智能合约来验证运行结果的正确性。基于区块链技术的智能合约具有自治执行、不可篡改、透明的特性[69]，可灵活嵌入各种数据和资产，帮助实现安全高效的信息交换、价值转移和资产管理。

1. 智能合约的基本工作原理

智能合约从合约开发到交易确认的基本过程如下[70]。

① 开发者用其希望使用的区块链平台支持的编程语言编写合同的逻辑。然后，使用特定的编译器（通常由区块链平台提供），编译代表其智能合约的源代码并获得字节码。

② 开发者将获取的字节码发布到区块链平台，存储在区块链上。根据使用的区块链平台的不同，一旦智能合约程序发布，它将是只读的或可修改的。例如，以太坊不允许修改智能合约[71]，而 EOSIO[58]则允许通过上传新的字节码来覆盖[72]。如果是只读的，为了提供更新，开发人员需要发布智能合约的新版本，并将用户重定向到它。一旦上传，智能合约将处于初始状态。

③ 访问已发布的智能合约计划取决于具体的区块链平台。以太坊[71]和 Neo[73]向开发者返回一个地址，该地址将用于与智能合约进行交互。EOSIO 上的智能合约被发布到一个先前由开发者创建的账户（托管在区块链平台上）中，通过账户的标识符访问智能合约并与之交互。一旦用户获得地址/标识符，就可以开始发送交易。

每个交易都应该包含它们希望使用的智能合约的功能和相关参数。如果需要一定的平台货币以启动功能的执行，则该货币金额将与交易一起转移。交易将存储在区块链中等待执行和验证的平台交易池中。

④ 区块链平台从交易池中选择一组要执行和验证的交易，基于某种共识协议进行交易的执行和验证。在执行阶段，在交易中指定的智能合约功能将由一组节点执行。在验证阶段，执行交易的节点将比较它们的结果，并根据一致协议选择要保留的结果。

⑤ 一旦选择了有效的结果，它将被插入一个块中，该块随后将附加到区块链上。此外，交易中指定的每个智能合约的初始状态将被更新，即，如果已验证的交易更改了智能合约的内部变量，则智能合约的初始状态将被更新，这些新值将被未来的交易视为初始值。

2. 智能合约的关键技术

当前，围绕智能合约技术的研究包括智能合约的体系架构、安全性、隐私性及性能优化。

（1）智能合约的体系架构

目前，尚没有统一的智能合约体系架构，每个区块链平台都提出了一个与其他平台略有或完全不同的架构。研究人员和开发人员也在寻找各种方法来组合或改变智能合约的架构，以便它们可以用于其他应用程序。有些研究基于已有的软件架构，如参考文献[74]提出了一个使用以太坊智能合约实现的微服务架构的具体实现方案，使用每个契约的地址作为统一资源标识符（Uniform Resource Identifier，URI）模拟微服务中的表述性状态传递（Representational State Transfer，REST）体系架构，微服务提供的功能通过嵌入在智能合约中的公共访问方法 getter 和设置方法 setter 实现。参考文献[75]提出了一种基于微服务架构的智能合约监控系统，将监控系统的每个功能分配给一个微服务，这些微服务被加载到如物联网中的摄像头上，并将其输出发送到数据库中。为了确保微服务产生的输出不会被篡改，将其哈希版本存储在区块链上，系统功能的访问控制策略由智能合约处理。参考文献[76]研究了使用智能合约在区块链上实现面向软件架构的可能性，作者调查了 4 个支持智能合约的区块链平台，证明这些平台都不能完全满足在区块链之上构建面向服务的计算的要求，并就下一步应该解决的问题提出建议，以允许未来的平台提供这种架构。有的研究则提出一种全新的体系架构用于智能合约的研究，如参考文献[77]提出了一种分层架构，可以作为开发未来区块链和智能合约平台的参考。其体系架构由 6 层组成：① 应用程序层，代表智能合约在特定领域的应用；② 表现层，表示智能合约程序可以采取的不同形式；③ 智能层，封装了一些元素，它们可以通过学习和适应当前情况使得智能合约更为智能；④ 操作层，侧重于处理智能合约格式；⑤ 合同层，封装智能合约的具体执行逻辑；⑥ 基础设施层，包括支持智能合约及其应用开发的所有基础设施。

（2）安全性

智能合约环境中存在大量攻击，这些攻击是由于编程错误、编程语言的限制和安全漏洞等多种原因造成的。为了解决智能合约上的各种安全攻击，研究者已经进行了大量的研究工作。以广泛应用的以太坊智能合约安全性解决方案为例，大致可以分为语义缺陷识别、安全检查工具和形式化验证 3 种类型。在语义缺陷识别方面，参考文献[78]分析了流行的以太坊的漏洞，根据其引入的级别分为 3 类，即 Solidity（智能合约编程语言）、以太坊虚拟机（Ethereum Virtual Machine，EVM）字节码或区块链。参考文献[79]总结了在设计安全的智能合约时的常见错误，并强调了在编程中修复这些错误的重要性。参考文献[80]提出了几种适用于 Solidity 开发者的安全模式，以减轻以太坊平台中的典型攻击，如保护重入攻击、启用互斥等。作者计划为 Solidity 创建一种结构化和信息丰富的设计模式语言。在安全检查工具方面，分别针对以太坊的重入攻击[81-82]、以太坊字节码[83-84]、以太坊费用（Gas）[85]设计了相应的安全检查工具，同时也有大量的通用安全检查工具被提出，以综合检测、分析智能合约的安全性[86-89]。在形式化验证方面，针对智能合约部署的不同阶段，参考文献[90]概述了一个分析和验证运行时安全性的框架，参考文献[91-92]则提议在执行环境中验证智能合约，参考文献[93]提出了针对以太坊字节码的高层分析框架 EthIR。

（3）隐私性

区块链的去中心化使得交易账本和智能合约对网络中的所有对等方都是透明的。在某些情况下，则不建议使用透明性。相关的隐私问题包括交易数据隐私、用户隐私、智能合约逻辑隐私、智能合约执行中的隐私等。在保护交易数据的隐私方面，参考文献[94]提出了一种保护隐私的智能合约框架 Hawk，通过加密技术将资金流和金额隐藏在公众视线之外。参考文献[95]提出了一个电子拍卖系统，使用私有区块链运行拍卖，确保了交易数据的隐私。在保护用户隐私方面，参考文献[96]提出了一种与区块链和用户隐私保护技术相结合的基于事件的空间群智感知任务的架构。该体系架构利用智能合约，允许感知服务提供商在不能获知用户的身份和敏感信息的前提下提交他们的请求，运行成本最优的拍卖和处理支付。参考文献[97]提出了用于可信云数据源的分散式架构 ProvChain，提供防篡改和保护用户隐私等安全特性。在智能合约逻辑隐私方面，参考文献[98]提出了 ChainSpace，它在智能合约平台中提供了隐私友好的扩展性，通过使用一种新的分布式原子提交协议实现跨节点分片实现。它还支持可审计性和透明性。参考文献[99]提出了具有智能合约的加密货币系统 Arbitrum， Arbitrum 的模型适用于私人智能合约，激励各方就虚拟机的行为达成链外协议，不会向参与交易验证的验证者揭示内部状态。在智能合约执行中的隐私方面，提出了多种可信任的执行环境[100-101]，以保证代码执行期间的机密性和隐私性。

（4）性能优化

目前，业界针对智能合约的性能优化研究多集中于提高智能合约执行的并发性，提出了基本时间戳排序（Basic Timestamp Ordering，BTO）和多版本交易排序（Multi-Version Transaction Ordering，MVTO）两大类方法。BTO 为每个交易分配一个时间戳，并根据时间戳确定交易的可串行化顺序，以便执行或访问资源。MVTO 确保如果在访问相关数据项的两个交易之间检测到不一致，其中一个交易将中止。例如，参考文献[102]提出了一种以并发方式运行智能合约的方案，在具有 3 个工作线程的块验证中产生了 2.5 倍的处理速度。参考文献[103]开发了一个基于软件事务内存系统（Software Transactional Memory Systems，STM）的高效框架，以支持智能合约的并发执行。在 BTO 和 MVTO 模式下，该框架的处理速度分别提高了 3.6 倍和 3.7 倍。

3. 大规模异构资源共享中的智能合约

在大规模异构资源共享的研究中，应用智能合约的目的是实现合约的长期自动执行。结合具体应用环境的特点，在进行智能合约的开发与部署过程中，应重点关注如下问题。

（1）区块链平台的选择

6G 环境有大量要求更小时延和更高吞吐量的应用，而目前应用最为广泛的以太坊区块链平台不支持并发，因此如果选用以太坊区块链平台，则需要确认进行何种改进开发，这是实现基于智能合约的资源共享的首要问题。

（2）智能合约的性能优化

除并发执行外，账本的存储服务、共识机制、交易验证及智能合约编程语言都会约束智能合约的执行性能。对上述机制的研究都需要充分考虑智能合约的性能优化问题。

（3）基于智能合约长期执行的自动化资源共享激励机制

根据智能合约长期执行的记录，对资源共享的交易情况进行智能分析，并将其结果反馈至智能合约的更新过程中，提高交易双方的总效用，保证效率和长期性能的最优化。

（4）智能合约的正式规范和验证

由于智能合约应用于 6G 全域资源共享环境中，如果智能合约出现编程错误或漏洞，其危害性将极为巨大。因此，有必要考虑应用专家经验和人工智能技术，为本应用中的智能合约确定正式规范，并在智能合约部署前执行正式验证。

6.4　面向端系统资源管控的区块链技术优化

融合区块链技术的分散端系统资源可信共享可以有效解决参与双方的信任问题，实现资源共享结算及自主资源价值转移，提高资源利用率。然而，区块链自身在运行过程中将消耗大量通信、计算以及存储资源，用于资源共享记录的验证和存储，资源受限的节点在运算处理能力上难以应对。与此同时，大规模人–机–物混合接入是 6G 网络的业务常态，人–机–物混合接入导致网络中业务的服务质量需求差异巨大。针对以上问题，从两个方向对 6G 大规模异构自主网络区块链技术进行优化：① 构建轻量级区块链，实现高效共识，以提高全场景、全域的资源共享效率；② 采用区块链弹性服务，适配多样化业务的不同服务质量需求。

6.4.1 面向分散端系统资源共享的轻量级区块链

6G 网络是一个以陆地移动通信网络为核心，深度融合空基、天基、海基一体化的泛在覆盖网络，大规模异构终端设备（如高速移动的无人驾驶汽车、高动态平台、舰艇）的接入使得边缘网络拓扑动态变化，网络环境复杂多变。与此同时，边缘节点自身资源的局限性对自组织资源的可信共享提出更加严峻的挑战。为此，自组织资源可信共享技术应在具备安全性的同时，满足边缘节点低功耗低计算能力的轻量级安全共享需求。此外，区块链在执行区块验证过程中将消耗大量通信、计算以及存储资源，以实现多方共识和交易记录，高速移动端设备以及资源受限的边缘节点在运算处理能力上难以达到要求。为此，研究适用于分散端系统资源共享的轻量级区块链结构、基于委托权益证明的分布式共识机制和基于星际文件系统（Inter Planetary File System，IPFS）的区块高效存储机制，以期在 6G 业务场景中网络拓扑动态变化和节点资源受限情况下，提升资源可信共享的区块链运行效率。

1. 轻量级区块链

轻量级区块链的概念与区块链中轻节点的出现密切相关。传统区块链中所有节点维护完整的全量的账本数据，这样的节点称为“全节点”。随着区块链网络的运行，节点数据量越来越大，运行成本也越来越高；与此同时，随着区块链应用范围的不断扩张，很多节点运行在空间和功率受限的设备上，难以应对区块链区块验证过程中大量的资源消耗。因此，在区块链中引入了“轻节点”的概念，与全节点不同，轻节点只保存与其自身相关的交易数据，并不保存区块链的完整信息。除数据体量上的差别外，全节点和轻节点在功能上也存在本质差别，全节点作为区块链的参与方参与交易背书，而轻节点不承担背书功能，仅同步相关状态数据，实现隐私数据隔离和快速访问。尽管在所提出的各种轻量级区块链中，对轻节点的功能乃至名称的设计不尽相同，但都是基于这种思路：部分区块链节点不承担全节点任务。

相对于传统区块链，轻量级区块链具有运行效率高、大量轻节点数据量及计算量少的特点，因此格外适用于节点数量庞大且存在大量资源受限节点的场合。轻量级区块链在物联网领域的应用一直是研究的热点[104-113]，近年来，对轻量级区块链的研究逐渐扩展到车联网[114-116]、车载社会网络[117-118]、群智感知[119]、无人机互联网[120]、海上无线通信系统[121]等领域。

针对 6G 大规模异构自主网络的资源共享设计轻量级区块链结构，如图 6-5 所示。在该结构中，每个资源域均设置一个资源注册机构和若干负责资源管理的全节点。资源注册机构负责完成域中资源的标识注册，全节点作为区块链网络的基本组成部分，构成了可信资源管理的联盟链，参与共识，同时维护存储整个云网资源的标识与关键数据（包括云网资源属性信息、资源交易记录、资源服务信誉等）的跨域异构资源分类账本，通过标识与资源关联实现资源的索引，负责存储和处理完整的区块链数据，通过智能合约进行资源可信访问控制。其余不同资源域中的内部节点均被设计为轻节点，与全节点链接，维护域内资源分类账本。轻节点仅缓存与本域内服务相关区块头和共享资源数据，使得轻节点可以在保障可信的条件下寻求其他共享资源，响应服务请求。

在该轻量级区块链结构中，全节点的选择利用机器学习算法提取边缘节点业务时/空规律性变化特征，基于分类、排序等方法选择一定数量的边缘节点。

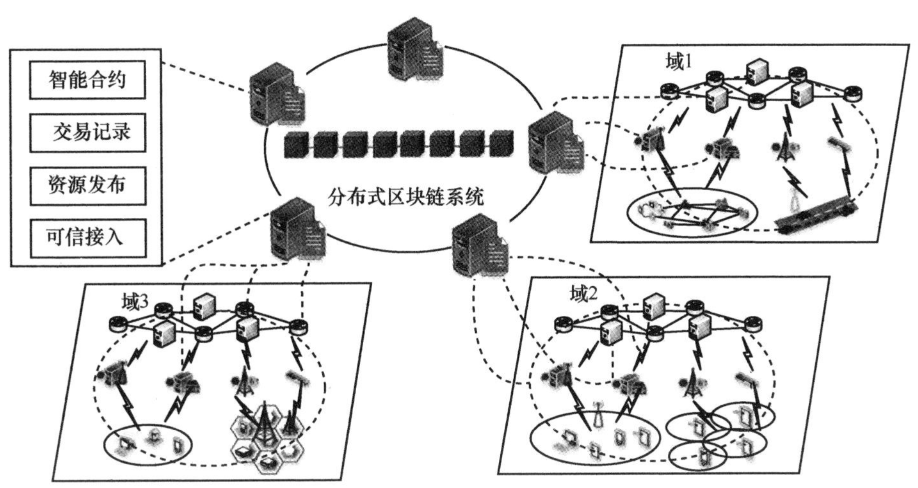

图 6-5　实现 6G 大规模异构自主网络资源共享的轻量级区块链结构

2. 基于委托权益证明的分布式共识机制

分布式共识协议是实现区块链分散化的关键技术，即是确保所有参与者在没有中央机构帮助的情况下就统一的交易账本达成一致的关键技术。分布式共识协议规定了每个节点的消息传递和局部决策。共识协议中的各种设计选择可以极大地影响区块链系统的性能，包括其交易能力、可伸缩性和容错性[122]。

自区块链技术出现以来，业界提出了大量的共识算法。常见的区块链共识算法包括工作量证明（Proof of Work，PoW）[123]、权益证明（Proof of Stake，PoS）、委托权益证明（Delegated PoS，DPoS）[124]、实用拜占庭容错（Practical Byzantine Fault Tolerance，PBFT）[125]、Paxos[126]及其演进算法 Raft[127]等。其中，DPoS 在公平性和处理速度之间取得了较好的平衡，且计算资源消耗较少，应用极为广泛。

在采用 DPoS 的区块链中，每一个节点都可以根据其拥有的权益投票选取代表，整个网络中参与竞选并获得选票最多的 n 个节点（被称为“代表节点”）获得记账权，按照预先决定的顺序依次产生区块并因此获得一定的奖励。如果某时刻应该产生区块的节点没有履行职责，它将会被取消代表资格，系统将继续投票选出一个新的代表取代它。

结合本应用场景，综合考虑边缘节点权益值以及信誉值，基于强化学习选择边缘节点参与区块共识过程，如图 6-6 所示。移动边缘节点（MEC）根据所在资源域、地理位置和通信质量被划分为不同的子区域，每个子区域由一个计算资源丰富的节点作为簇头。在每个子区域内部边缘节点的信息是公开共享的，不同子区域之间由于通信成本和安全隐私等存在信息不对称。为了得到全局模型来做出全局共识节点选择的决策，首先簇头根据本地边缘节点的状态信息，训练局部模型，表示对本地边缘节点的选择；然后局部模型上传到中心化服务器进行聚合，得到对全局边缘节点选择的全局模型；最后聚合的全局模型再下发到宏基站进行训练，直到全局模型达到收敛。

3. 区块链高效存储机制

区块链采用全副本存储数据，在保证区块链的数据安全的同时也造成了庞大的存储开销。区块链随着运行的过程不断膨胀，使该问题更加突出。因此，业界对区块链的高效存储（存储可扩展性）问题展开了研究。解决方案可分为两类[128]：第一类是链上存储（On-Chain Storage），即不依赖外部存储系统，在区块链范围内尽量减少存储占用，如前文所述的轻量级区块链中，轻节点中只存储部分而非全部交易数据，从而降低整个区块链的存储开销；第二类是链下存储（Off-Chain Storage），即将区块链中的部分数据移至区块链以外，从而降低区块链内部的存储开销。

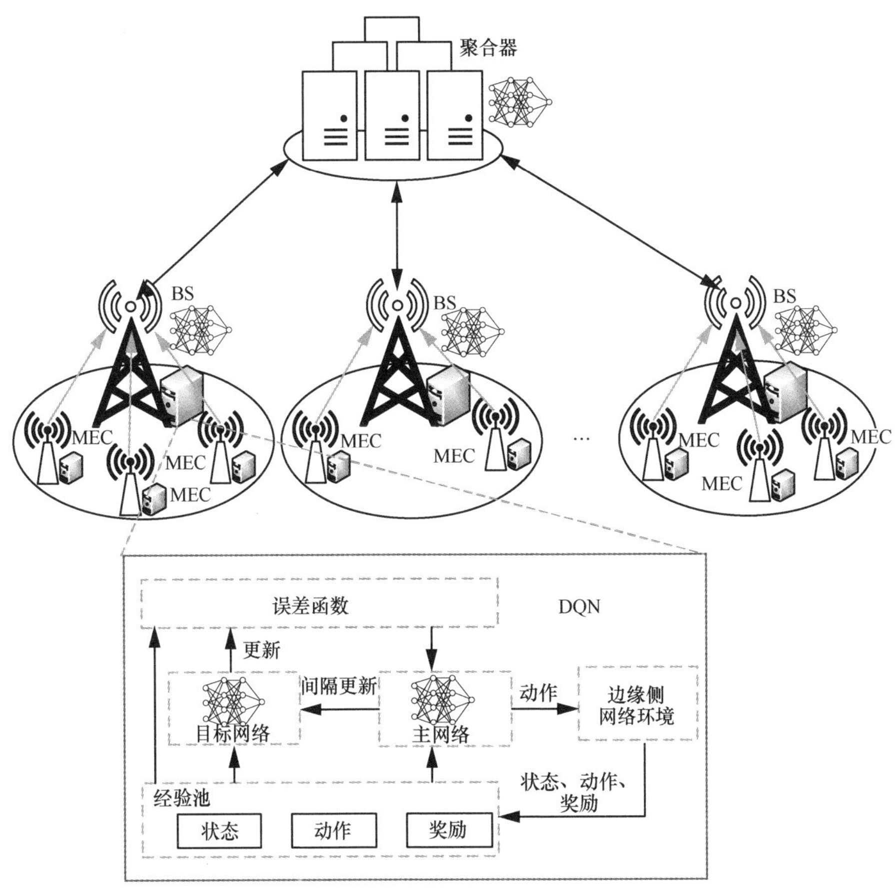

图 6-6　基于强化学习的共识节点选择

注：DQN 为深度 Q 网络（Deep Q Network）。

在链上存储中，不需要每个节点都存储完整的区块链账本，每个节点只需要按照预先约定的规则存储部分账本数据即可。除将节点划分为全节点和轻节点的方式外，链上存储解决方案还可以依靠节点间的相互协作完成，若干个节点进行合作，从而使这些节点具有类似于全节点的功能。根据使用技术的不同，节点间合作的方式也有多种形式，可分为基于编码的协作式存储[129-130]、基于集群的协作式存储[131-132]和基于分片的协作式存储[133-136]。

链下存储将区块体中的数据内容从原区块体转移到非区块链的外部存储系统中，区块体中仅存储指向这些数据的“指针”和其他非数据信息。当需要存储数据时，将原始数据保存至外部存储系统中，同时按照一定的规则生成该数据的唯一标识并返回给区块链系统；当需要访问完整数据时，区块链系统通过数据的唯一标识在外部存储系统中寻找原始数据。基于链下存储方式的不同，可分为基于分布式哈希表（Distributed Hash Table，DHT）的链下存储[137-138]、基于 IPFS 的链下存储[139-140]和基于云的链下存储[141-142]。

IPFS 是一种旨在将所有计算设备与相同文件系统连接起来的点对点分布式文件系统[143]。IPFS 融合了点对点（Point to Point，P2P）、DHT、比特流、Git、自验证文件系统（Self-Certifying File System，SFS）等技术，定义了默克尔有向无环图（Merkle Directed Acyclic Graph，Merkle DAG）作为存储对象的数据结构。IPFS 是内容寻址的，文件存储到 IPFS 后，将会根据文件内容生成一个 IPFS hash。一段内容的 IPFS hash 不会改变，从而保证了寻址链接永远指向正确的内容。IPFS hash 既可以作为访问文件的索引，又可以检验文件内容是否被篡改。基于这一特性，IPFS 作为区块链的存储方案（即区块中只保存 IPFS hash）是目前链下存储中使用较多的一种方案。因此，6G 大规模异构自主网络区块链的构建中，拟采用 IPFS 链下存储方式，实现高效存储。

6.4.2 基于区块链分片机制的资源共享与弹性服务

6G 垂直行业应用催生了多样化的知识定义业务场景，通信环境涵盖陆地、海洋和天空，涉及多种移动通信系统与高动态平台间的交互与协同。不同业务场景下，用户服务质量需求呈现出多样化特点，既包含超高安全、高可信要求的协同控制业务，也包含超高可靠、超低时延要求的通信业务。另外，区块链多种共识机制在效率和安全性上存在较大差异。为此，如何采用区块链弹性服务适配多样化业务的不同服务质量需求，是设计自组织资源可信共享技术的核心问题。

1. 区块链可伸缩性解决方案

可伸缩性（可扩展性）是传统分布式系统的基本特性，但区块链由于去中心化的要求，可伸缩性难以得到满足。即，系统中任意节点都需要对交易数据进行全量计算和存储，因此系统的总体性能受限于单个节点的性能上限。随着节点数的不断增加，系统的总体性能只可能降低而不可能提升。随着区块链系统用户数量的大幅增加，各大公链平台的可伸缩性问题也随之出现，极大地影响了区块链的发展。

为了提高区块链的可伸缩性，许多公司和研究团队提出了大量不同的解决方案。根据区块链的层次结构大致可以将这些方案分为两层[144-145]。第一层在区块链结构的内部进行修改，主要研究区块链的链设计，包括区块结构、共识算法以及主链的具体结构。第二层侧重于非链方法，即在区块链之外实现，它旨在减轻主链的负担，例如将一些复杂的计算任务移动到一个非链平台。第一层解决方案包括分片、大区块[146]、有向无环图（Directed Acyclic Graph，DAG）[146-148]等，第二层解决方案包括侧链（如 Plasma[149]、RootStock[150]）和支付渠道（如闪电网络（Lightning Network）[151]、雷电网络（Raiden Network）[152]）。其中，区块链分片技术将整个区块链划分为多个碎片，并允许参与节点处理和存储某个碎片（即仅部分区块链）的事务，也称为水平伸缩或横向伸缩技术。通过允许在单个节点上处理和存储部分事务的分片技术，整个区块链可以实现随着节点数量的增加而线性增加的吞吐量。这对于在无限增长的大规模网络中采用区块链提供高数量和高质量的服务是非常重要的，因而分片技术也被认为是解决区块链可伸缩性最有前景也最为实用的技术。

2. 区块链分片技术

分片最早在参考文献[153]中提出，常用于分布式数据库和云基础设施。它将数据库分割成多个碎片并将这些碎片放置在不同的服务器上。在公共区块链的场景下，网络上的交易将被分成不同的碎片，每个碎片维护自己的账本。每个节点被分配给一个单独的碎片，并负责验证该碎片中的事务，而不是验证整个区块链网络中的每个事务。通过这种方式，可以并行处理碎片之间不相交的事务子集，显著提高吞吐量。

通常情况下，分片是按时间段周期性进行的。在每一个时间段内，自动将网络划分为几个较小的委员会（Committee），每个委员会处理一个碎片。每个委员会由数个网络节点组成，在委员会内部采用共识协议就碎片中的交易达成共识。一个无许可分片协议需完成每轮时间段中的如下 5 个基本步骤[154]。

① 身份确立和委员会组建。为了参加分片，每个节点需要建立一个标识，例如由公钥、IP 地址和 PoW 解决方案组成的标识。然后将每个节点分配给与其既定身份相对应的委员会。对于一个许可的区块链则不需要该过程。

② 委员会的覆盖设置。一旦委员会成立，每个节点进行通信以发现其委员会中其他节点的身份。对于区块链，委员会的覆盖是包含所有委员会成员的完全连通子图。

③ 委员会内部协商一致意见。委员会中的每个节点都运行一个标准的共识协议，以就一组交易达成一致。

④ 跨碎片交易处理。交易应该在整个系统中以原子方式提交。对于跨碎片交易，相关碎片需要获得一致性。通常，此过程需要一种“中继”交易在相关碎片之间进行同步。

⑤ 新周期重构。为了保证碎片的安全性，需要随机对碎片进行重新配置，进入下一个周期。

在以上过程中，面临的关键技术问题如下。

① 共识协议。在区块链分片中，共识协议涉及 3 个方面的问题：首先是在委员会组建步骤中，一般采用 PoW[155-157]或 PoS[158-159]形成委员会；其次是在委员会内部，大多采用拜占庭容错（Byzantine Fault Tolerance，BFT）或 PBFT 达成共识；最后，出于安全性的考虑，每个周期中委员会的成员可能是动态变化的，即委员会配置方式问题。委员会的配置方式可分为 4 种：静态[160-161]，即委员会成员不会定期更换，这是许可系统中的典型配置；滚动（单个）[162]，新节点被添加到当前委员会中，最老的成员被弹出；全部，随机选择新周期的委员会成员[163]；滚动（多个）[156]，每个新周期都更换多个成员。

② 委员会成员分配的随机性。即，如何将参与节点分配到各个委员会中，从而使生成的委员会是“公平”的。“公平”指每一个委员会中的大多数节点都是诚实的，错误节点的比例不应超过共识协议为该碎片指定的阈值。将节点分配给委员会的一种方法是根据指定的策略静态完成，其中假设存在随机源或可信第三方，如

RSCoin[161]；另一种方法是动态地将节点分配给委员会。这种动态分配应该是一个随机过程，旨在阻止对手集中出现在一个委员会中，并超过拜占庭容错阈值。随机性生成可以作为一个独立的模块出现，这样节点就可以根据公共随机性公平地分配至委员会中。良好的分布式随机性生成满足以下几个特性：公开可验证性、无偏性、不可预测性和可用性。有如下产生随机性的基础方法：可验证随机函数（Verifiable Random Function，VRF）[164]、可验证秘密共享（Verifiable Secret Sharing，VSS）[165]、可公开验证秘密共享（Public Verifiable Secret Sharing，PVSS）[166]和可验证时延函数（Verifiable Delay Functions，VDF）[167-168]。

③ 跨片事务处理。通常，一个事务可能有多个输入和输出。由于分片技术，事务的输入和输出可能在不同的碎片中，这些事务称为跨片（或碎片间）事务。由于分片协议中的事务是随机分布的，跨片事务可以看作一个全局事务，由不同的碎片执行。因此，跨片事务处理应满足全局事务的 ACID 属性[169]：原子性（Atomicity）、一致性（Consistency）、隔离性（Isolation）及持久性（Durability）。最初提出用于处理全局 ACID 事务的协议称为原子承诺（Atomic Commitment，AC）协议，常见的 AC 协议包括两阶段提交（Two-Phase Commit，2PC）协议[170]和三阶段提交（Three-Phase Commit，3PC）协议[171-172]。然而，无论是 2PC 协议还是 3PC 协议都不能直接应用于区块链分片方案而不作修改。对于不同的区块链分片方案，它们对诸如碎片之间的可信度等问题可能有不同的假设，实际的跨碎片提交方法取决于其假设和使用的威胁模型。所以，对于不同的区块链分片方案，可能有不同的机制来处理跨片事务。如何有效地处理跨片事务也是大多数区块链分片协议的基本主题。

④ 新周期重构。目前大多数分片协议都没有明确提供处理新周期重构的方法。然而，新周期重构是保证区块链系统安全的关键。显然，为了防止来自对手的攻击（如破坏特定的碎片），对手不应该事先知道重构过程是如何工作的。此外，新周期的重构仍要保持委员会的公平性。一个简单的方法是采用前文委员会成员分配时使用的随机性。部分区块链分片协议给出了专门处理新周期重构的方法，如在 Elastico[155]的最后一步中，通过最终委员会（或称为共识委员会）采用类似于加密散列操作的方法实现重构；RapidChain[157]使用离线 PoW 和布谷鸟规则[173]进行新周期重构。其中，离线 PoW 要求所有希望加入或留在协议中的节点离线计算 PoW；

布谷鸟规则用于重新组织委员会成员，在重构期间，当节点加入或离开时，委员会的大小相对平衡。OminiLedger 还在每个周期运行一个全局重新配置协议，以允许新的参与者加入该协议。在每个周期中，新的随机性是使用一个无偏的随机生成协议生成的，该协议依赖于一个可验证随机函数，以类似于彩票算法的方式进行不可预测的领导人选举，并将该领导人作为 RandHound[126] 协议的客户端生成新周期的随机性。

3. 区块链分片机制在 6G 大规模异构自主资源共享中的应用

除区块链分片提供的可扩展性外，将区块链分片技术用于 6G 大规模网络异构自主资源共享的另一个重要原因是适配不同业务的多样化需求。因此，在分片机制的研究中，着重考虑如下问题。

① 利用深度强化学习、联邦学习、迁移学习等方法分析不同业务场景的内生特征，例如网络状态特征、未知攻击方式特征等，提取网络内生特征向量。

② 根据动态更新的网络内生特征向量，利用区块链分片机制实时地对全业务场景内的区块链进行分片，为不同分片匹配相应的区块链共识机制，实现可定义、定制化的区块链弹性服务，以满足用户多样化业务服务质量需求。

③ 考虑边缘节点之间的信息不对称特性，基于契约理论设计包括区块链分片服务性能需求以及相应报酬的合同项，激励边缘节点参与不同分片的共识过程，提升分片共识效率。

参考文献

[1] SOUA A, TOHME S. Multi-level SDN with vehicles as fog computing infrastructures: a new integrated architecture for 5G-VANETs[C]//2018 21st Conference on Innovation in Clouds, Internet and Networks and Workshops (ICIN). Piscataway: IEEE Press, 2018: 1-8.

[2] AAZAM M, HUH E. Fog computing micro datacenter based dynamic resource estimation and pricing model for IoT[C]//Proceedings of 2015 IEEE 29th International Conference on Advanced Information Networking and Applications. Piscataway: IEEE Press, 2015: 687-694.

[3] HUANG W, DING L, MENG D, et al. QoE-based resource allocation for heterogeneous multi-radio communication in software-defined vehicle networks[J]. IEEE Access, 2018, 6: 3387-3399.

[4] AZEES M, VIJAYAKUMAR P, DEBORAH L J. Comprehensive survey on security services in vehicular ad-hoc networks[J]. IET Intelligent Transport Systems, 2016, 10(6): 379-388.

[5] PETIT J, SCHAUB F, FEIRI M, et al. Pseudonym schemes in vehicular networks: a survey[J]. IEEE Communications Surveys and Tutorials, 2015, 17(1): 228-255.

[6] EMARA K, WOERNDL W, SCHLICHTER J. On evaluation of location privacy preserving schemes for VANET safety applications[J]. Computer Communications, 2015, 63: 11-23.

[7] SOLEYMANI S A, ABDULLAH A H, HASSAN W H, et al. Trust management in vehicular ad hoc network: a systematic review[J]. EURASIP Journal on Wireless Communications and Networking, 2015, 1: 146.

[8] OUBBATI O S, LAKAS A, ZHOU F, et al. A survey on position-based routing protocols for flying ad hoc networks (FANETs)[J]. Vehicular Communications, 2017, 10: 29-56.

[9] ZHOU Y, CHENG N, LU N, et al. Multi-UAV-aided networks: aerial-ground cooperative vehicular networking architecture[J]. IEEE Vehicular Technology Magazine, 2015, 10(4): 36-44.

[10] OUBBATI O S, LAKAS A, LAGRAA N, et al. CRUV: connectivity-based traffic density aware routing using UAVs for VANets[C]//2015 International Conference on Connected Vehicles and Expo (ICCVE). Piscataway: IEEE Press, 2015: 68-73.

[11] LI J, DENG G, LUO C, et al. A hybrid path planning method in unmanned air/ground vehicle (UAV/UGV) cooperative systems[J]. IEEE Transactions on Vehicular Technology, 2016, 65(12): 9585-9596.

[12] OUBBATI O S, CHAIB N, LAKAS A, et al. UAV-assisted supporting services connectivity in urban VANETs[J]. IEEE Transactions on Vehicular Technology, 2019, 68(4): 3944-3951.

[13] AZOGU I K, FERREIRA M T, LARCOM J A, et al. A new anti-jamming strategy for VANET metrics-directed security defense[C]//2013 IEEE Globecom Workshops (GC Wkshps). Piscataway: IEEE Press, 2013: 1344-1349.

[14] QIAN W, ZHI C, MEI W, et al. Improving physical layer security using UAV-enabled mobile relaying[J]. IEEE Wireless Communications Letters, 2017, 6(3): 310-313.

[15] LU X, XU D, XIAO L, et al. Anti-jamming communication game for UAV-aided VANETs[C]// GLOBECOM 2017 - 2017 IEEE Global Communications Conference. Piscataway: IEEE Press, 2017: 1-6.

[16] XIAO L, LU X, XU D, et al. UAV relay in VANETs against smart jamming with reinforcement learning[J]. IEEE Transactions on Vehicular Technology, 2018, 67(5): 4087-4097.

[17] DIXON C, FREW E W. Optimizing cascaded chains of unmanned aircraft acting as communication relays[J]. IEEE Journal on Selected Areas in Communications, 2012, 30(5): 883-898.

[18] ZHAN P, YU K, SWINDLEHURST A L, Wireless relay communications with unmanned aerial vehicles: performance and optimization[J]. IEEE Transactions on Aerospace and Elec-

tronic Systems, 2011, 47(3): 2068-2085.

[19] ZENG Y, ZHANG R, LIM T J. Throughput maximization for UAV-enabled mobile relaying systems[J]. IEEE Transactions on Communications, 2016, 64(12): 4983-4996.

[20] UEYAMA J, FREITAS H, FAICAL B S, et al. Exploiting the use of unmanned aerial vehicles to provide resilience in wireless sensor networks[J]. IEEE Communications Magazine, 2014, 52(12): 81-87.

[21] DONG M, OTA K, MAN L, et al. UAV-assisted data gathering in wireless sensor networks[J]. The Journal of Supercomputing, 2014, 70(3): 1142-1155.

[22] JAMEEL F, HAMID Z, JABEEN F, et al. A survey of device-to-device communications: research issues and challenges[J]. IEEE Communications Surveys and Tutorials, 2018, 20(3): 2133-2168.

[23] HAYAT O, NGAH R, ZAHEDI Y. Cooperative device-to-device discovery model for multiuser and OFDMA network base neighbour discovery in in-band 5G cellular networks[J]. Wireless Personal Communications, 2017, 97(3): 4681-4695.

[24] ZOU K J, WANG M, YANG K W, et al. Proximity discovery for device-to-device communications over a cellular network[J]. IEEE Communications Magazine, 2014, 52(6): 98-107.

[25] KALEEM Z, QADRI N N, DUONG T Q, et al. Energy-efficient device discovery in D2D cellular networks for public safety scenario[J]. IEEE Systems Journal, 2019, 13(3): 2716-2719.

[26] WEI L, HU R Q, QIAN Y, et al. Energy efficiency and spectrum efficiency of multihop device-to-device communications underlaying cellular networks[J]. IEEE Transactions on Vehicular Technology, 2016, 65(1): 367-389.

[27] LI P, GUO S, MIYAZAKI T, et al. Fine-grained resource allocation for cooperative device-to-device communication in cellular networks[J]. IEEE Wireless Communications, 2014, 21(5): 35-40.

[28] LEE N, LIN X, ANDREWS J G, et al. Power control for D2D underlaid cellular networks: modeling, algorithms, and analysis[J]. IEEE Journal on Selected Areas in Communications, 2015, 33(1): 1-13.

[29] ZHOU Z, DONG M, OTA K, et al. Energy-efficient resource allocation for D2D communications underlaying cloud-RAN-based LTE-A networks[J]. IEEE Internet of Things Journal, 2016, 3(3): 428-438.

[30] YANG C, LI J, SEMASINGHE P, et al. Distributed interference and energy-aware power control for ultra-dense D2D networks: a mean field game[J]. IEEE Transactions on Wireless Communications, 2017, 16(2): 1205-1217.

[31] YIN R, YU G, ZHANG H, et al. Pricing-based interference coordination for D2D communications in cellular networks[J]. IEEE Transactions on Wireless Communications, 2015, 14(3):

1519-1532.

[32] YE Q, AL-SHALASH M, CARAMANIS C, et al. Distributed resource allocation in device-to-device enhanced cellular networks[J]. IEEE Transactions on Communications, 2015, 63(2): 441-454.

[33] HUANG S, LIANG B, LI J. Distributed interference and delay aware design for D2D communication in large wireless networks with adaptive interference estimation[J]. IEEE Transactions on Wireless Communications, 2017, 16(6): 3924-3939.

[34] ZHANG G, HU J, WEI H, et al. Distributed power control for D2D communications underlaying cellular network using stackelberg game[C]//2017 IEEE Wireless Communications and Networking Conference (WCNC). Piscataway: IEEE Press, 2017: 1-6.

[35] YANG Z Y, KUO Y W. Efficient resource allocation algorithm for overlay D2D communication[J]. Computer Networks, 2017, 124(SEP.4): 61-71.

[36] FERDOUSE L, EJAZ W, RAAHEMIFAR K, et al. Interference and throughput aware resource allocation for multi-class D2D in 5G networks[J]. IET Communications, 2017, 11(8): 1241-1250.

[37] HAMDOUN S, RACHEDI A, GHAMRI-DOUDANE Y. A flexible M2M radio resource sharing scheme in LTE networks within an H2H/M2M coexistence scenario[C]//IEEE International Conference on Communications (ICC). Piscataway: IEEE Press, 2016: 1-7.

[38] XIAO X, TAO X, LU J. A QoS-aware power optimization scheme in OFDMA systems with integrated device-to-device (D2D) communications[C]//2011 IEEE Vehicular Technology Conference (VTC Fall). Piscataway: IEEE Press, 2017: 1-5.

[39] LIU C, WANG X , WU X, et al. Economic scheduling model of microgrid considering the lifetime of batteries[J]. IET Generation Transmission and Distribution, 2017, 11(3):759-767.

[40] TAO L, MA J, CHENG Y, et al. A review of stochastic battery models and health management[J]. Renewable and Sustainable Energy Reviews, 2017, 80: 716-732.

[41] CHEN H Y, SHIH M J, WEI H Y. Handover mechanism for device-to-device communication[C]//2015 IEEE Conference on Standards for Communications and Networking (CSCN). Piscataway: IEEE Press, 2015: 72-77.

[42] YILMAZ O N C, LI Z, VALKEALAHTI K, et al. Smart mobility management for D2D communications in 5G networks[C]//2014 IEEE Wireless Communications and Networking Conference Workshops (WCNCW). Piscataway: IEEE Press, 2014: 219-223.

[43] WEI K L, SHIEH C S, CHOU F S, et al. Handover management for D2D communication in 5G networks[C]//2020 2nd International Conference on Computer Communication and the Internet (ICCCI). Piscataway: IEEE Press, 2020: 64-69.

[44] YE J, ZHANG Y J. A guard zone based scalable mode selection scheme in D2D underlaid cellular networks[C]//2015 IEEE International Conference on Communications (ICC). Pisca-

taway: IEEE Press, 2015: 2110-2116.

[45] LIU Y, WANG L, ZAIDI S A R, et al. Secure D2D communication in large-scale cognitive cellular networks: a wireless power transfer model[J]. IEEE Transactions on Communications, 2016, 64(1): 329-342.

[46] JIANG L, QIN C, ZHANG X, et al. Secure beamforming design for SWIPT in cooperative D2D communications[J]. China Communications, 2017, 14(1): 20-33.

[47] ZHANG K, PENG M, ZHANG P, et al. Secrecy-optimized resource allocation for device-to-device communication underlaying heterogeneous networks[J]. IEEE Transactions on Vehicular Technology, 2017, 66(2): 1822-1834.

[48] WANG W, TEH K C, LI K H. Enhanced physical layer security in D2D spectrum sharing networks[J]. IEEE Wireless Communications Letters, 2017, 6(1): 106-109.

[49] YUE J, MA C, YU H, et al. Secrecy-based access control for device-to-device communication underlaying cellular networks[J]. IEEE Communication Letters, 2013, 17(11): 2068-2071.

[50] MA C, LIU J, TIAN X, et al. Interference exploitation in D2D-enabled cellular networks: a secrecy perspective[J]. IEEE Transactions on Communications, 2015, 63(1): 229-242.

[51] CHU Z, CUMANAN K, XU M, et al. Robust secrecy rate optimisations for multiuser multiple-input-single-output channel with device-to-device communications[J]. IET Communications, 2014, 9(3): 396-403.

[52] PANAOUSIS E, ALPCAN T, FEREIDOONI H, et al. Secure message delivery games for device-to-device communications[C]//International Conference on Decision and Game Theory for Security. Berlin: Springer, 2014: 195-215.

[53] HSU R, LEE J. Group anonymous D2D communication with end-to-end security in LTE-A[C]// 2015 IEEE Conference on Communications and Network Security (CNS). Piscataway: IEEE Press, 2015: 451-459.

[54] SUN J, ZHANG R, ZHANG Y. Privacy-preserving spatiotemporal matching for secure device-to-device communications[J]. IEEE Internet of Things Journal, 2016, 3(6): 1048-1060.

[55] MISHRA P K, PANDEY S. A method for network assisted relay selection in device to device communication for the 5G[J]. International Journal of Applied Engineering Research, 2016, 11(10): 7125-7131.

[56] MENEZES F M, MONTEIRO P K. An introduction to auction theory[M]. London: Oxford University Press, 2008.

[57] ZHU H, NIYATO D, SAAD W, et al. Game theory in wireless and communication networks: theory, models, and applications[M]. Cambridge: Cambridge University Press, 2012.

[58] ZHANG Y, LEE C, NIYATO D, et al. Auction approaches for resource allocation in wireless systems: a survey[J]. IEEE Communications Surveys and Tutorials, 2013, 15(3): 1020-1041.

[59] WANG J, YANG D, TANG J, et al. Radio-as-a-service: auction-based model and mechan-

isms[C]//IEEE International Conference on Communications (ICC). Piscataway: IEEE Press, 2015: 3567-3572.

[60] AL-AYYOUB M, GUPTA H. Truthful spectrum auctions with approximate revenue[C]//2011 Proceedings IEEE INFOCOM. Piscataway: IEEE Press, 2011: 2813-2821.

[61] MORCOS M, CHAHED T, CHEN L, et al. A two-level auction for C-RAN resource allocation[C]//2017 IEEE International Conference on Communications Workshops (ICC Workshops). Piscataway: IEEE Press, 2017: 516-521.

[62] BAHREINI T, BADRI H, GROSU D. An envy-free auction mechanism for resource allocation in edge computing systems[C]//Proceedings of the 2018 IEEE/ACM Symposium on Edge Computing. Piscataway: IEEE Press, 2018: 313-322.

[63] ZHOU B W, SRIRAMA S N, BUYYA R. An auction-based incentive mechanism for heterogeneous mobile clouds[J]. Journal of Systems and Software, 2019, 152: 151-164.

[64] WANG Q Y, GUO S T, WANG Y, et al. Incentive mechanism for edge cloud profit maximization in mobile edge computing[C]//Proceedings of the 2019 IEEE International Conference on Communications. Piscataway: IEEE Press, 2019: 1-6.

[65] SUN W, LIU J, YUE Y, et al. Double auction-based resource allocation for mobile edge computing in industrial Internet of things[J]. IEEE Transactions on Industrial Informatics, 2018, 14(10): 4692-4701.

[66] JI G, YAO Z, ZHANG B, et al. A reverse auction-based incentive mechanism for mobile crowdsensing[J]. IEEE Internet of Things Journal, 2020, 7(9): 8238-8248.

[67] ZHANG H, GUO F, JI H, et al. Combinational auction-based service provider selection in mobile edge computing networks[J]. IEEE Access, 2017, 5: 13455-13464.

[68] ZHENG Z, XIE S, DAI H, et al. An overview of blockchain technology: architecture, consensus, and future trends[C]//2017 IEEE International Congress on Big Data (BigData Congress). Piscataway: IEEE Press, 2017: 557-564.

[69] HEWA T M, HU Y, LIYANAGE M, et al. Survey on blockchain based smart contracts: technical aspects and future research[J]. IEEE Access, 2021.

[70] KEMMOE V K, STONE W, KIM J, et al. Recent advances in smart contracts: a technical overview and state of the art[J]. IEEE Access, 2020, 8: 117782-117801.

[71] BUTERIN V. Ethereum-white paper[EB].

[72] EOSIO DEVELOPERS. EOSIO Developer Portal[EB].

[73] NEO TEAM. Neocontract White Paper[EB].

[74] TONELLI R, LUNESU M I, PINNA A, et al. Implementing a microservices system with blockchain smart contracts[C]//2019 IEEE International Workshop on Blockchain Oriented Software Engineering (IWBOSE). Piscataway: IEEE Press, 2019: 22-31.

[75] NAGOTHU D, XU R, NIKOUEI S Y, et al. A microservice-enabled architecture for smart

surveillance using blockchain technology[C]//2018 IEEE International Smart Cities Conference (ISC2). Piscataway: IEEE Press, 2018: 1-4.

[76] DANIEL F, GUIDA L. A service-oriented perspective on blockchain smart contracts[J]. IEEE Internet Computing, 2019, 23(1): 46-53.

[77] WANG W, OUYANG L, YUAN Y, et al. Blockchain-enabled smart contracts: architecture, applications, and future trends[J]. IEEE Transactions on Systems, Man, and Cybernetics: Systems, 2019, 49(11): 2266-2277.

[78] ATZEI N, BARTOLETTI M, CIMOLI T. A Survey of attacks on ethereum smart contracts (SoK)[C]//International Conference on Principles of Security and Trust. Berlin: Springer, 2017: 164-186.

[79] DELMOLINO K, ARNETT M, KOSBA A, et al. Step by step towards creating a safe smart contract: lessons and insights from a cryptocurrency lab[C]//International Conference on Financial Cryptography and Data Security. Berlin: Springer, 2016: 79-94.

[80] WOHRER M, ZDUN U. Smart contracts: security patterns in the Ethereum ecosystem and solidity[C]//2018 International Workshop on Blockchain Oriented Software Engineering (IWBOSE). Piscataway: IEEE Press, 2018: 2-8.

[81] LIU C, LIU H, CAO Z, et al. ReGuard: finding reentrancy bugs in smart contracts[C]//2018 IEEE/ACM 40th International Conference on Software Engineering: Companion (ICSE-Companion). Piscataway: IEEE Press, 2018: 65-68.

[82] JIANG B, LIU Y, CHAN W K. ContractFuzzer: fuzzing smart contracts for vulnerability detection[C]//2018 33rd IEEE/ACM International Conference on Automated Software Engineering (ASE). Piscataway: IEEE Press, 2018: 259-269.

[83] GRISHCHENKO I, MAFFEI M, SCHNEIDEWIND C. A semantic framework for the security analysis of ethereum smart contracts[C]//International Conference on Principles of Security and Trust. Berlin: Springer, 2018: 243-269.

[84] MOSSBERG M, MANZANO F, HENNENFENT E, et al. Manticore: a user-friendly symbolic execution framework for binaries and smart contracts[EB].

[85] GRECH N, KONG M, JURISEVIC A, et al. MadMax: surviving out-of-gas conditions in Ethereum smart contracts[J]. Proceedings of the ACM on Programming Languages, 2018, 2(OOPSLA): 1-27.

[86] TIKHOMIROV S, VOSKRESENSKAYA E, IVANITSKIY I, et al. SmartCheck: static analysis of ethereum smart contracts[C]//2018 IEEE/ACM 1st International Workshop on Emerging Trends in Software Engineering for Blockchain (WETSEB). Piscataway: IEEE Press, 2018: 9-16.

[87] TSANKOV P, DAN A, DRACHSLER-COHEN D, et al. Securify: practical security analysis of smart contracts[C]//Proceedings of the 2018 ACM SIGSAC Conference on Computer and

Communications Security. New York: ACM Press, 2018: 67-82.
[88] KALRA S, GOEL S, DHAWAN M, et al. ZEUS: analyzing safety of smart contracts[C]//25th Annual Network and Distributed System Security Symposium (NDSS 2018). Rosten, VA: Internet Society, 2018: 18-21.
[89] LIU H, LIU C, ZHAO W, et al. S-gram: towards semantic-aware security auditing for Ethereum smart contracts[C]//Proceedings of the 33rd ACM/IEEE International Conference on Automated Software Engineering. New York: ACM Press, 2018: 814-819.
[90] BHARGAVAN K, DELIGNAT-LAVAUD A, FOURNET C, et al. Short paper: formal verification of smart contracts[C]//Proceedings of the 11th ACM Workshop on Programming Languages and Analysis for Security (PLAS), in conjunction with ACM CCS. New York: ACM Press, 2016: 91-96.
[91] ABDELLATIF T, BROUSMICHE K-L. Formal verification of smart contracts based on users and blockchain behavior models[C]//2018 9th IFIP International Conference on New Technologies, Mobility and Security (NTMS). Piscataway: IEEE Press, 2018: 1-5.
[92] NEHAI Z, PIRIOU P-Y, DAUMAS F, et al. Model-checking of smart contracts[C]//IEEE International Conference on Blockchain. Piscataway: IEEE Press, 2018: 980-987.
[93] ALBERT E, GORDILLO P, LIVSHITS B, et al. EthIR: a framework for high-level analysis of ethereum bytecode[C]//International Symposium on Automated Technology for Verification and Analysis. Berlin: Springer, 2018: 513-520.
[94] KOSBA A, MILLER A, SHI E, et al. Hawk: the blockchain model of cryptography and privacy-preserving smart contracts[C]//2016 IEEE Symposium on Security and Privacy (SP). Piscataway: IEEE Press, 2016: 839-858.
[95] DESAI H, KANTARCIOGLU M, KAGAL L, et al. A hybrid blockchain architecture for privacy-enabled and accountable auctions[C]//2019 IEEE International Conference on Blockchain (Blockchain), Piscataway: IEEE Press, 2019: 34-43.
[96] CHATZOPOULOS D, GUJAR S, FALTINGS B, et al. Privacy preserving and cost optimal mobile crowdsensing using smart contracts on blockchain[C]//2018 IEEE 15th International Conference on Mobile Ad Hoc and Sensor Systems (MASS). Piscataway: IEEE Press, 2018: 442-450.
[97] LIANG X, SHETTY S, TOSH D, et al. ProvChain: a blockchain-based data provenance architecture in cloud environment with enhanced privacy and availability[C]//2017 17th IEEE/ACM International Symposium on Cluster, Cloud and Grid Computing (CCGRID). Piscataway: IEEE Press, 2017: 468-477.
[98] AL-BASSAM M, SONNINO A, BANO S, et al. Chainspace: a sharded smart contracts platform[EB].
[99] KALODNER H, GOLDFEDER S, CHEN X, et al. Arbitrum: scalable, private smart con-

tracts[C]//27th USENIX Security Symposium (USENIX Security 18). Berkeley, CA: USENIX, 2018: 1353-1370.

[100]ZHANG F, CECCHETTI E, CROMAN K, et al. Town crier: an authenticated data feed for smart contracts[C]//Proceedings of the 2016 ACM SIGSAC Conference on Computer and Communications Security (CCS '16). New York: ACM Press, 2016: 270-282.

[101]YUAN R, XIA Y B, CHEN H B, et al. ShadowEth: private smart contract on public blockchain[J]. Journal of Computer Science and Technology, 2018, 33(3): 542-556.

[102]ZHANG A, ZHANG K. Enabling concurrency on smart contracts using multiversion ordering[C]//Asia-Pacific Web (APWeb) and Web-Age Information Management (WAIM) Joint International Conference on Web and Big Data. Berlin: Springer, 2018: 425-439.

[103]ANJANA P S, KUMARI S, PERI S, et al. An efficient framework for optimistic concurrent execution of smart contracts[C]//2019 27th Euromicro International Conference on Parallel, Distributed and Network-Based Processing (PDP). Piscataway: IEEE Press, 2019: 83-92.

[104]DORRI A, KANHERE S S, JURDAK R. Towards an optimized blockchain for IoT[C]//Proceedings of the Second International Conference on Internet-of-Things Design and Implementation (IoTDI '17). New York: ACM Press, 2017: 173-178.

[105]LIU Y, WANG K, LIN Y, et al. LightChain: a lightweight blockchain system for industrial internet of things[J]. IEEE Transactions on Industrial Informatics, 2019, 15(6): 3571-3581.

[106]DANZI P, KALØR A E, STEFANOVIĆ Č, et al. Delay and communication tradeoffs for blockchain systems with lightweight IoT clients[J]. IEEE Internet of Things Journal, 2019, 6(2): 2354-2365.

[107]DOKU R, RAWAT D B, GARUBA M, et al. LightChain: on the lightweight blockchain for the internet-of-things[C]//2019 IEEE International Conference on Smart Computing (SMARTCOMP). Piscataway: IEEE Press, 2019: 444-448.

[108]ABDULKADER O, BAMHDI A M, THAYANANTHAN V, et al. A lightweight blockchain based cybersecurity for IoT environments[C]//2019 6th IEEE International Conference on Cyber Security and Cloud Computing (CSCloud)/2019 5th IEEE International Conference on Edge Computing and Scalable Cloud (EdgeCom). Pistacaway: IEEE Press, 2019: 139-144.

[109]SHAHID A R, PISSINOU N, STAIER C, et al. Sensor-chain: a lightweight scalable blockchain framework for internet of things[C]//2019 International Conference on Internet of Things (iThings) and IEEE Green Computing and Communications (GreenCom) and IEEE Cyber, Physical and Social Computing (CPSCom) and IEEE Smart Data (SmartData). Piscataway: IEEE Press, 2019: 1154-1161.

[110]BISWAS S, SHARIF K, LI F, et al. PoBT: a lightweight consensus algorithm for scalable IoT business blockchain[J]. IEEE Internet of Things Journal, 2020, 7(3): 2343-2355.

[111]GURUPRAKASH J, KOPPU S. EC-ElGamal and genetic algorithm-based enhancement for

lightweight scalable blockchain in IoT domain[J]. IEEE Access, 2020, 8: 141269-141281.

[112]YAN W, ZHANG N, NJILLA L L, et al. PCBChain: lightweight reconfigurable blockchain primitives for secure IoT applications[J]. IEEE Transactions on Very Large Scale Integration (VLSI) Systems, 2020, 28(10): 2196-2209.

[113]KHAN S, LEE W-KL, HWANG S O. AEchain: a lightweight blockchain for IoT applications[J]. IEEE Consumer Electronics Magazine, 2021.

[114]CEBE M, ERDIN E, AKKAYA K, et al. Block4Forensic: an integrated lightweight blockchain framework for forensics applications of connected vehicles[J]. IEEE Communications Magazine, 2018, 56(10): 50-57.

[115]SU Z, WANG Y, XU Q, et al. LVBS: lightweight vehicular blockchain for secure data sharing in disaster rescue[J]. IEEE Transactions on Dependable and Secure Computing, 2020.

[116]ISLAM S, BADSHA S, SENGUPTA S. A light-weight blockchain architecture for V2V knowledge sharing at vehicular edges[C]//2020 IEEE International Smart Cities Conference (ISC2). Piscataway: IEEE Press, 2020: 1-8.

[117]YANG W, DAI X, XIAO J, et al. LDV: a lightweight DAG-based blockchain for vehicular social networks[J]. IEEE Transactions on Vehicular Technology, 2020, 69(6): 5749-5759.

[118]ZHENG Z, PAN J, CAI L, Lightweight blockchain consensus protocols for vehicular social networks[J]. IEEE Transactions on Vehicular Technology, 2020, 69(6): 5736-5748.

[119]AN J, CHENG J, GUI X, et al. A lightweight blockchain-based model for data quality assessment in crowdsensing[J]. IEEE Transactions on Computational Social Systems, 2020, 7(1): 84-97.

[120]SINGH M, AUJLA G S, BALI R S. ODOB: one drone one block-based lightweight blockchain architecture for internet of drones[C]//IEEE Conference on Computer Communications Workshops (INFOCOM WKSHPS). Piscataway: IEEE Press, 2020: 249-254.

[121]YANG T, CUI Z, SUN R, et al. Energy-saving resource allocation with lightweight blockchain in maritime wireless communication networks[C]//2020 3rd International Conference on Hot Information-Centric Networking (HotICN). Piscataway: IEEE Press, 2020: 41-46.

[122]XIAO Y, ZHANG N, LOU W, et al. A survey of distributed consensus protocols for blockchain networks[J]. IEEE Communications Surveys and Tutorials, 2020, 22(2): 1432-1465.

[123]NAKAMOTO S. Bitcoin: a peer-to-peer electronic cash system[EB].

[124]LARIMER D. Delegated proof of stake[EB].

[125]CASTRO M, LISKOV B. Practical byzantine fault tolerance[C]//Proceedings of the third symposium on Operating systems design and implementation (OSDI'99). Berkeley, CA: USENIX, 1999: 173-186.

[126]LAMPORT L. Paxos made simple[J]. ACM Sigact News, 2001, 32(4): 18-25.

[127]ONGARO D, OUSTERHOUT J K. In search of an understandable consensus algo-

rithm[C]//Proceedings of USENIX Annual Technical Conference (USENIX ATC). Berkeley, CA: USENIX, 2014: 305-319.

[128]孙知信, 张鑫, 相峰, 等. 区块链可扩展性研究进展[J]. 软件学报, 2021, 32(1): 1-20.

[129]DAI M, ZHANG S, WANG H, et al. A low storage room requirement framework for distributed ledger in blockchain[J]. IEEE Access, 2018, 6: 22970-22975.

[130]PERARD D, LACAN J, BACHY Y, et al. Erasure code-based low storage blockchain node[C]//2018 IEEE International Conference on Internet of Things (iThings) and IEEE Green Computing and Communications (GreenCom) and IEEE Cyber, Physical and Social Computing (CPSCom) and IEEE Smart Data (SmartData). Piscataway: IEEE Press, 2018: 1622-1627.

[131]ABE R, SUZUKI S, MURAI J. Mitigating bitcoin node storage size by DHT[C]//Proceedings of the Asian Internet Engineering Conference (AINTEC'18). New York: ACM Press, 2018: 17-23.

[132]KANEKO Y, ASAKA T. DHT clustering for load balancing considering blockchain data size[C]//2018 Sixth International Symposium on Computing and Networking Workshops (CANDARW). Piscataway: IEEE Press, 2018: 71-74.

[133]XU Z, HAN S, CHEN L. CUB, a consensus unit-based storage scheme for blockchain system[C]//2018 IEEE 34th International Conference on Data Engineering (ICDE). Piscataway: IEEE Press, 2018: 173-184.

[134]ZHANG M Q, LI J C, CHEN Z H, et al. CycLedger: a scalable and secure parallel protocol for distributed ledger via sharding[C]//2020 IEEE International Parallel and Distributed Processing Symposium. Piscataway: IEEE Press, 2020: 583-598.

[135]YOO H, YIM J, KIM S. The blockchain for domain based static sharding[C]//2018 17th IEEE International Conference on Trust, Security and Privacy in Computing and Communications/12th IEEE International Conference on Big Data Science and Engineering (TrustCom/BigDataSE). Piscataway: IEEE Press, 2018: 1689-1692.

[136]CHEN H, WANG Y. SSChain: a full sharding protocol for public blockchain without data migration overhead[J]. Pervasive and Mobile Computing, 2019, 59: 1-15.

[137]ZYSKIND G, NATHAN O, PENTLAND A S. Decentralizing privacy: using blockchain to protect personal data[C]//2015 IEEE Security and Privacy Workshops. Piscataway: IEEE Press, 2015: 180-184.

[138]LI R, SONG T, MEI B, et al. Blockchain for large-scale internet of things data storage and protection[J]. IEEE Transactions on Services Computing, 2019, 12(5): 762-771.

[139]ZHENG Q, LI Y, CHEN P, et al. An innovative IPFS-based storage model for blockchain[C]//2018 IEEE/WIC/ACM International Conference on Web Intelligence (WI). Piscataway: IEEE Press, 2018: 704-708.

[140]NORVILL R, PONTIVEROS B B F, STATE R, et al. IPFS for reduction of chain size in ethereum[C]//2018 IEEE International Conference on Internet of Things (iThings) and IEEE Green Computing and Communications (GreenCom) and IEEE Cyber, Physical and Social Computing (CPSCom) and IEEE Smart Data (SmartData). Piscataway: IEEE Press, 2018: 1121-1128.

[141]ALI M. Trust-to-trust design of a new Internet[D]. Princeton: Princeton University, 2017.

[142]HE G, SU W, GAO S. Chameleon: a scalable and adaptive permissioned blockchain architecture[C]//2018 1st IEEE International Conference on Hot Information-Centric Networking (HotICN). Piscataway: IEEE Press, 2018: 87-93.

[143]BENET J. IPFS—content addressed, versioned, P2P file system[EB].

[144]ZHOU Q, HUANG H, ZHENG Z, et al. Solutions to scalability of blockchain: a survey[J]. IEEE Access, 2020, 8: 16440-16455.

[145]HAFID A, HAFID A S, SAMIH M. Scaling blockchains: a comprehensive survey[J]. IEEE Access, 2020, 8: 125244-125262.

[146]GARZIK J. Block size increase to 2MB: BIP(Bitcoin Improvement Proposal)-102[S]. 2015.

[147]ZHOU T, LI X, ZHAO H. DLattice: a permission-less blockchain based on DPoS-BA-DAG consensus for data tokenization[J]. IEEE Access, 2019, 7: 39273-39287.

[148]CUI L, YANG S, CHEN Z, et al. An efficient and compacted DAG-based blockchain protocol for industrial internet of things[J]. IEEE Transactions on Industrial Informatics, 2020, 16(6): 4134-4145.

[149]POON J, BUTERIN V. Plasma: scalable autonomous smart contracts[EB].

[150]LERNER S D. RSK White paper overview[EB].

[151]POON J, DRYJA T. The bitcoin lightning network: scalable off-chain instant payments[EB].

[152]RAIDEN NETWORK. Fast, cheap, scalable token transfers for Ethereum[EB].

[153]CORBETT J C, DEAN J, EPSTEIN M, et al. Spanner: google's globally distributed database[J]. ACM Transactions on Computer Systems, 2013, 31(3): 8.

[154]WANG G, SHI Z J, NIXON M, et al. SoK: sharding on blockchain[C]//Proceedings of the 1st ACM Conference on Advances in Financial Technologies (AFT'19). New York: ACM Press, 2019: 41-61.

[155]LUU L, NARAYANAN V, ZHENG C, et al. A secure sharding protocol for open blockchains[C]//Proceedings of the 2016 ACM SIGSAC Conference on Computer and Communications Security (CCS '16). New York: ACM Press, 2016: 17-30.

[156]KOKORIS-KOGIAS E, JOVANOVIC P, GASSER L, et al. OmniLedger: a secure, scale-out, decentralized ledger via sharding[C]//2018 IEEE Symposium on Security and Privacy (SP). Piscataway: IEEE Press, 2018: 583-598.

[157]ZAMANI M, MOVAHEDI M, RAYKOVA M. RapidChain: scaling blockchain via full

sharding[C]//Proceedings of the 2018 ACM SIGSAC Conference on Computer and Communications Security (CCS '18). New York: ACM Press, 2018: 931-948.

[158]HARMONY TEAM. Harmony technical whitepaper[EB].

[159]BUTERIN V. Ethereum sharding FAQ[EB].

[160]ANDROULAKI E, BARGER A, BORTNIKOV V, et al. Hyperledger fabric: a distributed operating system for permissioned blockchains[C]//Proceedings of the Thirteenth EuroSys Conference (EuroSys '18). New York: ACM Press, 2018: 1-15.

[161]DANEZIS G, MEIKLEJOHN S. Centrally banked cryptocurrencies[EB].

[162]KOGIAS E K, JOVANOVIC P, GAILLY N, et al. Enhancing bitcoin security and performance with strong consistency via collective signing[C]//25th USENIX Security Symposium (USENIX Security 16). Berkeley, CA: USENIX, 2016: 279-296.

[163]GILAD Y, HEMO R, MICALI S, et al. 2017. Algorand: scaling byzantine agreements for cryptocurrencies[C]//Proceedings of the 26th Symposium on Operating Systems Principles (SOSP '17). New York: ACM Press, 2017: 51-68.

[164]MICALI S, RABIN M, VADHAN S. Verifiable random functions[C]//40th Annual Symposium on Foundations of Computer Science (Cat. No.99CB37039). Piscataway: IEEE Press, 1999: 120-130.

[165]FELDMAN P. A practical scheme for non-interactive verifiable secret sharing[C]//28th Annual Symposium on Foundations of Computer Science (sfcs 1987). Piscataway: IEEE Press, 1987: 427-438.

[166]STADLER M. Publicly verifiable secret sharing[C]//International Conference on the Theory and Applications of Cryptographic Techniques(1996). Berlin: Springer, 1996: 190-199.

[167]BONEH D, BONNEAU J, BÜNZ B, et al. Verifiable delay functions[C]//Annual International Cryptology Conference (2018). Berlin: Springer, 2018: 757-788.

[168]PIETRZAK K. Simple verifiable delay functions[C]//10th Innovations in Theoretical Computer Science Conference (ITCS 2019). [S.l.: s.n.], 2019: 1-60.

[169]VOGELS W. Eventually consistent[J]. Communications of the ACM, 2019, 52(1): 40-44.

[170]GRAY J N. Notes on data base operating systems. In Operating Systems[M]. Berlin: Springer, 1978: 393-481.

[171]SKEEN D. Nonblocking commit protocols[C]//Proceedings of the 1981 ACM SIGMOD international conference on Management of data (1981). New York: ACM Press, 1981: 133-142.

[172]SKEEN D, STONEBRAKER M. A formal model of crash recovery in a distributed system[J]. IEEE Transactions on Software Engineering, 1983: SE-9(3): 219-228.

[173]SEN S, FREEDMAN M J. Commensal cuckoo: secure group partitioning for large-scale services[J]. ACM SIGOPS Operating Systems Review, 2012, 46(1): 33-39.

第 7 章

全场景知识定义网络资源智能调配技术

在网络管控知识空间基础上，全场景知识定义网络资源智能调配技术建立全场景需求和全域资源的知识表征体系，通过全场景预测、调度及优化机制对全域资源进行智能化、自动化调配、预留和分配，提升 6G 网络整体性能。本章对全场景知识定义网络资源智能调配技术的研究思路及方法进行介绍。首先研究知识定义资源调配的基本机制，为全场景知识定义网络资源智能调配技术确立研究框架；随后围绕知识定义资源调配中的流量感知、知识获取、调配策略生成和策略验证等各项任务展开研究，构建智能控制闭环，实现网络资源与智能调配服务的实时适配和动态拟合。

7.1 知识定义资源调配的基本机制

全场景知识定义网络资源智能调配基本机制如图 7-1 所示，将网络资源调配细分为控制功能和认知功能，依托网络管控知识空间，建立“感知–决策–验证–适配”的知识定义资源调配机制，包括以下几个过程。

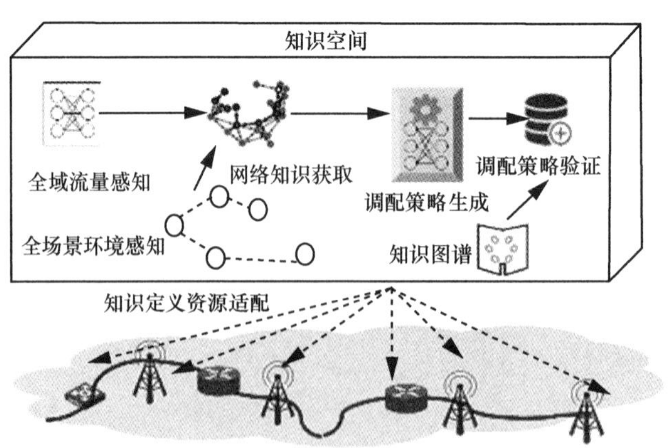

图 7-1　全场景知识定义网络资源智能调配基本机制

- 知识增强的全域流量感知。通过有限的流量信息有效提取语义特征，形成流量知识；进行跨设备多任务通用流量信息感知，提高对缺乏数据的新任务流量信息的感知能力。

- 知识可增量学习的网络知识获取。从多样化设备与异构连接关系中学习网络区域角色、功能划分与资源调配等知识；进行支持增量学习的网络知识获取，可自动感知、自主适应知识迁移。
- 知识定义的全场景资源调配策略生成。获取不同资源调配策略对网络状态的影响，对多种网络资源进行实时调配，快速响应资源调配需求。
- 基于知识定义的网络资源调配策略验证。对策略的可执行性进行验证，实现调配策略的可管可控。

在上述过程中贯彻“知识定义”的思想，利用“人机协同”赋能获取知识，由知识指导生成资源调配策略，相应的全场景知识定义网络资源智能调配技术框架如图 7-2 所示。在知识定义资源调配的全过程中采用深度学习技术，由数据驱动资源调配建模，学习资源调配规则、方法和思路，使机器自主获取知识，再基于知识对网络资源调配策略进行显式控制，验证自动生成的策略是否正确并满足管理需求。通过可持续增量学习，应对高动态环境的多变需求，实现全场景知识定义网络资源智能调配过程在现实网络中长期稳定和高效的使用。

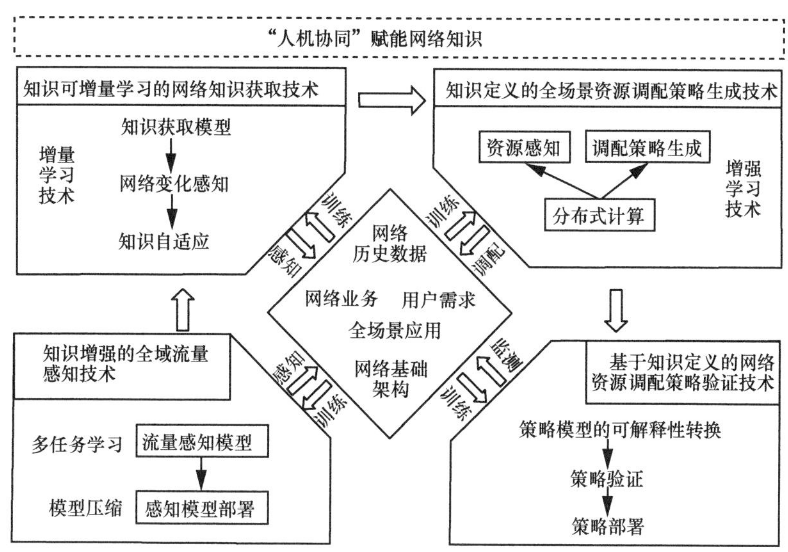

图 7-2　全场景知识定义网络资源智能调配技术框架

7.2 知识增强的全域流量感知

如图 7-2 所示，知识增强的全域流量感知包括基于多任务学习的流量感知模型的构建及其部署。首先通过网络流量测量获得模型构建所需的数据；其次基于深度学习进行流量分类和流量预测，建立通用多任务流量识别感知模型；最后针对感知模型部署，研究轻量级神经网络模型，减少模型部署对计算资源的消耗，提高感知效率。

7.2.1 网络流量测量

1. SDN 流量测量技术

网络流量测量（也称网络流量采集）属于网络测量技术的一种，是对一个特定网络中流量的规模、特征进行测量的过程。具体而言，通过采集网络中的数据分组，对网络中产生的数据集进行解析、处理，提炼网络活动的特征行为和统计规律，估计网络流量资源的发展趋势。网络流量测量是实现网络管理的基础，有助于网络运营商更深刻地了解网络特性。

SDN 具有网络控制与转发解耦的灵活性和可编程接口，能够很好地满足细粒度的网络测量的要求。通过 SDN 控制器统一管理网络行为，减少对底层设备的依赖，屏蔽底层网络的差异性，使得网络测量的逻辑实现可简单地通过控制器完成，具体网络测量指标的采集交由交换机统一处理，使得测量方式更加高效，测量结果更加准确可靠[1]。

与一般的网络测量方式一致，SDN 流量测量技术也可分为两类：主动测量和被动测量。

- 主动测量通过向网络主动发送探测分组，并根据探测分组受网络影响发生的特性变化来分析网络行为。SDN 流量主动测量的具体方案包括 OpenTM[2]、SketchVisor [3]、PayLess [4]、Planck [5]等。主动测量的优点是使用灵活，缺点是给网络增加额外带宽/处理开销，往往会引起海森堡效应（Heisenberg Effect），即观察者的介入干扰测量结果。

- 被动测量通过捕获流经测量点的分组来测量网络状态、流量特征和性能参数。SDN 流量被动测量的具体方案包括 FlowSense[6]、MicroTE[7]、OpenSample[8]等。被动测量使用控制平面消息即可监测网络流量状态性能，不会产生额外的测量负载，因此不会影响网络本身特性，但被动测量往往只能监测交换节点本地状态信息，而不能监测网络状态和数据分组丢失率等全局状态信息。

尽管多种 SDN 流量测量方案已被提出，但这些方案大多是基于某些特定的应用场景或针对某些具体的现实问题，其设计基本以前人的研究成果为基础，进行性能优化、功能添加等改进，因此，网络测量的应用场景受限、测量对象单一、测量效果不够理想，无法满足 6G 资源调配全域流量感知对细粒度、实时、全路径网络数据感知的需求。因此，我们引入带内网络遥测技术完成全域流量测量任务。

2. 基于带内网络遥测技术的全域流量测量

遥测是远程收集和处理网络信息的自动化过程。与传统的网络测量技术相比，网络遥测技术具有更好的可扩展性、准确性、覆盖范围和性能，被广泛认为是获得足够的网络可见性的理想手段。本书 3.3.2 节已对网络遥测的关键技术及其实现方案进行了介绍。带内网络遥测被认为是最有前途的网络遥测技术，近年来受到学术界和工业界的广泛关注。本节将结合相关研究进展，探讨带内网络遥测技术在全域流量测量中的应用。

带内网络遥测将数据分组转发与网络测量相结合，通过交换节点向数据分组中插入元数据来收集网络状态。带内网络遥测使用数据分组携带遥测指令或遥测数据，源节点在数据分组中嵌入遥测标签或指令，以指示需要测量的网络信息。数据平面在匹配和转发时将遥测信息填充到业务分组中。最后一跳向遥测服务器报告所有遥测数据。带内网络遥测将网络测量过程从控制平面/管理平面驱动转变为数据平面驱动。使用带内网络遥测，网络管理员可以直接从数据平面捕获由性能瓶颈、网络故障或错误配置等引起的瞬态问题[9]。

广义上的带内网络遥测是一个总称，包括所有以基于数据分组保存采集的状态信息为特征的带内网络遥测方案，其最典型的研究成果包括带内网络遥测（In-Band

Network Telemetry，INT）[10]、现场运行管理与维护（In Situ Operation Administration and Maintenance，IOAM）[11]、交替标记性能测量（Alternate Marking-Performance Measurement，AM-PM）[12]和主动网络遥测（Active Network Telemetry，ANT）[13]。狭义上的带内网络遥测则指代同名的第一种技术方案 INT，这也是目前为止应用最广泛的一种方案。以下讨论将主要围绕 INT 进行。INT 是一种不需要网络控制平面介入，通过网络数据平面采集和报告网络状态的框架。在 INT 架构中，交换设备转发并处理携带遥测指令的数据分组。当遥测数据分组通过设备时，遥测指令指示 INT 设备收集和插入网络信息。

如图 7-3 所示，一个 INT 域中包含 3 类主要的功能节点，分别是 INT 源点、INT 终点和 INT 中转节点。其中 INT 源点、INT 终点是遥测线路的起点和终点，INT 源点负责将遥测指令嵌入普通数据分组或遥测数据分组中，INT 终点提取并报告遥测结果。INT 源点和 INT 终点可以是网络应用程序、终端网络协议栈、网络管理程序、架顶式（Top of Rack，ToR）交换机的发送方/接收方。INT 中转节点可被认为是路由线路上支持 INT 遥测的所有设备，只需要根据 INT 分组的指令填写遥测元数据。根据实际遥测任务的需要，系统还可能需要时间同步服务器等其他设备来完成辅助工作。

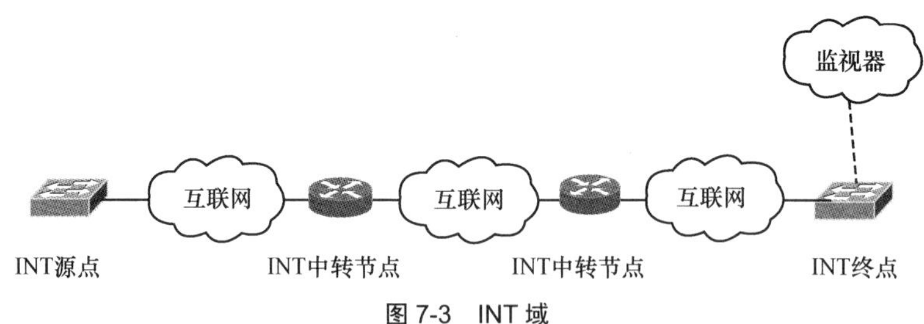

图 7-3　INT 域

P4.org 定义了 INT 数据平面规范[14]，给出了 INT 系统的术语、遥测元数据规范以及基于虚拟扩展局域网（Virtual Extensible Local Area Network，VXLAN）、通用网络虚拟封装（Generic Network Virtualization Encapsulation，Geneve）、传输控制协议（Transmission Control Protocol，TCP）、UDP 和通用路由封装（Generic Routing Encapsulation，GRE）等协议的 INT 封装和实现实例。此处不再展开介绍。

以上述基于 P4 的 INT 方案及规范为基础，探讨 6G 全域流量测量方案的设计。结合带内遥测技术的最新研究进展，6G 全域流量测量应关注以下方面。

- 适用于异构网络环境的通用遥测模型。目前，学术界和工业界对综合网络的通用遥测模型研究不足。设计一个分离全网测量查询和基本测量行为的抽象模型，利用可编程数据平面的灵活性和可扩展性，设计基于异构网络的在线遥测解决方案，选择合理的网络状态参数，形成统一的网络状态视图，是实现 6G 异构网络全域流量测量的基础。
- 全网全状态网络视图的有效获取。既有 INT 方案的检测范围有限，预先定义的随路检测特性使得带内网络遥测往往无法及时获得全网全状态的网络视图，只能监测特定路径上的某些数据分组的遥测数据。在及时获取全网全状态的网络信息方面，主动网络遥测技术[13]可以提供良好的思路。主动网络遥测的基本思想是主动构造一个遥测探针来遍历所需的遥测路径，通过这种方式可以有效扩展遥测的覆盖范围。
- 高性能遥测。通过 INT 插入数据分组中的遥测元数据的数量受到数据分组的原始大小和网络的最大传输单元的限制。带内网络遥测将消耗部分网络带宽及交换机处理成本。目前，对于带内网络遥测对网络性能损失的影响还缺乏评估研究。参考文献[15]重新构建了资源效率高、精度高的网络遥测系统，这是一个非常有价值的研究思路。基于性能损失的定量表示，设计有状态的交换处理和有效的遥测部署策略将是弥补网络性能损失的有效途径。
- 个流数据分析。与其他测量方案相比，带内网络遥测可以捕获更详细的单个流状态信息（如网络流逐跳时延、逐跳缓存大小、多路径传输的子路径特性等），这些个流网络状态信息是传统测量方案无法获取或未曾研究的。因此，带内网络遥测需要面对如何在真实的网络环境中充分利用海量数据的问题。为每个流建立精确的统计分析模型（如时间序列分析、回归分析、相关分析等），也可以为全域流量感知的下一步工作奠定良好的基础。

7.2.2 流量识别感知

在 6G 网络资源智能调配中，通过建立基于深度学习的通用流量感知模型实现对网络流量的精准感知，为后续的网络知识获取和资源调配策略生成提供知识输入。

深度学习（Deep Learning，DL）[16]也被称为深度神经网络（Deep Neural Networks，DNN），是近年来人工智能领域发展中体现机器智能的一个重要分支。深度学习属于机器学习的子类。它的灵感来源于人类大脑的工作方式，是利用深度神经网络解决特征表达的一种学习过程。深度神经网络可被理解为包含多个隐含层的神经网络结构，通过建立模拟人脑进行分析学习的神经网络，模仿人脑的机制解释数据。

与传统方法相比，深度学习具有从复杂原始数据中学习抽象特征的能力，适用于处理不规则、大规模的非线性问题，在许多复杂问题上表现出无可比拟的优势[17]。另外，深度学习模型需要大量数据进行特征学习，集中控制的 SDN 架构能够系统、全面地收集网络和流量数据，提供全局视图；SDN 开放接口的可编程模式使得深度学习的算法部署和模型更改更加方便，其闭环的反馈控制也可与强化学习方式完美结合[18]。这两方面的因素促使在 SDN 中部署深度学习算法逐渐成为近年来 SDN 研究的热点，研究人员在 SDN 的智能路由、流量感知、入侵检测、信道分配等方面引入深度学习，以期 SDN 在满足日益复杂的网络需求的同时变得更智能。

本节研究基于深度学习的 6G 网络流量感知模型，首先介绍基于深度学习的 SDN 流量感知技术，其后探讨通用 SDN 流量特征提取，建立支持多维度的流量识别模型。

1. 基于深度学习的 SDN 流量感知技术

SDN 流量感知主要包括流量识别分类及流量预测两部分，在这两部分中也都已有了引入深度学习技术的相关研究。

在基于深度学习的 SDN 流量分类方面，针对传统 SDN 流量分类方法对于大规模网络应用分类精度不高的问题，参考文献[19]提出了一种基于混合深度神经网络的应用分类方法，该网络由叠加式自动编码器和 Softmax 回归层组成。叠加式自动编码器可以自动获取深流特征，而不需要人工进行特征选择和提取；Softmax 回归层作为分类器实现应用分类。参考文献[20]提出了一种基于卷积神经网络

（Convolutional Neural Networks，CNN）的 SDN 应用分类机制，其 CNN 采用基于校正线性单位（Rectified Linear Units，ReLU）的激活函数、基于 t-分布随机邻居嵌入（t-distributed Stochastic Neighbor Embedding，t-SNE）的池函数以及基于 Softmax 的分类函数和损失函数。参考文献[21]针对 SDN 智能家庭网络中的加密数据流应用分类问题，设计开发了基于深度学习的流量分类框架及基于多层感知器、叠加自动编码器和 CNN 的分类模型。我们在前期工作中[22-23]，针对基于 SDN 的物联网（SDN-IoT），通过将 DNN 模型部署于虚拟网络功能（Virtualized Network Function，VNF）中，实现了基于深度学习的流量分类。

在基于深度学习的 SDN 流量预测方面，目前的研究多集中于 SDN 流量矩阵的预测。参考文献[24]提出了一种基于长短时记忆递归神经网络（Long Short-Term Memory Recurrent Neural Networks，LSTM-RNN）的网络流量矩阵预测框架，用于预测大型网络中的流量矩阵；参考文献[25]同样基于 LSTM-RNN 提出了一种全网链路级流量预测框架，并对 LSTM-RNN 的几种变体进行了比较，包括普通 LSTM-RNN、增量 LSTM-RNN（对连续链路吞吐量增量进行建模）及多变量 LSTM-RNN（同时对所有链路吞吐量时间序列进行建模，从而考虑到潜在的相关性）。参考文献[26]提出了 3 种深度学习方法，分别从 3 个方面对流量矩阵进行预测：直接预测总流量矩阵，分别预测每个独立的流以及预测结合要素校正的总流量矩阵。实验结果表明，基于递归神经网络（Recurrent Neural Networks，RNN）的预测方法比基于 CNN 和深度信念网络（Deep Belief Networks，DBN）的预测方法具有更好的预测精度。

总之，目前在深度学习技术应用于 SDN 流量感知方面的研究还相对较少，往往只是针对具体场景或具体问题提出的相对分散的解决方案，缺乏系统性、通用性的研究成果。

2. 通用 SDN 流量特征提取

针对不同的业务属性和内容，需要依据多种类型、多个维度的流量特征进行识别。然而，采集的所有流量特征并非在识别器中都具有非常好的辨别力，大量低辨别力特征将严重影响流量识别效果[27]。我们拟依据特征之间的相互关系，判断特征辨别力强弱，并通过识别准确率进一步检验特征的流量识别效果，从而迭代地对特征进行选择。

图 7-4 所示为通用 SDN 流量特征选择的具体流程，通过控制器获取多个流量的基本特征数据，进而获取多种特征的特征值，经过人工标注每条流量的类别后获取训练数据。在训练数据中每条流量的特征可组成一个特征向量，如流 $\boldsymbol{x}_1=[f_1,f_2,\cdots,f_n]$。对不同类型流组成的流量特征矩阵进行分解，计算出每种特征 f_i 的辨别力能力值，依据每个特征对应的辨别力能力值的大小进行排序，并随机选择辨别力能力值的上下限值来选取特征作为被选择的特征集输入。辨别力能力值的上下限值通过随机梯度下降（Stochastic Gradient Descent，SGD）方法提高流量识别准确率，为目标进行求解。

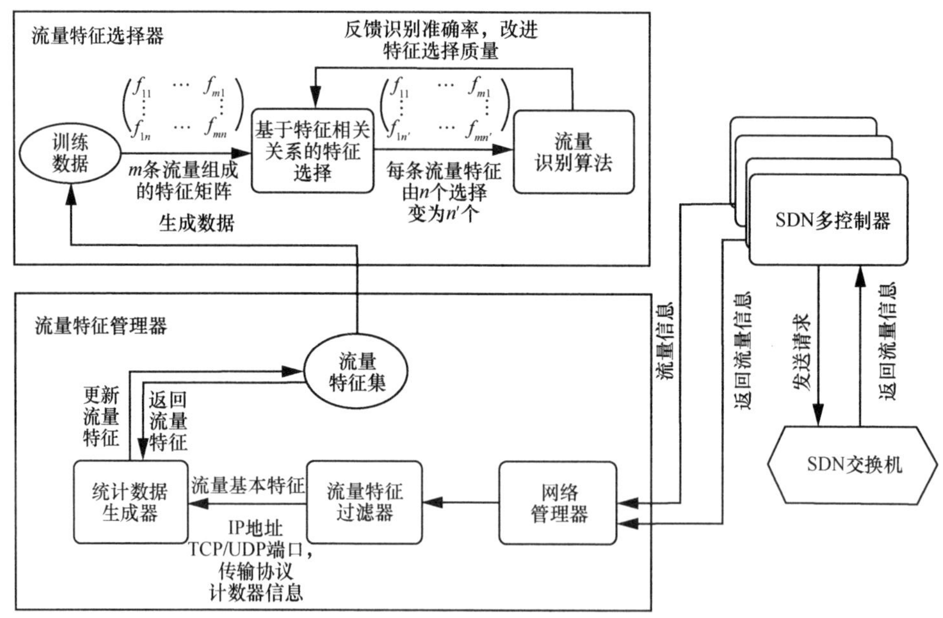

图 7-4　通用 SDN 流量特征选择的具体流程

3. SDN 多维度流量识别

针对通用流量感知模型的建立，拟依据输入的流量特征，利用深度学习获取不同的特征表达模式进而进行流量识别。在 SDN 流量识别问题中，不同的流量类别会共享部分相同的流量特征表达模式，因此，多维度流量之间存在较强的相关性。将流量特征输入深度神经网络，利用多维度流量类型进行学习，进而获取多个维度的识别结果，相较于利用多个分类器识别可以提高在线识别的效率。

图 7-5 所示为基于深度神经网络的多维度流量识别模型，与传统神经网络模型相比，该模型中多维度的识别输出层共享网络隐含层的特征表达模式，进而并行输出多维度流量特征识别结果，一次性实现多维度流量特征分类。给定 SDN 流量的数据集 $\{(x_1,y_1),(x_2,y_2),\cdots,(x_n,y_n)\}$，其中 x_i 表示数据集中的一条流量信息，其 m 维特征向量由 $[f_1,f_2,\cdots,f_m]$ 表示，y_i 表示每条流量对应的类别，由 p 维的类别向量 $[c_1,\ c_2,\cdots,\ c_p]$ 表示。利用图 7-5 所示的模型，将数据集中 x_i 的数据输入输入层，基于模型的参数 θ 获取模型估计的类别结果 $\hat{y}=f(x_i,\ \theta)$。依据目标函数公式获取估计结果 $f(x_i,\ \theta)$ 与真实 y_i 的损失（Loss）值，并调整神经网络的参数 θ。

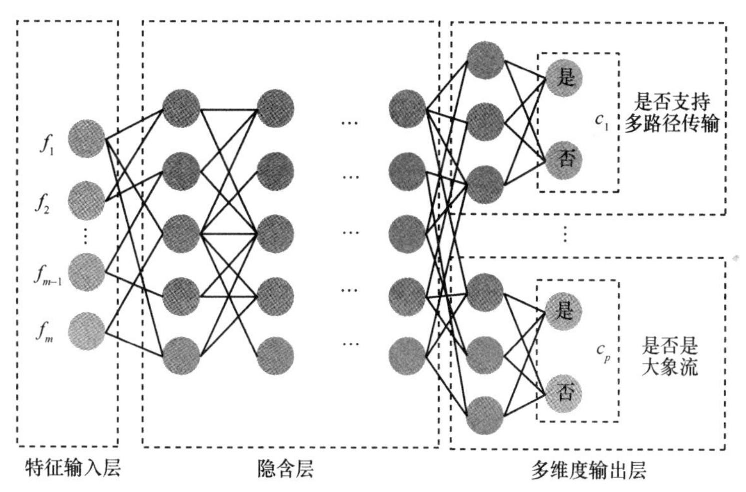

图 7-5　基于深度神经网络的多维度流量识别模型

与传统神经网络的输出层只有一维类别不同，该方案中输出层存在多种维度的类别输出。利用后向学习算法或动态梯度下降的学习方法能够获取稳定的分类效果。当模型参数稳定后，新业务的流量到达时，可将提取的特征输入神经网络的输入层，通过神经网络的计算，快速获取多维的识别结果。

7.2.3 深度神经网络模型的压缩

深层结构赋予深度神经网络从大数据中学习高级特征的能力，使其在图像和语音识别、自然语言处理、目标检测、自动驾驶、医学诊断和游戏等领域取得了重大的突破，深度神经网络已经成为学术界和工业界人工智能研究的主流。长期以来，深度学习领域研究人员致力于开发更深、更大的模型，以期达到更高的精度。深度神经网络模型随着尺寸的不断增大，对存储容量和计算复杂度的要求急剧增加，在消耗大量计算和存储资源的同时，也使得模型的运算时长不断增加。这也直接限制了深度神经网络模型在资源受限且希望实时处理的边缘设备上的部署。在这种情况下，模型压缩成为重要的研究方向。在流量感知模型的部署中，同样需要研究模型压缩问题，以降低对资源的消耗，提高流量感知效率。

近年来，就深度神经网络模型压缩方法，不同的文献给出了不同的分类方式[28-32]。此处引用参考文献[29]的观点，将深度神经网络模型压缩方法分为如下 4 类。

- 轻量级模型/紧凑模型。针对不同的深度神经网络，直接设计新的轻量级模型，具体分为轻量级 CNN 和轻量级 RNN。其中，在轻量级 CNN 方面，首先提出的方法是使用深度可分的卷积结构，即将一个标准卷积核转换为两个较小的卷积核，最近的研究则更多关注改变或重组网络结构，即卷积层内或层间的通道聚合方法。常见的轻量级 CNN 包括 SqueezeNet[33]、MobileNetV1-V3[34-36]、ShuffleNetV1-V2[37-38]、Xception[39]等。在轻量级 RNN 方面，则通过在单元级或网络级设计轻量级 RNN 来提高 RNN 的执行效率。如，在单元级针对 LSTM-RNN 进行简化设计[40-43]，在网络级针对 LSTM-RNN 单元和网络之间的拓扑结构进行简化设计[44-47]。
- 张量分解。在神经网络中，参数通常以张量的形式集中保存。基于张量分解的模型压缩的基本思想，就是利用张量分解的技术将网络的参数重新表达为小张量的组合。根据其打破维数灾难的能力和最新的实践，张量训练（Tensor Train，TT）[48]、张量链（Tensor Chain，TC）[49]和分层塔克（Hierarchical Tucker，HT）[50]是最有效的张量分解格式。目前，在神经网络中多应用 TT 进行张量分解，相关研究多集中于对 CNN 中全连接层的压缩[51-53]。由于在相同的压缩比下，

TC 比 TT 具有更好的压缩精度，因此有必要对 TC 在模型压缩中的应用进行研究。对于 HT，由于其复杂的非均匀性，相关研究结果很少。但 HT 在降低空间复杂度方面比其他方法有更大的理论潜力，因此 HT 是否能有效地用于神经网络压缩仍然是一个值得研究的问题。

- 数据量化。数据量化通过减小模型中表示数据对象的比特数的方式缩小模型大小。可量化的数据对象包括权值、激活值、差错、梯度及权值更新等。主要的数据量化工作针对权值和激活值进行，具体量化方法可分为权值共享[54-55]和低比特表示[56-62]。需要注意的是，网络量化阶段引入的噪声使梯度下降方法难以收敛，因此采用低比特表示方法会大大降低量化神经网络的精度。在对深度神经网络进行较大的压缩和加速时，若同时量化权值和激活值，则分类精度损失严重。此外，结构化矩阵的限制也可能会导致模型的偏差和精度的损失。因此，量化方法一般是与其他方法结合使用。
- 网络稀疏化。网络稀疏化又称网络剪枝，其本质是找到各个结构对模型性能的贡献度，依次裁剪贡献度相对较低的结构。根据剪枝粒度的不同，网络剪枝又可分为权重剪枝[63-64]、通道剪枝[65-66]、核剪枝[67-69]和神经元剪枝[70]。从另一个角度来看，被剪枝后的网络结构就是原网络的一个子结构，这与神经网络搜索（Neural Architecture Search，NAS）很相似，所以剪枝也可以说是神经网络搜索的一个特例，它可以使搜索空间变得更小。目前的剪枝方法研究越来越偏向于神经网络搜索。

流量感知模型的压缩算法将充分借鉴该领域最新研究成果，结合 6G 网络流量感知的应用场景，选择适当的压缩算法，并结合模型部署的具体情况进行优化设计。

7.3　知识可增量学习的网络知识获取

在 6G 网络资源智能调配中，知识的获取是一个重要的过程。将按需服务的相关网络规律、机理、策略凝练为知识，构建全域资源调配的知识空间，实现特征共享、模型公用、策略互通。同时，网络通过不断学习，让知识空间更加丰富。在本书的 5.3 节中，已经对知识空间在 6G 按需服务网络管控体系中的位置、内容及构建进行了介绍。本节主要介绍网络知识获取与表征的具体实现技术。

7.3.1 网络知识获取与表征

在 6G 网络管控体系中，通过人工或自动方式收集大量网络管控相关的数据，如来自业务层的用户意图、来自网络层的网络流量数据、来自接入层的接入资源信息及来自网络管理者的网络运维手册、机器手册等。必须按照既定的方式对这些数据进行分析处理，才能获得知识空间中所需的知识，并按照既定的表征方式存储到知识空间。这个过程即知识获取，或知识生成。

基于输入数据及获取知识类型的不同,知识获取的方法及表征方式也有所不同。如前文所述，6G 知识空间中知识有两种来源：一类是来自于历史积累的人类经验知识，另一类则是网络运行过程中产生的大量动态数据。其中，对于网络运维手册、网络设备手册及网络配置文档等资料，将通过机器学习、自然语言处理（Natural Language Processing，NLP）等方式进行处理，形成抽象化、可被智能化网络管控过程使用的网络管控经验知识，并以知识图谱方式表征。

用户意图的获取采用基于模型的方式[71]。收集到用自然语言描述的用户意图时，可以用自然语言处理中的命名实体识别方法，如 BiLSTM-CRF、IDCNN-CRF、FudanNLP 等算法进行处理。通过语言分词、词性标注、词典查询等自然语言处理过程找到意图文本中与网络知识库里预先存储词汇一致或相关的词汇作为意图关键词，并对该意图关键词添加对应的标签，以便生成结构化的意图知识。

网络覆盖特征的获取则是基于大数据网络覆盖特征的挖掘与分析方法，通过构建网络覆盖特征数据模型，获得网络组网知识。具体而言，在网络特征的挖掘阶段，首先基于测量的网络节点覆盖范围、地理位置、链接状态和用户接收信号强度即网络覆盖能力数据构建全场景网络覆盖能力数据的特征向量集。然后，采用模糊调度方法对网络覆盖特征进行关键特征的特征点定位。接下来，采用相空间重构的方法对网络覆盖特征进行非线性特征分解。在网络覆盖特征的分析阶段，采用关联规则特征分解方法进行网络覆盖特征分析和信息重构，建立节点覆盖范围、地理位置、链接状态和用户接收信号强度映射关系的动态平衡模型。最后，采用极限学习机算法进行收敛性控制。通过极限学习机算法，实现对网络覆盖特征的准确分析，获得网络组网知识。

对网络流量数据的处理则一般采用深度学习的方式，如 7.2 节中的流量感知模型及方法。为知识获取、流量感知、资源调配而构建的各类通用模型，在经过预训练后，将成为知识空间的重要组成部分。

7.3.2　网络知识的增量学习

网络拓扑和用户习惯会随时间推移发生变化，网络资源类型及服务种类的不断丰富也会为网络带来新的流量类别。因此，有必要设计可以支持增量学习的网络知识获取模型，使模型可自动感知、自主适应知识发生的迁移。

网络知识增量学习面临的主要问题是未知知识的出现。以网络流量感知为例，对于新流量类别的出现，深度学习方法需要通过大量现有流量和特定新流量数据进行训练，才能在新的流量类别识别中取得良好的效果。然而，在网络中出现一种之前未知的流量类别时，由于针对新流量类别的标记样本很少甚至没有，无法针对既有模型进行有效训练，从而难以对新类别进行准确识别。在深度学习领域，为应对此类识别未知情况的问题，大量解决方案被提出，包括终身学习（Lifelong Learning）、迁移学习（Transfer Learning）、领域适应（Domain Adaptation）、零样本识别/学习（Zero-Shot Recognition/Learning），单样本/小样本识别/学习（One-Shot/Few-Shot Recognition/Learning），开放集合识别（Open Set Recognition）等[72]。结合网络知识的特点，我们尝试通过小样本学习中的元学习（Meta-Learning，也称为学习到学习）技术，通过少量样本的训练识别出新的类别，以实现网络知识的增量学习。

1. 小样本学习和元学习

小样本学习旨在模仿人类快速灵活的学习能力，对于新的类别，只需少量样本就能快速学习到新类别的表征知识。对于小样本学习的研究可以分为基于元学习的方法[73-76]及基于生成和扩充的方法[77-78]。其中，基于元学习的方法构建能够很好地迁移至新的小样本学习任务的模型。通常，这些方法通过从大量的小样本任务中训练来学习适应新的类别，在测试时则只需进行简单的微调。基于生成和扩充的方法对于给定的小样本学习任务，从一个或几个训练示例中生成更多的样本。例如，Delta 编码器[79]基于一个改进的自动编码器，学习从少量样本中为一个未知类别合成新的样本。参考文献[80]将一个新的样本实例映射到一个概念，将该概念与概念空间中的现有样本相关联，并使用这些关联关系，通过在概念之间插值来生成新的样本。

元学习已经被证明是解决小样本学习问题的一种有效方法。元学习的研究可以分为 3 类：基于度量的方法、基于模型的方法和基于优化的方法。基于度量的方法学习度量，目的是在基于基本类别进行训练时减少类内差异。例如，参考文献[75]使用原型网络学习一个特征空间，其中给定类的实例靠近相应的原型（质心），从而实现基于距离的准确分类；参考文献[81]探索了一种学习孪生神经网络的方法，该方法采用独特的结构对输入之间的相似性进行自然排序；参考文献[82]基于深层神经特征，并使用外部记忆增强神经网络；参考文献[83]学习了一个深度距离度量来比较任务内的少量样本，并且可以通过计算查询样本和每个新类的少量样本之间的关系得分来对新类的样本进行分类，而不需要进一步更新网络。基于模型的方法[84]从模型体系结构的角度实现快速学习，在训练步骤中，快速的参数更新通常是由体系结构本身实现的。基于优化的方法[85-87]对优化算法进行改进，即在参数优化过程中通过多任务间的元更新机制，使之能够快速自适应新的任务。

2. 基于元学习的增量学习

构建基于元学习的增量学习框架，如图 7-6 所示。给定一个输入网络流量，首先将网络流量划分为共享相同 5 元组信息（源 IP 地址、目标 IP 地址、源端口号、目标端口号和传输层协议）的流。然后，使用特征提取器和特征选择器提取流特征。其中，流特征包括统计特征和时间序列特征。随后，应用元学习算法建立小样本的自适应类别检测模型，该模型由元训练阶段和元测试阶段组成。元训练阶段通过训练大量的小样本类自适应类别检测任务来学习适应新的类。元测试阶段将使用预先训练好的模型通过几个迭代步骤来调整新类。

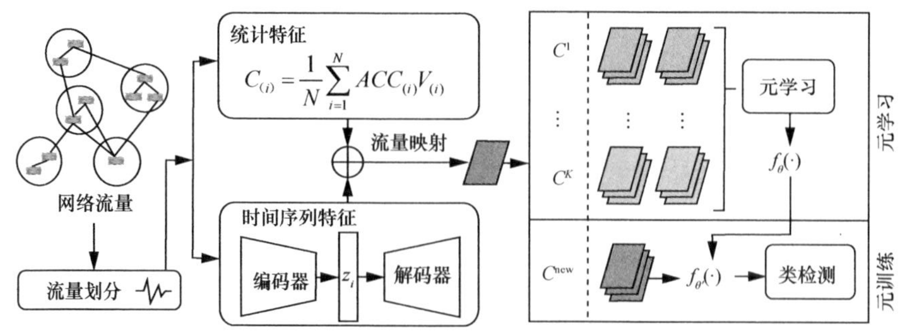

图 7-6　基于元学习的增量学习框架

在具体的元学习算法方面，可以从 6G 网络流量特点、模型的通用性等方面考虑，选择采用适当的学习算法并进行必要的改进。图 7-7 所示为一种基于模型不可知元学习（Model-Agnostic-Meta-Learning，MAML）算法[85]进行增量学习模型的设计，这是一种基于优化的元学习方法。

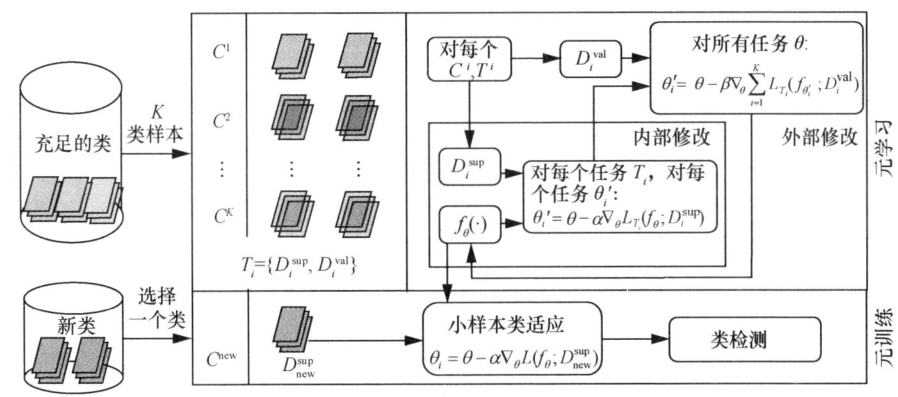

图 7-7　基于 MAML 算法进行增量学习模型的设计

7.4　知识定义的全场景资源调配策略生成

在全场景视角下，知识定义的调配策略生成依据路由选择需求动态获取网络状态，预测未来网络中流量的趋势，设计更合理的资源分配机制；提出适合网络资源调配策略生成的深度模型，实现对网络资源高精度调配；通过分布式计算等技术实现资源调配模型的快速训练和推理，实现对网络资源的实时控制。

本节对知识定义的全场景资源调配策略生成进行探讨。首先介绍资源调配策略生成的基本框架，其次选取资源调配策略中最为经典的路由策略及 5G/B5G/6G 网络中的核心资源分配策略——网络切片策略进行介绍，随后对分布式资源调配模型进行探讨，最后结合 6G 资源调配模型的特殊性，讨论模型的训练方式。

7.4.1 全场景资源调配策略生成的基本框架

简而言之，资源调配策略生成是一个由资源调配需求和当前网络环境生成资源调配策略的过程。更进一步，还可以在其中引入网络流量预测过程，以实现更为合理的资源调配机制。借鉴参考文献[86-88]中基于机器学习的网络优化框架，我们给出了基于知识定义的资源调配策略生成的基本框架，如图 7-8 所示。

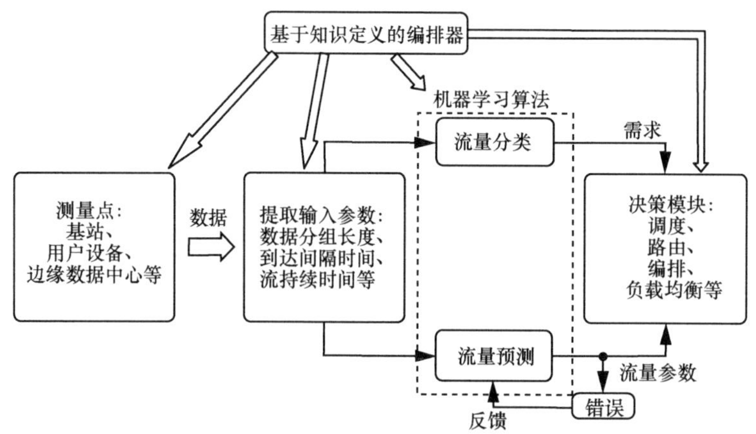

图 7-8 基于知识定义的资源调配策略生成的基本框架

该资源调配策略生成的基本框架包含基于知识定义的编排器、用于网络流量测量收集的模块、处理网络流量数据的算法以及生成资源调配策略的机器学习算法。根据具体资源调配任务的不同，编排器为各模块配置相应的调配参数，如收集数据的节点集合、流量收集的持续时长及数据聚合的层级、机器学习算法的特定参数等。

在基于知识定义的资源调配策略生成的基本框架中，网络流量测量收集及数据处理部分的工作由前文提到的流量识别感知负责，所生成的流量知识作为知识空间的组成部分，指导后续的具体资源调配策略的生成过程。

7.4.2 基于深度强化学习的资源调配策略的优势

在不确定和随机环境下，大多数决策问题都可以用马尔可夫决策过程（Markov

Decision Process，MDP）来建模，并采用动态规划算法，如数值迭代以及强化学习技术来求解。如前文所述，与之前的移动网络相比，6G 网络规模庞大、结构复杂，在本质上也变得更加分散、自组织和自治，这使得传统的 MDP 方法难以应对其资源调配决策问题。

如图 7-9 所示，深度强化学习（Deep Reinforcement Learning，DRL）以一种通用方式结合了强化学习的感知功能和深度学习的决策功能，通过环境的感知和策略奖励过程的循环迭代生成最优策略。因其下述优点，已成为解决 MDP 问题的有效替代方案[89]。

- DRL 可以获得复杂网络优化的解决方案。通过 DRL，网络控制器（如基站）能够在不需要完整准确的网络信息的情况下，解决联合用户关联、计算、传输调度等非凸和复杂的问题。
- DRL 允许网络实体学习和建立关于通信和网络环境的知识。因此，通过使用 DRL，网络实体（如移动用户）可以在不了解信道模型和移动模式的环境中，学习到基站选择、信道选择、切换决策、缓存以及卸载决策等的最佳策略。

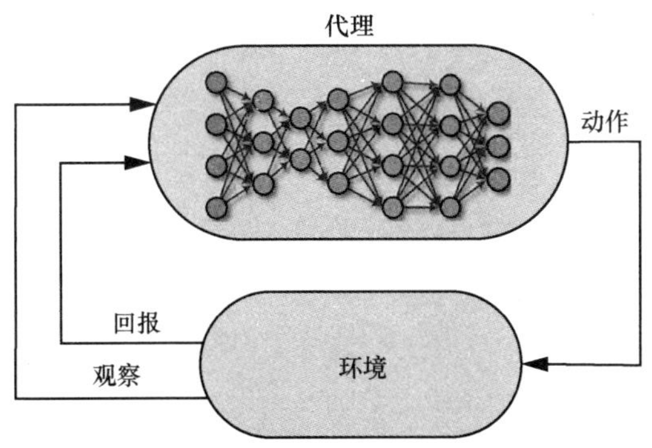

图 7-9　深度强化学习的基本架构

- DRL 提供自主决策。通过 DRL 方法，网络实体可以在本地进行观察并自主判断自身产生策略的质量，并且实现算法的自我更新、自主进化，同时网络实体之间交换的信息交换量很少甚至没有。该方法不仅降低了通信开销，而且提高了网络的安全性和健壮性。
- DRL 显著提高了学习速度，特别是在具有较大的状态和行动空间的问题上。

因此，在大规模网络中，如具有数千个设备的物联网系统中，DRL 允许网络控制器或物联网网关动态地控制大量物联网设备和移动用户的用户关联、频谱接入和发射功率。

7.4.3 基于深度强化学习的路由策略

参考文献[90]首次尝试使用深度强化学习进行路由配置。通过与网络环境的交互，网络控制器上的深度 Q-学习（Deep Q-Learning，DQL）代理确定所有源–目的地对的路径。系统状态由每个源-目的地对之间的带宽请求表示，奖励是平均网络时延的函数。DQL 代理利用 actor-critic（玩家–评委）方法解决路由问题，通过自动调整路由配置以适应当前的流量条件，使网络时延最小化。仿真结果表明，经过良好训练的 DQL 代理可以在一个步骤内生成接近最优的路由配置，而传统的基于优化的方法需要大量的步骤生成新的配置，表明了深度强化学习方法的优势。

参考文献[91]提出了基于深度强化学习的流量工程方案 DRL-流量工程（DRL–Traffic Engineering，DRL-TE），将流量工程问题划分为静态多路径求解以及在线动态调整路径分流比的两部分。DRL-TE 采用传统方法生成路径，并利用一个深度强化学习单元完成在线动态调整路径分流比的过程。深度强化学习模型将当前每个会话对应的时延和吞吐量作为强化学习的状态，将路径分流比作为强化学习的动作，将每个会话的性能评价函数作为强化学习的反馈，从而动态感知网络状态信息，控制各条路径的分流比，并根据各会话反馈结果自适应地学习最优分流策略。为了处理分流比所带来的连续动作空间问题，DRL-TE 采用深度确定性策略梯度（Deep Deterministic Policy Gradient，DDPG）算法作为强化学习模型，并结合基于流量工程的感知探索和基于 actor-critic 的优先经验回放（Prioritized Experience Replay，PER）方法对模型进行优化。实验结果表明：相比于传统路由以及流量工程算法，DRL-TE 不论在时延、吞吐量还是效用函数指标方面都具有明显优势。此外，直接采用原始 DDPG 算法的对比实验表明，直接将现有机器学习模型应用在路由优化与流量工程问题中可能难以达到十分理想的效果，利用机器学习模型解决流量工程问题时，对原有机器学习算法进行针对性的改进是十分必要的。

随着网络规模增大，网络中的链路数量随之增长，使用 DRL 算法输出层神经元控制每条链路的权重也将引起维度灾难问题。参考文献[92]为降低输出动作维度，将链路权重进行了离散化处理，从而限定了输出动作空间，并采用多智能体增强学习的方法，对每一条链路对应的权值选择过程单独采用一个强化学习模型进行处理，进一步减小了每个强化学习模型的决策难度和探索空间。为了保证多智能体合作路由模型的策略一致性，利用多智能体深度确定性策略梯度（Multi-Agent Deep Deterministic Policy Gradient，MADDPG）算法对模型进行训练。实验结果表明基于离线链路权值的强化学习智能路由算法相比于最短路径路由具有更好的负载均衡特性，即更短的路由器平均等待队长。

7.4.4　基于深度强化学习的网络切片策略

网络切片和网络功能虚拟化被认为是 5G、B5G 及 6G 中实现网络虚拟化的重要技术。网络切片可以使用同一个物理网络同时为不同的应用场景提供按需定制的服务。在网络切片的支持下，网络资源可以根据相应的 QoS 需求被动态高效地分配到逻辑网络切片中[93]。网络切片大致可分为核心网切片管理编排、接入网切片资源调度以及端到端（End-to-End，E2E）切片跨域部署实现[94]。在这 3 个方面，都已经有基于深度强化学习的网络切片策略研究。

在核心网切片管理编排方面，参考文献[95]提出了一种基于 DRL 的切片分配控制器方案，DRL 观察的对象是系统状态，包括当前队列长度级别和不同切片中的当前可用资源。一旦成功地服务了一个切片请求，就立即向切片分配控制器提供奖励。因此，控制器的目标是最大化获得的效用，该效用定义为成功服务请求的回报减去服务时延的成本（即排队时延）。系统运行时，控制器保存一组历史系统状态转换和切片分配策略的样本记录。在训练过程中，控制器根据历史信息动态调整切片分配策略。参考文献[96]针对基于优先级的核心网络切片，模拟了 3 个对计算资源和等待时间有不同要求的服务功能链（Service Function Chain，SFC）。切片目标是通过优化公共或专用 VNF 来最小化调度时延，奖励是基于流的处理时间和排队时间基于优先级的加权总和。仿真结果表明，DRL 框架能够在资源受限的场景中利用用户活动与资源分配之间更为隐含的关系，提高网络切片的有效性和灵活性。

在接入网切片资源调度方面，参考文献[96]提出了使用 DQL 进行切片中无线资源块的分配，分片的目的是优化每个分片的资源块分配。奖励定义为频谱效率和 QoE 的加权和。结果表明 DQL 方法可以有效管理无线接入网（Radio Access Network，RAN）切片中的资源块。但其切片数目是固定的，如果切片数目发生变化，则必须对模型进行重新训练。参考文献[97]提出了一种方法，通过代理预测一个切片所需的资源块数量，并使用 DQL 提前保留。在有两个具有不同需求的切片的场景评估中，实现了较高的资源块利用率和切片需求满足率。参考文献[98-100]采用 Ape-X 作为 DRL 方法，以最小资源块分配满足切片要求的策略，该策略不受切片数量变化的影响。通过评估各种未训练场景下的性能，证明了方案的可行性。

在 E2E 切片资源调度方面，参考文献[101]提出了一个网络流量切片框架基于强化学习的 5G 网络切片代理（Reinforcement Learning-Based 5G Network Slice Broker，RL-NSB），包括流量预测、切片接纳控制和切片流量调度。基于切片流量预测机制重构请求所消耗的资源，并基于 DRL 实现最优资源调度。网络切片调度解决方案跟踪不同切片的服务等级协议（Service-Level Agreement，SLA）冲突，并将这些信息反馈给预测引擎，预测引擎调整其行为以纠正观察到的偏差。参考文献[102]提出了一种优化、快速的实时资源切片框架，在考虑租户资源需求不确定性的前提下，利用 DRL 进行实时快速资源分配，使网络提供商的长期收益最大化。参考文献[103]提出了一种基于 DRL 的快速切片重构方法，旨在以较低的操作成本获得较高的长期收益；以此为基础，参考文献[104]中将 E2E 资源管理分解为基于片级反馈的多维资源分配决策和实时切片自适应两个问题，提出了一种分层资源管理框架，利用深度强化学习对不同租户的资源请求进行接纳控制，并在每个租户的允许片内进行资源调整。

7.4.5 分布式资源调配策略

SDN 架构的特点是为集中式资源调配策略的部署提供条件。资源调配策略部署在集中式控制器中，根据控制器收集到的网络状态信息动态进行决策，决策通过集中式控制器下发至数据平面的各节点中。然而，对于庞大的 6G 网络而言，深度强化学习带来的维数灾难是一个巨大的挑战，复杂模型的训练和推理过程也将耗费大量的时间。因此，有必要探究分布式 6G 网络资源调配策略，以实现对网络资源的实时精准控制。

目前，分布式深度强化学习的实现一般采用多智能体增强学习的方式，如参考文献[92]提出的路由策略中，采用多智能体增强学习的方法，对每一条链路对应的权值选择过程单独采用一个强化学习模型进行处理。参考文献[105]针对多区域网络中的流量工程提出了一个新的分布式计算框架，为每个区域提出了两个深度强化学习代理，分别用于优化终端流量和传出流量路由。这些分布式代理收集其区域内的本地链路利用率统计信息，优化本地路由决策，并观察由此产生的拥塞相关奖励。参考文献[106]提出了一个基于多代理 DRL 的分组路由框架，其中每个路由器拥有一个独立的 LSTM-RNN，用于在完全分布式环境中进行训练和决策。LSTM-RNN 从大量的信息中提取路由特征，并有效地逼近 Q-学习的值函数。该文献进一步允许每条路由定期与直接相邻节点通信，从而结合更广泛的网络状态视图。

在移动边缘计算中的任务卸载[107]、蜂窝网无线资源分配[108]、卫星无线电资源管理[109]等领域也出现了分布式深度强化学习的实现方案。这些都将为 6G 网络中分布式资源调配策略的研究提供参考。

7.4.6 基于深度强化学习的全场景资源调配模型的训练方式

深度强化学习模型的训练方式分为离线训练和在线训练。其中，模型的离线训练指在模型上线部署前，通过仿真训练环境对模型进行训练；在线训练指模型上线部署后，在运行过程中完成训练。

对于深度强化模型而言，离线训练是更为常用的训练方式。然而，针对 6G 全场景资源调配问题，离线训练所需的仿真训练环境搭建工作非常困难，由于现网网络流量的复杂性和庞大性，训练数据的收集及处理往往需要较高的成本；由于在线部署后网络的运行状态与所收集训练数据集可能出现较大差异，训练得到的模型在部署后不能达到很好的效果。

在线训练虽然可以克服离线训练的种种缺点，但其可能对网络的安全性和可靠性带来影响。深度强化学习模型在训练的初始阶段及训练过程中的探索阶段都可能产生难以预测的行为。对于用于资源调配的模型，这些行为将可能造成路由环路、链路拥塞等严重后果。

综合上述考虑，一种可行的方案是集中式离线训练与在线部署结合的路由策略部署方案[110]，如图 7-10 所示。

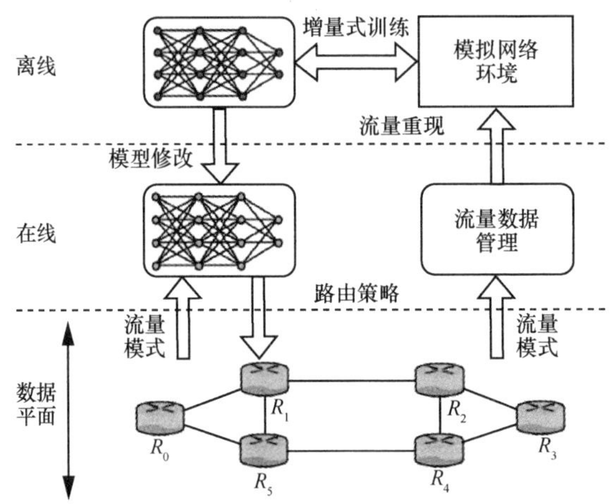

图 7-10　集中式离线训练与在线部署结合的路由策略部署方案

在图 7-10 所示的框架中，数据平面收集网络流量特征信息并向上传递给控制平面，用来完成路由模型的训练以及在线路由决策过程。路由决策模型部署在一个离线的具有足够计算能力的节点上，利用历史网络状态信息以及网络仿真环境完成离线训练，并将训练好的模型参数发布到在线路由决策单元中。为了适应随时间动态变化的网络拓扑结构及流量特征，我们采用闭环学习的方式定期根据最新的网络流量特征对模型进行增量式训练。

7.5　基于知识的网络资源调配策略验证

在将网络资源调配策略部署到网络之前，需要对策略的可执行性进行验证，以确保策略实际部署后能够按照预期执行。

针对传统网络及 SDN 策略的验证及测试，目前已进行了大量的研究工作。然而，神经网络的特性使得基于深度强化学习的网络策略缺乏可解释性，对其验证、部署造成了实际困难。本节将首先介绍网络策略验证最常用的形式化方法及其在 SDN

验证中的应用，其次从数据层面和控制层面的角度介绍 SDN 的策略验证技术，随后介绍在深度学习网络可解释性方面的研究进展，最后对基于知识的网络资源调配策略的远期目标进行展望。

7.5.1　形式化验证方法

广义地说，形式化验证方法是建立在数学技术基础上的，可以用于系统的描述和建模。通过为复杂系统构建数学模型，设计人员不仅可以更彻底地验证系统的属性，还可以使用数学证明作为系统测试的补充，以确保系统行为的正确。近些年，形式化验证方法已经成为网络验证领域的主要方法[111]。

形式化验证方法主要有 4 类：模型检查、定理证明、符号执行及可满足性理论/可满足性模理论（Satisfiability Theories/Satisfiability Modulo Theories，SAT/SMT）求解器。

模型检查[112]检查系统模型是否满足规范。系统模型由有限状态模型（如自动机或有限状态机）定义，规范被描述为时态逻辑公式。一般来说，模型检查器通常由 3 个部分组成：描述待验证系统状态转换的方法，描述系统属性的规范介词时态逻辑公式（F）以及检查系统是否满足所需不变量的检查过程。将状态转移系统模型 S 是否满足公式 F 的问题转化为一个数学问题，将系统模型转化为逻辑公式，然后计算公式的可满足性。在发现违规行为后，它会生成一个反例。反例允许用户诊断和修复系统中的错误。在 SDN 验证领域，FlowChecker[113]使用 NuSMV 工具检测网络配置错误。NICE[114]结合了符号执行和模型检查来测试 SDN 应用程序。参考文献[115]提出了一种应用于 SDN 控制器的模型检查方法，可对数据分组及 SDN 控制器的状态更新进行验证。

定理证明[116]由表示实现和描述系统属性的公式组成。公式（也称为形式化的数学语句）由一组公理和推导规则组成。这种技术使用公理和派生规则检查属性是否有效。定理证明可分为自动定理证明和交互式定理证明。前者涉及用计算机程序证明数学定理，后者在人工辅助下处理证明问题。与模型检验不同，定理证明不需要彻底检验整个状态空间。当用定理证明检验网络系统的性质时，用户可以检验逻辑所规定的所有可容许的网络拓扑。在 SDN 验证领域，参考文献[117]使用 Coq 证明器确保 SDN 的更新一致性，参考文献[118]将 Coq 证明器用于 SDN 控制器编程，参考文献[119]应用定理证明验证无限状态 SDN 程序。

符号执行[120]是分析软件程序的常用方法，用符号值而不是具体值来表示程序输入。在网络分析领域，可以将网络视为一个程序，使用符号变量作为输入运行网络。在 SDN 验证领域，参考文献[114]使用符号执行来执行控制器的代码路径，参考文献[121]应用符号执行验证数据平面代码，参考文献[122]分析了基于符号执行的网络数据平面。

可满足性问题被称为可满足性理论（Satisfiability Theories，SAT），可以应用于所有逻辑公式[123]。如果给定的命题公式是可满足的，可以得到使公式在逻辑上成立的布尔变量的值。SAT 求解器的输入是一个用命题逻辑理论表示的布尔公式，SAT 求解器自动确定相应语法中的可满足性。可满足性模理论（Satisfiability Modulo Theories，SMT）问题推广了纯 SAT 问题。为了表达设计和验证条件，SMT 提供了一阶理论。网络验证中的许多实际问题已经转化为 SAT/SMT 问题，并由 SAT/SMT 求解器解决。在 SDN 验证领域，参考文献[124-125]使用 SAT 求解器验证 SDN 数据平面，参考文献[126]基于 SMT Yices 求解器验证 OpenFlow 网络中插入的动态流策略是否违反网络底层安全策略。

7.5.2 SDN 的策略验证技术

1. SDN 数据平面策略验证

与控制平面相比，数据平面具有很好的语义理解能力，并反映了所有配置方面的综合影响。数据平面不需要统一来自不同供应商的不同配置语言，也不需要跨各种协议建模动态行为。给定一个拓扑结构和网络数据平面快照，数据平面验证导出一个逻辑公式来模拟整个网络，然后验证从指定不变量导出的逻辑公式。指定不变量指定了网络中转发行为的正确性条件，包括无环、包可达性和双向转发。

在早期的研究中，验证技术收集数据平面的静态转发表（Forwarding Information Base，FIB）信息，进行离线验证。应用的验证方法包括模型检查、符号执行、SAT/SMT 求解器等。此类验证技术实现了对数据平面快照的静态分析，因此往往只能用于在网络出现故障后进行问题定位[127]。

近期的研究工作则关注策略的实时在线验证。一些有代表性的实现方式包括以下几种。① 基于等价类的启发式验证。参考文献[128]将网络划分为等价类，每个等价类中的数据分组在整个网络中经历相同的转发操作，为每一个等价类建立单独的转发图，并遍历这些图来检查不变量。当网络发生变化（如插入转发策略）时，通过 trie（字典树）结构搜索策略并更新转发图。② 基于增量计算的验证。参考文献[129]将网络盒建模为节点，并在规则之间建立一个依赖图，即规则依赖图。网络不变量等价地转化为可达性断言。一旦网络发生变化（一条消息通过一个网络盒），就会更新相应的网络依赖关系图并重新进行所有形式的验证。如果检测到违规行为，将阻止更改。③ 基于原子谓词（Atomic Predicates，AP）的验证。参考文献[130]提出了一种 AP 验证器，给定一组表示分组过滤器的谓词，AP 验证器计算一组最小且唯一的原子谓词，从而大大加快了可达性的计算。AP 验证器还包含了处理网络动态变化并实时检查网络策略和属性是否合规的算法。④ 基于对称性的验证。参考文献[131]提出了一种新方法，即网络变换，将网络快照和待验证的不变量转换为更简单的版本。如果变换不变量在变换网络中有效，则原不变量在原网络中有效。网络变换利用了分布在设备中的分组头、分组位置和规则的域结构，删除了不相关或冗余的头文件、规则或端口。

对于数据平面验证工具，可从如下方面进行评价：覆盖面、表现力、易于建模性、模型独立性、可扩展性及实时性[132]。

2. SDN 控制平面策略验证

在 SDN 中，行为是由控制器决定的，这使得用户可以方便地验证网络不变量。同时，SDN 可以根据用户的需要进行定制，但它的可编程性也增加了出错的机会，在网络中盲目地部署用户定义的程序是不明智的。目前对 SDN 控制平面验证的研究主要分为两个方面：验证 SDN 程序和开发验证控制器。

对 SDN 程序的验证通过对代码的形式化验证实现。即，将程序代码、网络拓扑及不变量表示为逻辑公式，并进行形式化验证。典型的验证方式包括以下两种。① 基于模型检查的验证。如，参考文献[133-134]提出了一种用于支持 SDN 应用程序的验证工具，开发了结合 SDN 特点的可验证建模语言——矢量可标记语言（Vector Markup Language，VML）。将待验证的代码和网络不变量转化为逻辑公式，并使用各种模型检查器自动验证不变量。验证将输出导致违规的轨迹。由于模型缩放的问题，基于模型验证的方法应用于大型网络时会面临巨大的挑战，同时此类方法也无法证明没有错误。② 基于定理证明的验证。如参考文献[119]验证 SDN 程序对于所有可能的网络事件序列和所有允许的拓扑结构是否正确。该方法用一阶逻辑描述可容许的网络拓扑和网络不变量。首先用一种简化的命令式事件驱动编程语言表示程序，然后通过 Z3 SMT 求解器实现经典的弗洛伊德–霍尔–迪克斯特拉（Floyd-Hoare-Dijkstra）演绎验证。如果发生不变量冲突，它会快速输出一个具体的反例。

一些研究人员没有验证 SDN 程序，而是借助于形式化方法开发了一个经过验证的 SDN 控制器。控制器将用户意图转换为低级数据分组处理策略。在将策略安装到交换机之前，可以验证通用网络不变量。如，参考文献[135]在证明辅助工具 Coq 中开发了一个经过验证的 SDN 控制器，并根据 SDN 的正式规范和详细操作模型证明它是正确的。通过该控制器，程序员使用 NetCore 编程语言指定网络的行为，该语言抽象出底层交换机硬件和分布式系统的细节，并允许程序员根据简单的逐跳数据分组处理步骤进行推理。

对于控制平面验证工具，可从如下方面进行评价：模型表达性和模型可处理性、可扩展性、准确度及通用性[132]。

7.5.3 深度学习网络的可解释性研究

尽管已有少量工作采用形式化方法对基于深度学习模型的策略进行验证[136]，但仍无法解决深度学习模型可解释性的问题。特别是对于网络运营商而言，基于深度学习模型的策略无法理解，难以调试，难以验证。此外，与其他机器学习的问题领域不同，网络问题（如路由、调度）具有明确的结构和约束，这些结构和约束传统上激发了可解释的特定领域（尽管不是最优的）解决方案。然而，这种原理方法与深度学习网络等不透明模型不兼容，也阻止了深度学习模型和这些网络特定领域知识之间的协同作用[137]。因此，研究深度学习网络的可解释性，将其策略转化为基于规则的可解释控制器，是实现基于深度学习模型的策略在 6G 网络资源调配领域实际部署的重要前提，也为全面结合网络领域知识实现对模型策略的验证提供了可能性。

多年来，机器学习界已经发展了几种技术来理解 DNN 在图像识别[138]和自然语言处理[139]领域的行为。然而，直接将这些技术应用于基于深度学习的网络系统是不合适的。网络运营商通常寻求从输入映射到简单、确定的控制规则（如，将具有特定报头的包调度到端口），并不关心 DNN 操作的细节。此外，目前的 DNN 解释工具主要是为结构良好的矢量输入（如图像、句子）设计的，这与网络系统输入的数据结构（如，拓扑中的吞吐量和路由路径的时间序列）不同。因此，需要专门为网络领域定制可解释的深度学习框架。

目前，针对网络领域的深度学习网络可解释性的研究还非常少。参考文献[140-141]开发了一个包含两种技术的通用框架 Metis，为基于深度学习的网络提供可解释性。

Metis 高层工作流[140]如图 7-11 所示，为了支持范围广泛的网络系统，Metis 将当前网络系统抽象为本地系统和全局系统。其中，本地系统收集本地信息并为交换机上的一个实例调度程序做出决策。全局系统通过网络聚合信息，并对多个实例（如 SDN 中的控制器）进行全局规划。对于本地系统，Metis 使用决策树（Decision Tree）实现可解释性；对于全局系统，Metis 则使用超图（Hypergraph）提供可解释性。

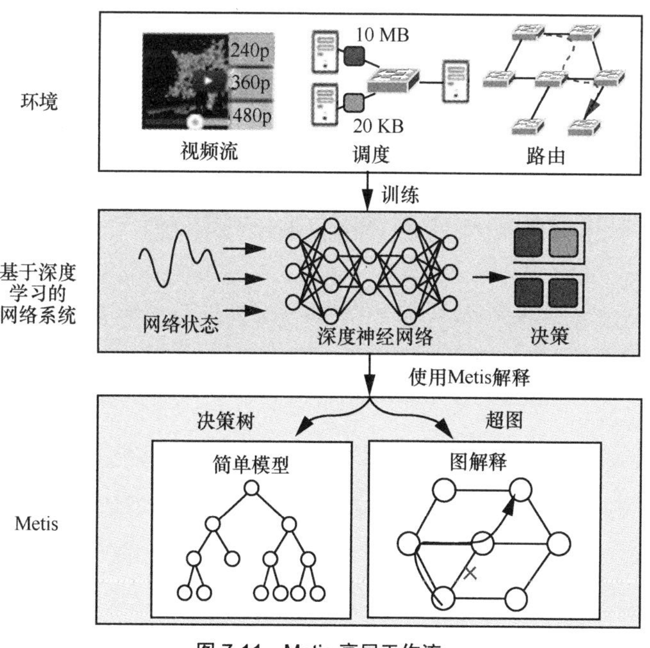

图 7-11　Metis 高层工作流

具体而言，现有的启发式局部系统通常是基于规则的决策系统，决策逻辑比较简单，因此对本地系统采用了决策树转换方法。转换建立在被称为“师生训练方法”的决策树训练方法之上，其中，DNN 策略充当教师并生成输入输出样本，以构建学生决策树。传统的决策树算法通常会输出非常多的分支，实际上无法解释。为了与 DNN 的性能相匹配，利用两个重要的观察结果将分支修剪成网络运营商可以处理的数目。第一，局部系统中的生长策略通常会一致地对大部分观测状态输出相同的控制行为，决策树依靠教师 DNN 生成的数据可以方便地缩减决策空间。第二，不同的输入输出对策略的性能有不同的贡献。Metis 采用了一种特殊的重采样方法，允许教师 DNN 引导决策树对导致最佳结果的行动进行优先排序。

对于全局系统，大多数全球网络系统要么有图形结构的输入，要么在两个变量之间构建映射，这两个变量都可以用超图来表示，因此对全局系统采用超图描述其中的许多系统。例如，给定基于深度学习的路由优化器的路由结果，可以将路由路径和链接之间的交互表示为超边和顶点之间的关系。网络功能（Network Function，NF）的放置也可以表示为超图，其中 NF 和物理服务器是超边和顶点，放置算法在它们之间构建映射。利用超图公式，Metis 通过构造一个优化问题（如，找到影响整体性能的关键路由决策）计算超图每个部分的重要性。根据每个决策的重要性，可以解释基于深度学习的网络系统的行为。

Metis 可作为基于深度学习的 6G 网络资源调配策略验证的重要参考。

7.5.4 基于知识的网络资源调配策略远期构想

为了实现知识空间中知识的有机融合，并结合人工经验对网络调配策略进行更为全面、深入的验证，远期的网络资源调配策略拟围绕知识图谱展开。具体包括以下几点。

- 研究知识图谱存储与更新机制，将设备接口、功能和协议、配置等依据路径信息、拓扑信息、流量服务等的内容以知识图谱的形式统一存储，并随网络真实状态更新。解决图谱信息不准确、不一致的问题，通过无监督学习技术获取知识图谱中的节点特征表示，并利用特征的相似关系对图谱中同一概念的节点发现一词多义现象。

- 研究知识图谱推理技术和知识冲突检测技术，结合知识图谱中存储的人工经验，实现网络策略中的隐式冲突检测。

参考文献

[1] KREUTZ D, RAMOS F M V, VERÍSSIMO P E, et al. Software-defined networking: a comprehensive survey[J]. Proceedings of the IEEE, 2015, 103(1): 14-76.

[2] TOOTOONCHIAN A, GHOBADI M, GANJALI Y. OpenTM: traffic matrix estimator for OpenFlow networks[C]//Proceedings of the 11th International Conference on Passive and Active Measurement. Berlin: Springer, 2010: 201-210.

[3] HUANG Q, JIN X, LEE P P C, et al. SketchVisor: robust network measurement for software packet processing[C]//Proceedings of the ACM Conference on SIGCOMM. New York: ACM Press, 2017: 113-126.

[4] CHOWDHURY S R, BARI M F, AHMED R, et al. PayLess: a low cost network monitoring framework for software defined networks[C]//IEEE Network Operations and Management Symposium (NOMS). Piscataway: IEEE Press, 2014: 1-9.

[5] RASLEY J, STEPHENS B, DIXON C, et al. Planck: millisecond-scale monitoring and control for commodity networks[C]//Proceedings of the ACM Conference on SIGCOMM. New York: ACM, 2014: 407-418.

[6] YU C, LUMEZANU C, ZHANG Y P, et al. FlowsSense: monitoring network utilization with zero measurement cost[C]//Proceedings of the 14th International Conference on Passive and Active Network Measurement. Berlin: Springer, 2013: 31-41.

[7] BENSON T, ANAND A, AKELLA A, et al. MicroTE: fine grained traffic engineering for data centers[C]//Proceedings of the 7th Conference on Emerging Networking Experiments and Technologies (CoNEXT'11). New York: ACM Press, 2011: 1-12.

[8] SUH J, KWON T T, DIXON C, et al. OpenSample: a low-latency, sampling-based measurement platform for commodity SDN[C]//2014 IEEE 34th International Conference on Distributed Computing Systems. Piscataway: IEEE Press, 2014: 228-237.

[9] TAN L, SU W, ZHANG W, et al. In-band network telemetry: a survey[J]. Computer Networks, 2021, 186: 107763.

[10] KIM C, BHIDE P, DOE E, et al. In-band network telemetry[EB].

[11] GREDLER H, MOZES D, YOUELL S, et al. Requirements for in-situ OAM[EB].

[12] FIOCCOLA G, CAPELLO A, COCIGLIO M, et al. Alternate-marking method for passive and

hybrid performance monitoring[EB].

[13] PAN T, SONG E, BIAN Z, et al. INT-path: towards optimal path planning for in-band network-wide telemetry[C]// IEEE Conference on Computer Communications. Piscataway: IEEE Press, 2019: 487-495.

[14] The P4.org Applications Working Group. In-band network telemetry (INT) dataplane specification v2.1[EB].

[15] HUANG Q, SUN H, LEE P P C, et al. OmniMon: re-architecting network telemetry with resource efficiency and full accuracy[C]//Proceedings of the Annual Conference of the ACM Special Interest Group on Data Communication on the Applications, Technologies, Architectures, and Protocols for Computer Communication. New York: ACM Press, 2020: 404-421.

[16] LECUN Y, BENGIO Y, HINTON GE. Deep learning[J]. Nature, 2015, 521(7553): 436-444.

[17] BENGIO Y, COURVILLE A, VINCENT P. Representation learning: a review and new perspectives[J]. IEEE Transactions on Pattern Analysis and Machine Intelligence, 2013, 35(8): 1798-1828.

[18] 杨洋, 吕光宏, 赵会, 等. 深度学习在软件定义网络研究中的应用综述[J]. 软件学报, 2020, 31(7): 2184-2204.

[19] ZHANG C, WANG X, LI F, et al. Deep learning-based network application classification for SDN[J]. Transactions on Emerging Telecommunications Technologies, 2018, 29(5): e3302.

[20] HU N, LUAN F, TIAN X, et al. A novel SDN-based application-awareness mechanism by using deep learning[J]. IEEE Access, 2020, 8: 160921-160930.

[21] WANG P, YE F, CHEN X, et al. Datanet: deep learning based encrypted network traffic classification in SDN home gateway[J]. IEEE Access, 2018, 6: 55380-55391.

[22] XU J, WANG J, QI Q, et al. IARA: an intelligent application-aware VNF for network resource allocation with deep learning[C]//2018 15th Annual IEEE International Conference on Sensing, Communication, and Networking (SECON). Piscataway: IEEE Press, 2018: 1-3.

[23] XU J, WANG J, QI Q, et al. Deep neural networks for application awareness in SDN-based network[C]//2018 IEEE 28th International Workshop on Machine Learning for Signal Processing (MLSP). Piscataway: IEEE Press, 2018: 1-6.

[24] AZZOUNI A, PUJOLLE G. NeuTM: a neural network-based framework for traffic matrix prediction in SDN[C]//Proceedings of the 2018 IEEE/IFIP Network Operations and Management Symposium(NOMS). Piscataway: IEEE Press, 2018: 1-5.

[25] LAZARIS A, PRASANNA V K. Deep learning models for aggregated network traffic prediction[C]//2019 15th International Conference on Network and Service Management (CNSM). Piscataway: IEEE Press, 2019: 1-5.

[26] LIU Z, WANG Z, YIN X, et al. Traffic matrix prediction based on deep learning for dynamic

traffic engineering[C]//2019 IEEE Symposium on Computers and Communications (ISCC). Piscataway: IEEE Press, 2019: 1-7.

[27] TAO H, HOU C, NIE F, et al. Effective discriminative feature selection with nontrivial solution[J]. IEEE Transactions on Neural Networks and Learning Systems, 2016, 27(4): 796-808.

[28] CHENG Y, WANG D, ZHOU P, et al. Model compression and acceleration for deep neural networks: the principles, progress, and challenges[J]. IEEE Signal Processing Magazine, 2018, 35(1): 126-136.

[29] DENG L, LI G, HAN S, et al. Model compression and hardware acceleration for neural networks: a comprehensive survey[J]. Proceedings of the IEEE, 2020, 108(4): 485-532.

[30] MISHRA R, GUPTA H P, DUTTA T. A survey on deep neural network compression: challenges, overview, and solutions[EB].

[31] CHOUDHARY T, MISHRA V, GOSWAMI A, et al. A comprehensive survey on model compression and acceleration[J]. Artificial Intelligence Review, 2020, 53(7): 5113-5155.

[32] ZHANG K, YING H, DAI H N, et al. Compacting deep neural networks for internet of things: methods and applications[J]. IEEE Internet of Things Journal, 2021.

[33] IANDOLA F N, HAN S, MOSKEWICZ M W, et al. SqueezeNet: AlexNet-level accuracy with 50x fewer parameters and <0.5 MB model size[EB].

[34] HOWARD A G, ZHU M, CHEN B, et al. MobileNets: efficient convolutional neural networks for mobile vision applications[EB].

[35] SANDLER M, HOWARD A, ZHU M, et al. MobileNetV2: inverted residuals and linear bottlenecks[C]//2018 IEEE/CVF Conference on Computer Vision and Pattern Recognition. Piscataway: IEEE Press, 2018: 4510-4520.

[36] HOWARD A, SANDLER M, CHEN B, et al. Searching for mobileNetV3[C]//2019 IEEE/CVF International Conference on Computer Vision (ICCV). Piscataway: IEEE Press, 2019: 1314-1324.

[37] ZHANG X, ZHOU X, LIN M, et al. ShuffleNet: an extremely efficient convolutional neural network for mobile devices[C]//2018 IEEE/CVF Conference on Computer Vision and Pattern Recognition. Piscataway: IEEE, 2018: 6848-6856.

[38] MA N, ZHANG X, ZHENG H T, et al. ShuffleNet V2: practical guidelines for efficient CNN architecture design[C]//Proceedings of European Conference on Computer Vision 2018 (ECCV 2018), Part XIV. Berlin: Springer, 2018: 116-131.

[39] CHOLLET F. Xception: deep learning with depthwise separable convolutions[C]//2017 IEEE Conference on Computer Vision and Pattern Recognition (CVPR). Piscataway: IEEE Press, 2017: 1800-1807.

[40] ZHOU G B, WU J, ZHANG C L, et al. Minimal gated unit for recurrent neural networks[J].

International Journal of Automation and Computing, 2016, 13(003): 226-234.

[41] WU Z, KING S. Investigating gated recurrent networks for speech synthesis[C]//2016 IEEE International Conference on Acoustics, Speech and Signal Processing (ICASSP). Piscataway: IEEE Press, 2016: 5140-5144.

[42] WESTHUIZEN J, LASENBY J. The unreasonable effectiveness of the forget gate[EB].

[43] NEIL D, PFEIFFER M, LIU S C. Phased LSTM: accelerating recurrent network training for long or event-based sequences[C]//Proceedings of the 30th International Conference on Neural Information Processing Systems (NIPS'16). Red Hook: Curran Associates Inc., 2016: 3889-3897.

[44] SAK H, SENIOR A, BEAUFAYS F. Long short-term memory recurrent neural network architectures for large scale acoustic modeling[C]//Conference of the International Speech Communication Association (INTERSPEECH 2014). Grenoble: ISCA, 2014: 338-342.

[45] KUCHAIEV O, GINSBURG B. Factorization tricks for LSTM networks[EB].

[46] WU Y, SCHUSTER M, CHEN Z, et al. Google's neural machine translation system: bridging the gap between human and machine translation[EB].

[47] ZHANG S, WU Y, CHE T, et al. Architectural complexity measures of recurrent neural networks[C]//Proceedings of the 30th International Conference on Neural Information Processing Systems (NIPS'16). Red Hook: Curran Associates Inc., 2016: 1830-1838.

[48] OSELEDETS I V. Tensor-train decomposition[J]. Siam Journal on Scientific Computing, 2011, 33(5): 2295-2317.

[49] ESPIG M, NARAPARAJU K K, SCHNEIDER J. A note on tensor chain approximation[J]. Computing and Visualization in Science, 2012, 15(6): 331-344.

[50] MING H, CHAIB-DRAA B. Hierarchical tucker tensor regression: application to brain imaging data analysis[C]//2015 IEEE International Conference on Image Processing (ICIP). Piscataway: IEEE Press, 2015: 1344-1348.

[51] ZHAO Q, SUGIYAMA M, YUAN L, et al. Learning efficient tensor representations with ring-structured networks[C]// 2019 IEEE International Conference on Acoustics, Speech and Signal Processing (ICASSP). Piscataway: IEEE Press, 2019: 8608-8612.

[52] HUANG H, NI L, WANG K, et al. A highly parallel and energy efficient three-dimensional multilayer CMOS-RRAM accelerator for tensorized neural network[J]. IEEE Transactions on Nanotechnology, 2018, 17(4): 645-656.

[53] SU J, LI J, BHATTACHARJEE B, et al. Tensorial neural networks: generalization of neural networks and application to model compression[EB].

[54] HAN S, MAO H Z, DALLY W J. Deep compression: compressing deep neural networks with pruning, trained quantization and Huffman coding[EB].

[55] CHEN W, WILSON J, TYREE S, et al. Compressing neural networks with the hashing trick [C]//Proceedings of the 32nd International Conference on Machine Learning (ICML). New York: ACM, 2015: 2285-2294.

[56] COURBARIAUX M, BENGIO Y, DAVID J P. BinaryConnect: training deep neural networks with binary weights during propagations[C]//Proceedings of the 28th International Conference on Neural Information Processing Systems. Cambridge: MIT Press, 2015: 3123-3131.

[57] STOCK P, JOULIN A, GRIBONVAL R, et al. And the bit goes down: revisiting the quantization of neural networks[EB].

[58] CARREIRA-PERPINÁN M A, IDELBAYEV Y. Model compression as constrained optimization, with application to neural nets. Part Ⅱ: Quantization[EB].

[59] WANG Z, LU J, TAO C, et al. Learning channel-wise interactions for binary convolutional neural networks[C]//2019 IEEE/CVF Conference on Computer Vision and Pattern Recognition (CVPR). Piscataway: IEEE Press, 2019: 568-577.

[60] LIU C, DING W, XIA X, et al. Circulant binary convolutional networks: enhancing the performance of 1 bit DCNNs with circulant back propagation[C]//2019 IEEE/CVF Conference on Computer Vision and Pattern Recognition (CVPR). Piscataway: IEEE Press, 2019: 2686-2694.

[61] ZHU S, DONG X, SU H. Binary ensemble neural network: more bits per network or more networks per bit?[C]//2019 IEEE/CVF Conference on Computer Vision and Pattern Recognition (CVPR). Piscataway: IEEE Press, 2019: 4918-4927.

[62] WANG P, HU Q, ZHANG Y, et al. Two-step quantization for low-bit neural networks[C]// 2018 IEEE/CVF Conference on Computer Vision and Pattern Recognition (CVPR). Piscataway: IEEE Press, 2018: 4376-4384.

[63] LUO J, WU J. An entropy-based pruning method for CNN compression[EB].

[64] YANG T, CHEN Y, SZE V. Designing energy-efficient convolutional neural networks using energy-aware pruning[C]//2017 IEEE Conference on Computer Vision and Pattern Recognition (CVPR). Piscataway: IEEE Press, 2017: 6071-6079.

[65] HU Y, SUN S, LI J, et al. A novel channel pruning method for deep neural network compression[EB].

[66] HE Y, ZHANG X, SUN J. Channel pruning for accelerating very deep neural networks[C]//2017 IEEE International Conference on Computer Vision (ICCV). Piscataway: IEEE Press, 2017: 1398-1406.

[67] ANWAR S, SUNG W Y. Coarse pruning of convolutional neural networks with random masks[C]//Proceedings of the 2017 International Conference on Learning Representations (ICLR). 2017: 134-145.

[68] LI H, KADAV A, DURDANOVIC I, et al. Pruning filters for efficient ConvNets[EB].

[69] PAVLO M, STEPHEN T, TERO K, et al. Pruning convolutional neural networks for resource efficient inference[EB].

[70] HU H, PENG R, TAI Y W, et al. Network trimming: a data-driven neuron pruning approach towards efficient deep architectures[EB].

[71] WU D, LI Z, WANG J, et al. Vision and challenges for knowledge centric networking[J]. IEEE Wireless Communications, 2019, 26(4): 117-123.

[72] GENG C, HUANG S J, CHEN S. Recent advances in open set recognition: a survey[J]. IEEE Transactions on Pattern Analysis and Machine Intelligence, 2020.

[73] LEE K, MAJI S, RAVICHANDRAN A, et al. Meta-learning with differentiable convex optimization[C]//2019 IEEE/CVF Conference on Computer Vision and Pattern Recognition (CVPR). Piscataway: IEEE Press, 2019: 10649-10657.

[74] RUSU A A, RAO D, SYGNOWSKI J, et al. Meta-learning with latent embedding optimization[EB].

[75] SNELL J, SWERSKY K, ZEMEL R. Prototypical networks for few-shot learning[EB].

[76] ZHANG Z, ZHAO C, NI B, et al. Variational few-shot learning[C]//2019 IEEE/CVF International Conference on Computer Vision (ICCV). Piscataway: IEEE Press, 2019: 1685-1694.

[77] ALFASSY A, KARLINSKY L, AIDES A, et al. LaSO: label-set operations networks for multi-label few-shot learning[C]//2019 IEEE/CVF Conference on Computer Vision and Pattern Recognition (CVPR). Piscataway: IEEE Press, 2019: 6541-6550.

[78] HARIHARAN B, GIRSHICK R. Low-shot visual recognition by shrinking and hallucinating features[C]//2017 IEEE International Conference on Computer Vision (ICCV). Piscataway: IEEE Press, 2017: 3037-3046.

[79] SCHWARTZ E, KARLINSKY L, SHTOK J, et al. Delta-encoder: an effective sample synthesis method for few-shot object recognition[C]//Proceedings of the 32nd International Conference on Neural Information Processing Systems (NIPS'18). Red Hook: Curran Associates Inc., 2018: 2850-2860.

[80] CHEN Z, FU Y, ZHANG Y, et al. Multi-level semantic feature augmentation for one-shot learning[J]. IEEE Transactions on Image Processing, 2019, 28(9): 4594-4605.

[81] CAI Q, PAN Y, YAO T, et al. Memory matching networks for one-shot image recognition[C]//2018 IEEE/CVF Conference on Computer Vision and Pattern Recognition (CVPR). Piscataway: IEEE Press, 2018: 4080-4088.

[82] VINYALS O, BLUNDELL C, LILLICRAP T, et al. Matching networks for one shot learning[C]//Proceedings of the 30th International Conference on Neural Information Processing Systems (NIPS'16). Red Hook: Curran Associates Inc., 2016: 3637-3645.

[83] SUNG F, YANG Y, ZHANG L, et al. Learning to compare: relation network for few-shot learning[C]//2018 IEEE/CVF Conference on Computer Vision and Pattern Recognition (CVPR). Piscataway: IEEE Press, 2018: 1199-1208.

[84] MUNKHDALAI T, YU H. Meta networks[C]//Proceedings of the 34th International Conference on Machine Learning (ICML'17). New York: ACM, 2017: 2554-2563.

[85] FINN C, ABBEEL P, LEVINE S. Model-agnostic meta-learning for fast adaptation of deep networks[C]//Proceedings of the 34th International Conference on Machine Learning (ICML'17). New York: ACM, 2017: 1126-1135.

[86] WANG Y, RAMANAN D, HEBERT M. Meta-learning to detect rare objects[C]//2019 IEEE/CVF International Conference on Computer Vision (ICCV). Piscataway: IEEE Press, 2019: 9924-9933.

[87] YOON S, SEO J, MOON J. Tapnet: neural network augmented with task-adaptive projection for few-shot learning[EB].

[88] FIANDRINO C, ZHANG C, PATRAS P, et al. A machine-learning-based framework for optimizing the operation of future networks[J]. IEEE Communications Magazine, 2020, 58(6): 20-25.

[89] LUONG N C, HOANG D H, GONG S, et al. Applications of deep reinforcement learning in communications and networking: a survey[J]. IEEE Communications Surveys and Tutorials, 2019, 21(4): 3133-3174.

[90] STAMPA G, ARIAS M, SANCHEZ-CHARLES D, et al. a deep-reinforcement learning approach for software-defined networking routing optimization[EB].

[91] XU Z, TANG J, MENG J, et al. Experience-driven networking: a deep reinforcement learning based approach[C]//IEEE Conference on Computer Communications. Piscataway: IEEE Press, 2018: 1871-1879.

[92] XU Q, ZHANG Y, WU K, et al. Evaluating and boosting reinforcement learning for intra-domain routing[C]//2019 IEEE 16th International Conference on Mobile Ad Hoc and Sensor Systems (MASS). Piscataway: IEEE Press, 2019: 265-273.

[93] ZHANG H, LIU N, CHU X, et al. Network slicing based 5G and future mobile networks: mobility, resource management, and challenges[J]. IEEE Communications Magazine, 2017, 55(8): 138-145.

[94] FOUKAS X, PATOUNAS G, ELMOKASHFI A, et al. Network slicing in 5G: survey and challenges[J]. IEEE Communications Magazine, 2017, 55(5): 94-100.

[95] XIONG Z, ZHANG Y, NIYATO D, et al. Deep reinforcement learning for mobile 5G and beyond: fundamentals, applications, and challenges[J]. IEEE Vehicular Technology Magazine, 2019, 14(2): 44-52.

[96] LI R, ZHAO Z, SUN Q, et al. Deep reinforcement learning for resource management in network slicing[J]. IEEE Access, 2018, 6: 74429-74441.

[97] SUN G, GEBREKIDAN Z T, BOATENG G O, et al. Dynamic reservation and deep reinforcement learning based autonomous resource slicing for virtualized radio access networks[J]. IEEE Access, 2019, 7: 45758-45772.

[98] ABIKO Y, MOCHIZUKI D, SAITO T, et al. Proposal of allocating radio resources to multiple slices in 5G using deep reinforcement learning[C]//2019 IEEE 8th Global Conference on Consumer Electronics (GCCE). Piscataway: IEEE Press, 2019: 1-2.

[99] ABIKO Y, SAITO T, IKEDA D, et al. Radio resource allocation method for network slicing using deep reinforcement learning[C]//2020 International Conference on Information Networking (ICOIN). Piscataway: IEEE Press, 2020: 420-425.

[100]ABIKO Y, SAITO T, IKEDA D, et al. Flexible resource block allocation to multiple slices for radio access network slicing using deep reinforcement learning[J]. IEEE Access, 2020, 8: 68183-68198.

[101]SCIANCALEPORE V, COSTA-PEREZ X, BANCHS A. RL-NSB: reinforcement learning-based 5G network slice broker[J]. IEEE/ACM Transactions on Networking, 2019, 27(4): 1543-1557.

[102]HUYNH N V, HOANG D T, NGUYEN D N, et al. Optimal and fast real-time resource slicing with deep dueling neural networks[J]. IEEE Journal on Selected Areas in Communications, 2019, 37(6): 1455-1470.

[103]GUAN W, ZHANG H, LEUNG V C M. Slice reconfiguration based on demand prediction with dueling deep reinforcement learning[C]//2020 IEEE Global Communications Conference. Piscataway: IEEE Press, 2020: 1-6.

[104]GUAN W, ZHANG H, LEUNG V C M. Customized slicing for 6G: enforcing artificial intelligence on resource management[J]. IEEE Network, 2021.

[105]GENG N, LAN T, AGGARWAL V, et al. A multi-agent reinforcement learning perspective on distributed traffic engineering[C]//2020 IEEE 28th International Conference on Network Protocols (ICNP). Piscataway: IEEE Press, 2020: 1-11.

[106]YOU X, LI X, XU Y, et al. Toward packet routing with fully distributed multiagent deep reinforcement learning[J]. IEEE Transactions on Systems, Man, and Cybernetics: Systems, 2020.

[107]QIU X, ZHANG W, CHEN W, et al. Distributed and collective deep reinforcement learning for computation offloading: a practical perspective[J]. IEEE Transactions on Parallel and Distributed Systems, 2021, 32(5): 1085-1101.

[108]KHAN A A, ADVE R S. Centralized and distributed deep reinforcement learning methods for

downlink sum-rate optimization[J]. IEEE Transactions on Wireless Communications, 2020, 19(12): 8410-8426.

[109]LIAO X, HU X, LIU Z, et al. Distributed intelligence: a verification for multi-agent DRL-based multibeam satellite resource allocation[J]. IEEE Communications Letters, 2020, 24(12): 2785-2789.

[110]刘辰屹, 徐明伟, 耿男, 等. 基于机器学习的智能路由算法综述[J]. 计算机研究与发展, 2020, 57(4): 671-687.

[111]QADIR J, HASAN O. Applying formal methods to networking: theory, techniques, and applications[J]. IEEE Communications Surveys and Tutorials, 2015, 17(1): 256-291.

[112]BAIER C, KATOEN J. Principles of model checking[M]. Cambridge: MIT Press, 2008.

[113]AL-SHAER E, AL-HAJ S. FlowChecker: configuration analysis and verification of federated OpenFlow infrastructures[C]//Proceedings of the 3rd ACM Workshop on Assurable Usable Security Configuration (SafeConfig'10). New York: ACM Press, 2010: 37-44.

[114]CANINI M, VENZANO D, PEREŠÍNI P, et al. A NICE way to test openflow applications[C]//Proceedings of 9th USENIX Symposium on Networked System Design and Implementation. Berkeley: USENIX, 2012: 127-140.

[115]SETHI D, NARAYANA S, MALIK S, et al. Abstractions for model checking SDN controllers[C]//2013 Formal Methods in Computer-Aided Design. Piscataway: IEEE Press, 2013: 145-148.

[116]DAVIS M, LOGEMANN G, LOVELAND D W. A machine program for theorem-proving[J]. Communications of the ACM, 1962, 5(7): 394-397.

[117]REITBLATT M, CANINI M, GUHA A, et al. FatTire: declarative fault tolerance for software-defined networks[C]//Proceedings of the second ACM SIGCOMM workshop on Hot topics in software defined networking (HotSDN'13). New York: ACM, 2013: 109-114.

[118]GUHA A, REITBLATT M, FOSTER N. Machine-verified network controllers[C]//Proceedings of the 34th ACM SIGPLAN Conference on Programming Language Design and Implementation (PLDI '13). New York: ACM Press, 2013: 483-494.

[119]BALL T, BJØRNER N, GEMBER A, et al. VeriCon: towards verifying controller programs in software-defined networks[J]. ACM SIGPLAN Notices, 2014, 49(6): 282-293.

[120]CADAR C, SEN K. Symbolic execution for software testing: three decades later[J]. Communications of the ACM, 2013, 56(2): 82-90.

[121]DOBRESCU M, ARGYRAKI K. Software dataplane verification[C]//Proceedings of 11th USENIX Symposium on Networked Systems Design and Implementation. Berkeley: USENIX, 2014: 101-114.

[122]STOENESCU R, POPOVICI M, NEGREANU L, et al. SymNet: scalable symbolic execution

for modern networks[C]//Proceedings of the ACM Conference on SIGCOMM. New York: ACM Press, 2016: 314-327.

[123]MALIK S, ZHANG L. Boolean satisfiability from theoretical hardness to practical success[J]. Communications of the ACM, 2009, 52(8): 76-82.

[124]MAI H, KHURSHID A, AGARWAL R, et al. Debugging the data plane with anteater[C]//Proceedings of the ACM Conference on SIGCOMM. New York: ACM Press, 2011: 290-301.

[125]ZHANG S, MALIK S. SAT based verification of network data planes[J]. Automated Technology for Verification and Analysis, 2013, 8172: 496-505.

[126]SON S, SHIN S, YEGNESWARAN V, et al. Model checking invariant security properties in OpenFlow[C]//2013 IEEE International Conference on Communications (ICC). Piscataway: IEEE Press, 2013: 1974-1979.

[127]GIRISH L, RAO S K N. Mathematical tools and methods for analysis of SDN: a comprehensive survey[C]//2016 2nd International Conference on Contemporary Computing and Informatics (IC3I). Piscataway: IEEE Press, 2016: 718-724.

[128]KHURSHID A, ZHOU W, CAESAR M, et al. Veriflow: verifying network-wide invariants in real time[J]. ACM SIGCOMM Computer Communication Review, 2012, 42(4): 467-472.

[129]KAZEMIAN P, CHANG M, ZENG H. Real time network policy checking using header space analysis[C]//Proceedings of 10th USENIX Symposium on Networked Systems Design and Implementation. Berkeley: USENIX, 2013: 99-111.

[130]YANG H, LAM S S. Real-time verification of network properties using atomic predicates[J]. IEEE/ACM Transactions on Networking, 2016, 24(2): 887-900.

[131]PLOTKIN G D, BJØRNER N, LOPES N P, et al. Scaling network verification using symmetry and surgery[J]. ACM SIGPLAN Notices, 2016, 51(1): 69-83.

[132]LI Y, YIN X, WANG Z, et al. A survey on network verification and testing with formal methods: approaches and challenges[J]. IEEE Communications Surveys and Tutorials, 2019, 21(1): 940-969.

[133]SKOWYRA R W, LAPETS A, BESTAVROS A, et al. Verifiably-safe software-defined networks for CPS[C]//Proceedings of the 2nd ACM International Conference on High Confidence Networked Systems (HiCoNS'13). New York: ACM Press, 2013: 101-110.

[134]SKOWYRA R, LAPETS A, BESTAVROS A, et al. A verification platform for SDN-enabled applications[C]//2014 IEEE International Conference on Cloud Engineering. Piscataway: IEEE Press, 2014: 337-342.

[135]GUHA A, REITBLATT M, FOSTER N. Machine-verified network controllers[J]. ACM SIGPLAN Notices, 2013, 48(6): 483-494.

[136]KAZAK Y, BARRETT C, KATZ G, et al. Verifying deep-RL-driven systems[C]//Proceedings of the 2019 Workshop on Network Meets AI and ML (NetAI'19). New York: ACM Press, 2019: 83-89.

[137]ZHENG Y, LIU Z, YOU X, et al. Demystifying deep learning in networking[C]//Proceedings of the 2nd Asia-Pacific Workshop on Networking (APNet'18). New York: ACM Press, 2018: 1-7.

[138]BAU D, ZHOU B, KHOSLA A, et al. Network dissection: quantifying interpretability of deep visual representations[C]//2017 IEEE Conference on Computer Vision and Pattern Recognition (CVPR). Piscataway: IEEE Press, 2017: 3319-3327.

[139]TONEVA M, WEHBE L. Interpreting and improving natural-language processing (in machines) with natural language-processing (in the brain)[C]//Annual Conference on Neural Information Processing Systems. Cambridge: MIT Press, 2019: 14928-14938.

[140]MENG Z, WANG M, BAI J, et al. Interpreting deep learning-based networking systems[C]//Proceedings of the Annual Conference of the ACM Special Interest Group on Data Communication on the Applications, Technologies, Architectures, and Protocols for Computer Communication. New York: ACM Press, 2020: 154-171.

[141]BASTANI O, PU Y, SOLAR-LEZAMA A. Verifiable reinforcement learning via policy extraction[C]//Proceedings of the 32nd International Conference on Neural Information Processing Systems (NIPS'18). New York: Curran Associates Inc., 2018: 2499-2509.

第8章

业务能力协同互联技术

随愿共享的业务能力协同互联技术专注于业务层管控，通过动态实时、细粒度、个性化的服务能力提供及网络孪生支撑下的用户数字资产共享，提供全场景信息的虚实映射，实现全场景、沉浸式的按需服务。本章将对随愿共享的业务能力协同互联技术的研究思路及方法进行介绍。首先研究捕捉、通信、认知、计算和控制一体化的资源协同与联合优化；基于资源功能一体化互操作，研究业务能力动态组合的服务个性化定制；随后研究数字孪生支撑下的用户数字资产的安全共享及隐私保护机制；最后研究多模态全场景信息的智能虚实映射技术，建立全场景全域随愿共享的业务能力协同互联体系，满足用户个性化、极致性能的服务需求。

| 8.1 业务能力协同互联的基本机制 |

随愿共享的业务能力协同互联的基本机制如图 8-1 所示，6G 业务网络将实现动态的、极细粒度的业务能力供给，用户可根据自身需求获得相应的业务能力种类、业务能力等级以及不同服务的个性化组合。通过物理空间向数字空间的虚实映射将产生“网络孪生”，即数字孪生体集合，形成用户数字资产。“网络孪生”构成的数字空间世界将催生更多新业务、新场景，满足用户个性化需求，通过随愿共享的业务能力协同互联技术为用户提供极致性能服务。包括以下几方面。

- 捕捉、通信、认知、计算和控制能力的一体化协同。对业务网络中的捕捉、通信、认知、计算、控制等极细粒度服务能力实现资源一体化协同，构建资源协同优化模型。
- 业务能力动态组合的服务个性化定制。基于基本业务能力一体化互操作，设计原子业务和复合业务中的业务能力动态拼接和组合方法，向用户提供个性化服务定制功能，满足按需服务的要求。
- 网络孪生支撑下的用户数字资产共享。基于数字孪生体集合，研究基于区块链技术的用户数字资产的安全共享机制，保护用户隐私。

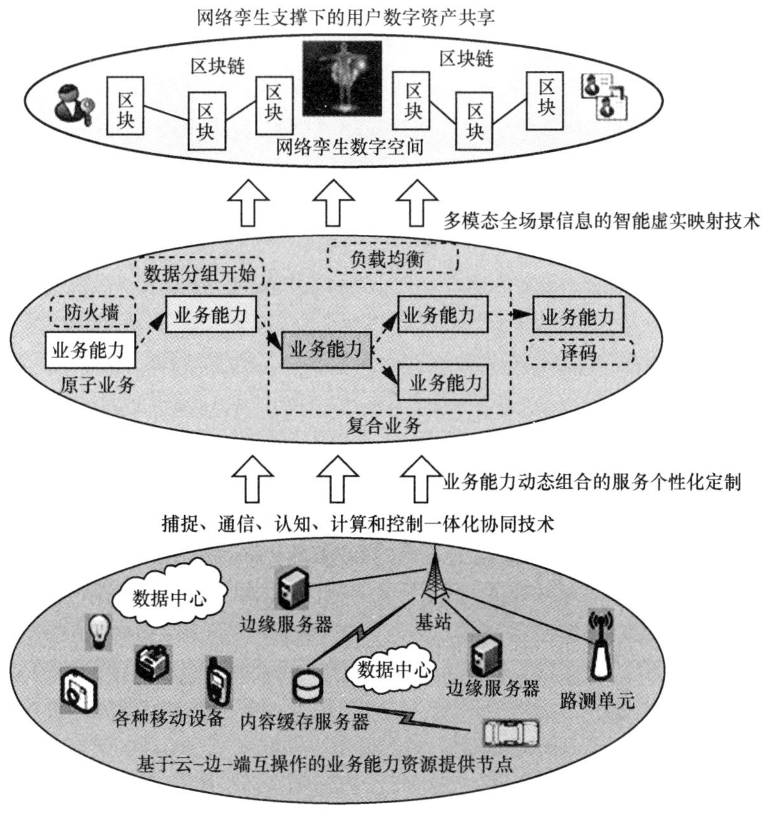

图 8-1　随愿共享的业务能力协同互联的基本机制

- 多模态全场景信息的智能虚实映射。建立物理世界向数字空间的虚实映射模型，系统性地按需协同互联业务能力，实现全场景信息的智能虚实映射，为用户提供全场景、沉浸式的按需服务。

8.2　捕捉、通信、认知、计算和控制能力的一体化协同

8.2.1　用于服务提供的原子级服务能力

从智能网中基于独立于业务的构造块（Service Independent Building Block，SIB）

进行业务逻辑开发开始，在网络中提供原子级的服务能力，通过服务能力的静态或动态组合满足用户服务需求就已经成为了实现灵活、可扩展的服务提供的基本方式。在移动网中，面向服务的开发（Service Oriented Development，SOD）将网络或移动设备中的功能作为进行移动应用开发的基本组件，通过将独立运行、功能单一的服务组件组装构成服务应用；或者采用面向服务的计算（Service Oriented Computing，SOC）将网络提供的服务作为计算资源，根据需求对这些资源进行编排从而实现动态的服务提供，其中网络或设备提供的服务组件就是用于移动服务的底层服务能力。Web 服务（Web Service）则是互联网中生成 Web 应用的底层服务能力。

总体上看，上述服务提供中的原子级服务能力自身往往由多种资源（如通信、计算等）组合而成，而且具备一定的逻辑执行过程，因此普遍存在粒度较粗、组合方式不够灵活的问题，无法满足 6G 按需服务极细粒度、按需共享的要求。因此，我们尝试将服务能力的粒度细化至传统上细化的资源类型的程度，以具有单一功能的资源类型作为原子级服务能力，以最大限度地满足 6G 服务按需、灵活提供的要求。

通过分析 6G 网络中的资源类型，我们将其抽象为捕捉、通信、认知、计算和控制能力，并参照现有移动网络中资源组合优化的思路，对这些能力进行一体化协同建模及优化设计。

8.2.2 移动网络资源组合及优化

1. 通信–缓存–计算资源组合架构

在移动通信发展的早期，当系统的主要功能是语音和短信服务时，移动网络的主要资源是通信能力，吞吐量、时延和链路容量的提高可以显著提高用户体验，从而为网络运营商带来更大的利润。随着 4G 时代的来临和智能手机的普及，由于许多多媒体应用对海量数据的依赖，移动网络用户对强大存储服务的需求日益增长，移动云存储的需求正经历着指数级增长。大规模部署移动云存储服务将导致移动数据流量的大幅增加，进而对存储功能与无处不在的高速率无线通信功能的集成提出了需求。另外，基于音频和视频流的业务成为移动通信系统的主要业务之一，这些业务通常需要大量的计算资源。但是，移动设备提供的计算资源非常有限，很难满足这类服务中的编码等任务的要求。因此，将移动云计算（Mobile Cloud Computing，MCC）和移动边缘计算（Mobile Edge Computing，MEC）等强大的计算技术引入移动通信系统成为必然。增强型移动宽带、海量机器类通信、高可靠和低时延通信的 5G 三大应用场景的实现更是需要强大的缓存及计算能力的支持。将通信、缓存及计算能力进行集成已成为必然的发展趋势[1]。目前，针对移动网络资源组合架构的研究也大都围绕这 3 种资源中部分或全部的组合进行。

在"通信–缓存"组合方面，基于信息中心网络（Information-Centric Networking，ICN）的空中缓存技术被认为是基于 SDN 的 5G 移动网络的候选技术[2]。参考文献[3]提出了一种将无线网络虚拟化技术与 ICN 技术相结合以提高端到端网络性能的架构。参考文献[4]提出了一种增强多层缓存和交付的近距离通信体系架构，该架构联合使用了小蜂窝基站（Small Cell Base Station）和 D2D 设备的通信及缓存能力；结合流行分布、不同存储能力和用户移动性，提出了一种分布式内容缓存和交付策略。

在"计算–通信"组合方面，MCC 和 MEC 是实现"计算–通信"架构的典型代表。其中，MCC 包括互联网云服务器和移动设备之间的端到端的控制和数据流。通过 MCC 的支持，移动设备上的应用程序能够使用远程云中密集、弹性的缓存和计算资源，包括私有、公共和联合（混合）云。MEC 是对 MCC 的补充，通过在无线接入网部署边缘计算资源，降低 MCC 带来的高数据传输时延。MEC 和 MCC 的工作原理类似，都允许用户终端（User Equipment，UE）将计算任务卸载到代表 UE 执行任务的服务器上，然后将结果返回给 UE。MEC 服务器可以部署在无线接入网边缘的不同位置，如宏基站站点、多技术蜂窝聚合站点或无线网络控制器（Radio Network Controller，RNC）站点。其中，多技术蜂窝聚合站点可以位于企业的室内或室外环境中，以控制多个本地多技术接入点，从而覆盖某些公共场所。通过不同的部署选项，可以实现从基站集群到用户终端的本地相关服务的快速、直接交付。

在"缓存–计算"组合方面，参考文献[5]提出了一个缓存计算框架，将缓存内容从云移到边缘，在核心站点部署一个通过机器学习和大数据分析进行内容选择的大数据平台。大数据平台跟踪和预测用户的需求和行为，基于内容流行度估计进行内容选择决策，无线接入网（Radio Access Network，RAN）中的小基站（Small Base Sation，SBS）配置缓存单元，存储大数据平台选择的内容，以实现更高的用户满意度和回程卸载。参考文献[6]提出了一种以云内容为中心的移动网络，将云计算结合到核心网络缓存和无线接入网络缓存中。在这种架构中，将云内容交付网络（Content Delivery Network，CDN）作为核心网络缓存技术，将云 RAN 作为 RAN 缓存技术。

在“缓存–计算–通信”组合方面，考虑两类通信缓存计算框架，即通信缓存计算聚合和通信与计算辅助缓存。前者是指通信、缓存和计算功能相互融合形成一个综合结构的框架，为用户终端提供多功能的服务。后者意味着在这种类型的框架中，通信和计算能力为缓存功能提供支持，提高网络缓存服务的质量。参考文献[7]提出了一个在 SDN 控制平面的控制和管理下结合通信、缓存和计算功能的框架，旨在为绿色无线网络提供节能的信息检索和计算服务。该集成框架采用软件定义的方法，利用 SDN 中控制平面和数据平面的分离，保证了解决方案的灵活性。文中讨论了 3 种无线接入网，即蜂窝网络、无线局域网（Wireless Local Area Network，WLAN）和全球微波接入互操作性（World Interoperability for Microwave Access，WiMAX）网络。每个网络节点都具有缓存和计算能力，并在控制器的控制下，负责整个无线网络的拓扑结构和数据分组转发策略。在通信与计算辅助缓存方面，参考文献[8]针对移动设备对内容日益增长的需求，提倡在以信息为中心的网络架构中采用通信和计算辅助缓存的方式。文中提出了一种具有社会化意识的以车辆信息为中心的网络模型，其中车辆等移动节点具有通信、缓存和计算能力，并负责计算自己是否有资格缓存内容并将内容传送给其他节点；对于缓存什么和如何缓存的问题，在考虑协作缓存方案的情况下，根据内容流行性、可用性和及时性的计算结果进行决策；对于如何检索的问题，提出了一种面向车辆的社会化内容分发协议，用于中继和检索缓存的内容，以增强信息的可达性。

2. 通信–缓存–计算资源组合的实现技术

通信–缓存–计算资源组合的实现技术关注资源的协同分配，即资源使用策略的联合优化问题。传统研究通过各种数学方法对其进行求解（往往是 NP 难（NP-hard）问题），近来也出现了应用深度强化学习技术优化资源协同分配策略的研究。以下分别对这两类解决方案的近期研究成果进行介绍。

参考文献[9-10]将计算卸载决策、内容缓存策略以及频谱和计算资源分配问题描述为一个优化问题。将原非凸问题转化为凸问题，并进一步分解为若干子问题。与集中式算法相比，分布式算法能更有效地解决问题。参考文献[11]提出了一个联合缓存和计算决策优化问题，在 MEC 中每个移动设备的时延、缓存和能量约束下，最小化所需的传输带宽；基于等价变换和问题的精确罚分，通过凹凸过程得到一个稳定点；在所有计算任务对称且用户请求一致的特殊情况下，得到了局部缓存增益、局部计算增益和多播增益的闭式表达式。参考文献[12]考虑移动边缘网络中的同质双向计算任务模型，该网络由一个 MEC 服务器和一个移动设备组成，两者都具有计算和缓存功能；在时延、缓存大小和平均功率约束下，对双向计算任务模型的计算和缓存策略进行联合优化，实现平均带宽最小化；在齐次情形下给出了最优策略和最小带宽的闭式表达式，从分析和数值两方面阐述了通信、计算和缓存之间的折中。参考文献[13]研究了由一个具有缓存和计算能力的服务节点和多个具有计算能力的用户组成的多用户辅助 MEC 系统中软件缓存、计算卸载和通信资源分配的联合优化问题，以最小化在缓存和截止时间约束下的加权和能耗。该问题是一个具有挑战性的二时标混合整数非线性规划问题，一般是 NP-hard 问题。利用适当的变换将其转化为等价凸混合整数非线性规划问题，并提出了两种低复杂度算法，得到了原非凸问题的次优解。参考文献[14]研究了 MEC 多任务多用户通用场景下的联合服务缓存、计算卸载、传输和计算资源分配问题，目标是将所有用户的总体计算和时延成本降到最低。将优化问题描述为非凸 NP-hard 问题的二次限制二次规划（Quadratically Constrained Quadratic Program，QCQP），提出了一种基于半定松弛（Semi-Definite Relaxation，SDR）方法和交替优化的高效近似算法。此外，参考文献[14]还将研究扩展到每个用户都有计算成本约束的场景。

参考文献[15]针对车载网中通信、缓存和计算资源的联合优化问题，提出采用深度强化学习方法求解资源分配策略。参考文献[16]提出将深度强化学习技术和联合学习框架与移动边缘系统相结合，以优化移动边缘计算、缓存和通信；设计了“In-Edge AI”框架，以便智能地利用设备与边缘节点之间的协作来交换学习参数，从而更好地训练和推理模型，在减少不必要的系统通信负载的同时，进行动态系统级优化和应用级增强。参考文献[17]针对内容缓存策略、计算卸载策略和无线资源分配等问题，提出了一种基于雾的物联网联合优化方案。采用 actor-critic（玩家–评委）强化学习框架，以最小化平均端到端时延为目标解决联合决策问题；由于问题的状态空间和作用空间都非常大，采用 DNN 作为函数逼近器来估计临界部分的值函数。actor 部分使用另一个 DNN 表示一个参数化的随机策略，并在 critic 的帮助下对策略进行改进。此外，参考文献[17]采用自然策略梯度法避免收敛到局部极大值。参考文献[18]提出了一种异构的 MEC 体系结构，该体系结构由固定单元（即地面站）和移动节点（即地面车辆和无人驾驶飞行器）组成，所有这些单元都具有计算、缓存和通信 3 种资源；讨论了移动边缘节点管理、实时决策、用户关联和资源分配等异构 MEC 系统中的关键挑战，提出了基于 DNN 和基于 DRL 两种不同机制的联合资源调度框架。基于 DNN 的在线增量学习解决方案应用全局优化器，因此比基于 DRL 的体系结构具有更好的性能，并且具有在线策略更新功能，但需要更长的训练时间。

8.2.3 捕捉、通信、认知、计算和控制能力的协同优化

1. 基于多智能体协同优化的需求联合管理模型

为了高效可靠地满足用户的个性化极致需求，需要利用联动管控平面对用户业务需求以及接入层、网络层和业务层所提供的捕捉、通信、认知、计算和控制资源进行协同互联优化。为此，拟针对 5 种资源与应用需求的联合优化提出一个通用的基于多智能体协同优化的联合管控模型，如图 8-2 所示。

此通用模型包含 6 个基本模块，即业务、捕捉、通信、认知、计算和控制。在具体的实际应用中，会涉及其中的单一或多个部分。本节分别为每个模块定义其建模的基本元素，即优化目标、输入参数和决策变量，具体如下。

- 业务模块：通过控制业务应用自身参数以改善业务应用性能，例如，基于 HTTP 的动态自适应流（Dynamic Adaptive Streaming over HTTP，DASH）通过自身性能估计网络状态，从而调整所请求视频的码率等参数。智能体获取输入参数为 I_{app}，比如业务应用的状态（当前/历史能耗、当前/历史负载、当前/历史应用指标等）以及所估计的其他模块的状态；求解决策参数为 D_{app}，比如应用码率、帧率、任务卸载决定、任务分解、能耗控制等；优化目标为 O_{app}，比如用户体验质量（Quality of Experience，QoE）、能耗水平、任务完成时间等。

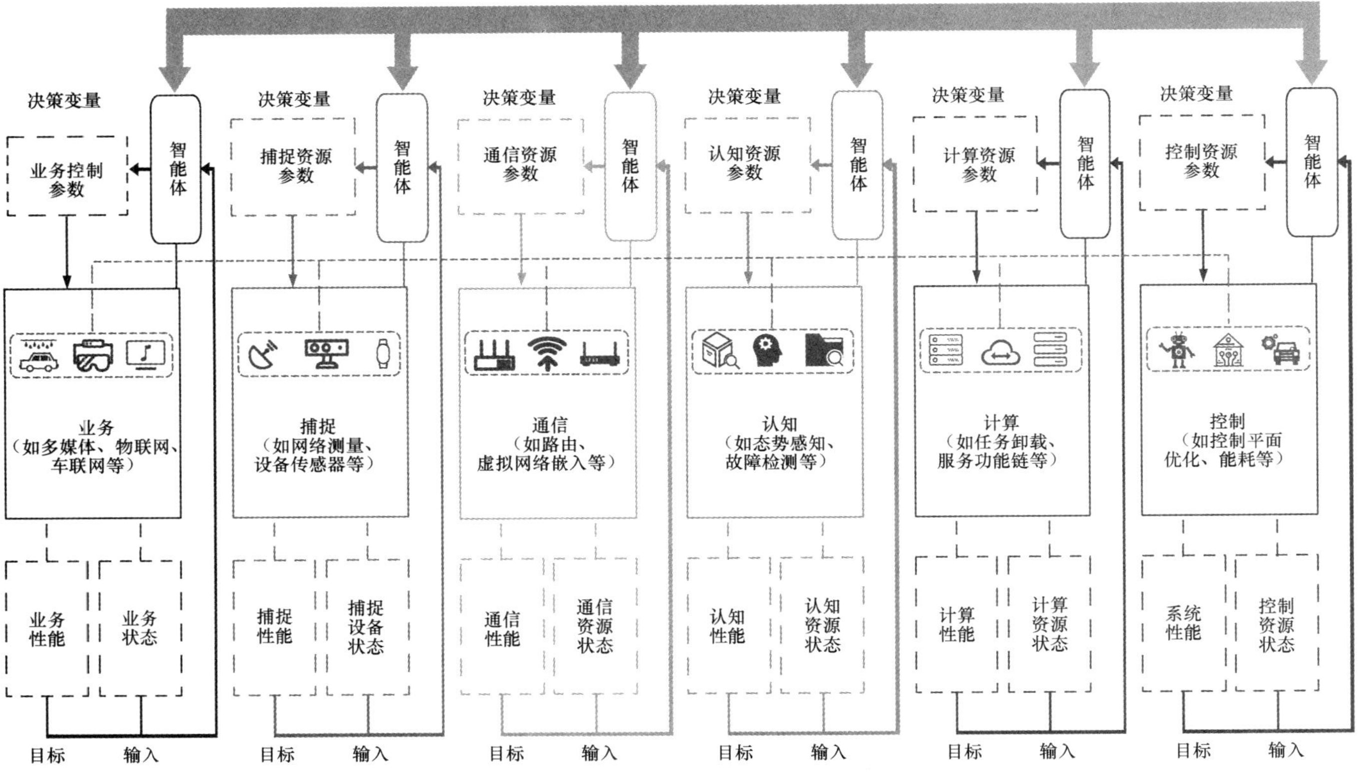

图 8-2　通用的基于多智能体协同优化的联合管控模型

- 捕捉模块：捕捉物理实体、环境、网络的状态。通过触觉刺激、无线信号等获取全息刺激，将捕捉状态转换为数字数据，进行本地缓存或转换为物理信号。智能体获取输入参数为 I_{capt}，比如捕捉设备的存储能力、处理能力、放置位置等；求解决策参数为 D_{capt}，比如探测机制的参数（探测频率、探测范围、探测粒度等）、传感设备的参数（开关、放置）等；优化目标为 O_{capt}，比如测量精度、测量的准确性等。
- 通信模块：决策通信路由（单播、多播、广播）、虚拟网络嵌入（Virtual Network Embedding，VNE）等。智能体获取输入参数为 I_{comm}，比如链路状态、节点状态、交换机负载、控制器负载、流表大小等；求解决策参数为 D_{comm}，比如路由、带宽分配、VNE 放置等；优化目标为 O_{comm}，比如最小化最大链路负载、最小化交换机负载、最小化数据分组丢失率、最小化传输时延、负载均衡等。
- 认知模块：通过对信息的处理获取对网络状态的认知，包括网络态势感知、网络故障检测等。智能体获取输入参数为 I_{cgn}，比如运维手册、配置文档、日志、记录、网络基础数据等；求解决策参数为 D_{cgn}，比如当前网络故障概率、威胁程度、预测流量矩阵等；优化目标为 O_{cgn}，比如预测/预警准确度等。
- 计算模块：在网络中灵活调配计算资源，比如任务卸载、服务功能链（SFC）。智能体获取输入参数为 I_{cmp}，比如任务的计算量需求、任务完成时间的要求、可靠性需求、网络剩余计算资源、网络计算节点的空间分布等；求解决策参数为 D_{cmp}，比如为用户分配的计算资源量、SFC 在网络中的映射等；优化目标为 O_{cmp}，比如任务完成时间、业务 QoE 等。
- 控制模块：包括控制平面的部署及性能优化。智能体获取输入参数为 I_{ctrl}，比如控制平面资源量、业务需求等；求解决策参数为 D_{ctrl}，比如控制平面的拓扑、控制节点开关、控制平面的迁移等；优化目标为 O_{ctrl}，比如决策响应时间、决策部署完成时间等。

2. **服务能力的协同管控优化**

在实际应用中，通过对代表各种服务能力的智能体进行联合优化，降低整体的决策时间和时延。由于通信网络中通常存在自然的集中点，如接入网中的基站控制器、异构网（HetNet）中的宏基站、软件定义网络中的控制器等，可利用这些集中点具备的收集全局状态的能力，以及其协调各个智能体学习和决策的优势，来缩减策略生成时间和降低时延。在具体实施中，除了部署于网络场景中真实存在的实体上（如路由器、用户终端设备，或者小基站）的各种实体智能体，还会引入为了执行子任务或求解子问题而设置的虚拟智能体。

优化目标的复杂性不仅体现在需要综合多个目标，而且还体现在如何取舍（综合）这些目标并无定论。不同智能体往往关注相互矛盾的优化目标，例如，网络时延小，能耗低，负载均衡，资源利用率高，即无法写出这些目标合并起来的具体函数形式。对这类问题中的复杂目标进行分解的过程中，考虑采用如下基本策略：每个虚拟智能体只负责对单个目标的策略学习，其结果相当于专家意见。集中点的作用是综合这些专家意见，给出最终决策。

对于多智能体的联合优化，考虑采用 3 种求解途径，即问题/任务分解方法、引导/协调方法和服务提供方法。

（1）问题/任务分解方法

问题/任务分解方法的核心研究内容是将复杂的智能体管控问题（或任务）分解为更为简单的子问题，以期能更快速地做出决策。具体的任务分解方法包括状态空间分解和动作空间分解。

针对状态空间分解，由于该管控问题中状态的组成比较复杂，可能会包括不受决策影响的状态种类。例如，移动边缘计算场景中用户位置这样的状态不会受到“是否卸载”的决策影响。因此，将根据是否受决策影响作为状态空间分解的依据。在这种类型的状态空间中搜索最佳决策时，不必建模为马尔可夫决策过程，也不必采用强化学习，完全可以采用 Bandit 模型来求解，从而得到更好的性能保障。

动作空间分解可以有两种依据。一种依据是直接对整个动作空间进行分类，通过额外的信息（如过去的经验）来区分“好动作”和“坏动作”，分别由不同的虚拟智能体评估和探索。另一种依据是决策的种类。这类分解适用于多种决策各自有相应的实体与之自然对应的场景。例如，小基站负责选择特定用户的接入信道，用户终端负责决策卸载多少计算任务，MEC 服务器决定分配多少计算资源。所有这些决策共同决定计算任务的完成时间。集中点通过动态调控决策步骤，甚至多次迭代来综合给出最终决策。

（2）引导/协调方法

在引导/协调方法中，集中点通过引导和协调对决策结果施加影响，根据引导目标的不同，分为以快速收敛为目标的引导方法和以高回报为目标的引导方法。

在以快速收敛为目标的引导方法中，考虑到其他智能体的决策/动作变化和环境变化都会导致状态回报的变化，难以区分。如果能将其他智能体的行为通知智能体，与环境状态区分开来，那么该智能体的学习性能将与单智能体学习的性能一致。

在以高回报为目标的引导方法中，针对每个智能体选择多个最佳行动断面中的某一个，合起来构成的行动断面可能反而不是最佳的情况，考虑利用集中点控制自私智能体的回报（如控制或影响智能体收到的排队时延），那么可以构造某种非对称博弈的模型：集中点作为 leader（领导者）调控自私智能体的回报信号，来引导 follower（智能体）的决策。

（3）服务提供方法

服务提供方法指通过集中点为智能体提供的服务做出决策。从所提供服务类型的角度，分为经验共享和参数共享两种方法。

在经验共享中，考虑到在多智能体场景中，多个智能体共享同一环境，若集中点收集所有智能体的经验，组成更大的经验池供大家抽取，有利于进一步发挥经验回放技术“去相关性”的作用，达到更好的性能。拟通过引入基于先验知识的经验加工机制，有望得到更好的效果。例如，针对智能体当前状态对经验进行一定的选择，或设置优先级，以便智能体从有类似状态的经验中尽快学习；或者定期清除过时的经验，以避免非平稳环境中经验失效的问题等。

参数指的是深度神经网络的权重。集中点收集智能体学习到的参数，组成“参数池”，并提供相应的加工手段，也是一种有效的服务。另外，每个智能体自主学习决策，但由集中点来进行评测，这相当于一种对学习到的参数进行评估的特殊服务。

8.3 业务能力动态组合的服务个性化定制

8.2 节的“捕捉、通信、认知、计算和控制一体化协同”为我们提供了最优的原子业务实现。为了灵活和高效地满足业务的个性化需求，业务层需要具备原子业务组合自动规划能力。在将原子业务组合成用户所需的复合业务方面，在传统智能网中进行业务设计时通过 SIB 的静态搭建完成业务逻辑流程，这些 SIB 也是由集中的业务控制点统一提供的，在业务部署和实现方面均缺乏灵活性。目前移动网及互联网中复合业务的提供则采用面向服务的思想，服务组件分布于网络中，通过对服务组件的静态或动态组合实现业务的提供。

本节将参照通过服务组件的服务组合进行业务提供方面的研究成果，探讨 6G 网络管控体系中业务能力动态组合的实现方法。

8.3.1　基于服务组件的服务组合及优化

服务组合定义为通过组合多个服务组件创建新服务的过程，以增加服务价值并以复合服务的形式完成更复杂的任务。产生复合服务的活动包括描述服务需求（用户需求分解）、发现相关服务、选择最佳服务和执行新的（复合）服务[19]。从用户需求分解的实现方式的角度，可以将服务组合分为静态服务组合和动态服务组合。其中，静态服务组合表示在组合计划实施前创建一个抽象的过程模型（服务链），模型中包括服务的集合及服务间的数据依赖关系，每个服务对应一组同类型的候选服务，在复合服务执行的过程中，从这些候选服务中选择出满足复合服务质量要求的服务组合为具体的执行服务链。动态服务组合也被称为自动化服务组合，不仅自动地选择、绑定服务，更重要的是自动地创建过程模型，即根据用户的需求目标，动态化地构建复合服务的服务链。由于自动化服务组合更适用于网络服务动态变化的环境，大大扩展了服务选择算法可优化的空间，因此当前的研究更多集中于自动化服务组合。

1. 复合服务的表示方法

在自动化服务组合中，复合服务的表示方法直接决定了实现服务组合的起点、优化方向及具体优化方法。复合服务的表示方法可分为 3 种：基于树的表示、基于图的表示和基于置换的表示[20]，具体如下。

- 基于树的表示：通过树结构广度和深度的灵活性，基于树表示的复合服务允许创建长度和配置可变的组合。同时，允许树的内部节点和叶节点根据所使用的表示方案具有不同的含义，例如，叶节点表示工作流中的候选服务，而内部节点表示由服务及其之间的连接构成的结构化的组合构造[21-22]。对于基于进化算法的服务组合实现来说，进化过程在基于树表示的复合服务中的实现相对简单，只需在给定子树范围内进行遗传算子的修改即可完成。但是，由于可能有多个叶节点表示相同的候选服务，并且对于所有这些节点，与其他节点的依赖关系必须是正确的，这给确保给定方案的可行性带来了困难。

- 基于图的表示：基于图表示的复合服务被编码成一种有向无环图（Directed Acyclic Graph，DAG），它展示了复合服务的自然工作流和服务依赖性[23-25]。基于图表示的服务组合实现构建了一个包含工作流中服务之间所有可能连接的主图，然后将其用作搜索过程的基础，该搜索过程从该结构中提取较小的可行解。与基于树的表示相比，基于图的结构简化了验证给定解决方案的功能正确性的过程，因为每个候选服务仅由单个节点表示，并且节点之间的连接是显式的。基于图的表示方式的缺点是图变异空间包含大量的无效服务组合，这些组合要么违反了服务依赖的约束，要么降低了适应度性能。此外，对基于图表示的复合服务的修改相对困难，因为删除图中的任何节点都可能会影响后续的一系列节点。
- 基于置换的表示：基于置换表示的复合服务将服务编码为一个序列，用于构建相应的组合服务结构[26-28]。对于基于置换表示的复合服务，将使用优化方法查找服务的顺序，从而为复合服务实现最好的服务质量。在某些实现方案中，服务序列可以有可变长度[29]。参考文献[30]将构图表示为一个二维结构服务，其中行表示抽象服务，列表示不同的质量级别。基于置换的表示不需要抽象的组合结构，但可以通过优化过程同时构建该结构和所选的服务。由于优化过程确保了相应的解是可行的,可以通过搜索算子无约束地修改向量。然而，优化过程的重复使用增加了总体的计算工作量。

2. 复合服务优化

复合服务的 QoS 是决定服务组合性能和客户体验的关键，而 QoS 包含多方面的属性指标，因此复合服务优化就转化为一个多目标优化问题。基于 QoS 的服务组合优化方法可以分为如下几类。

- 基于经典规划的组合优化。经典规划方法使用前向链和/或后向链规划进行服务组合，以寻找执行时间成本最小的解决方案。参考文献[31]针对移动普适计算环境，提出了一种基于反向链的分散启发式规划算法，以支持灵活的服务发现。
- 图规划方法。图规划方法对应于基于图表示的组合服务构建。参考文献[24]提出了一种基于图的记忆算法，设计并使用了基于两个新的移动算子的局部搜索，克服了传统的变异算子的缺点，证明了局部搜索和全局搜索相结合在解决 QoS 感知的复合服务优化问题中的有效性和效率。参考文献[32]基于服务之间的归属关系创建了服务组合路径，该算法采用最短双向广度优先和 Dijkstra（迪杰斯特拉）算法，找出服务数量最少或 QoS 值最好的解决方案。
- 基于进化计算（Evolutionary Computation，EC）的方法。EC 算法作为一种元启发式方法，通过对一组解（即种群）的迭代改进来近似求解问题，以达到探索和开发之间的良好平衡。EC 算法是解决复合服务优化问题的主流算法。遗传编程（Genetic Programming，GP）是主要的 EC 复合服务优化算法[33-34]。在这些方法中，工作流构造表示两个服务之间的输出–输入连接。进化过程中使用的遗传算子是交叉算子（来自两个个体的两个子树被随机选择和交换）及变异算子（一个个体的子树被一个随机生成的替代物代替）。较早的 GP 算法针对基于树表示和图表示的复合服务进行迭代优化，最近的研究通过增强的蚁群算法优化服务组合的 QoS 和执行时间[35-38]。

近年来，针对移动网络环境中的复合服务优化问题，相关研究在优化过程中或考虑用户的移动性及终端设备的能耗要求[39-41]，或考虑服务由移动云计算或边缘计算节点提供的情况[42-45]。有些研究则针对终端设备也是服务提供者的情况[46-49]，如无线自组织网。

8.3.2　业务能力动态组合的服务个性化定制

基于“捕捉、通信、认知、计算和控制一体化协同”的原子业务实现，设计从用户意图表达到业务能力组合的自动化编译和运行架构，实现全场景全域服务按需自动定制。通过赋予服务认知能力，实现对目标行为、场景语义以及用户特征的精确认知，并通过全网统一的服务描述方法对网络服务进行自适应动态调整。具体而言，业务能力动态组合的服务个性化定制包括两个方面的能力：将复合业务的个性化需求转化为原子业务转发路径需求的能力（抽象编程语言设计），以及最优的原子业务放置能力（原子业务编译器）。

1. 个性化需求的表达与转化

我们拟设计一种抽象化的高层次语言来表达复合业务能力动态组合的个性化需求，从而将具体复合业务的需求转化为对原子业务的转发路径的需求。例如，某节点 A 发起的复合业务 s，由原子业务功能 $\{f_1, f_2, \cdots, f_n\}$（如视频转码、防火墙、深度分组检测等）构成，即可以将该业务看成是从节点 A 出发的，经过功能节点 $f_1, f_2, \cdots, f_n$，到达目的节点 B 的路径。同时该复合业务还对性能指标（如网络时延、业务指标等）有一定要求。因此可以使用该抽象编程语言将该复合业务 s 表述为：$\text{minimize}(A, f_1, f_2, \cdots, f_n, B, \text{path.delay.threshold}, \text{QoE.threshold})$。

由于同一复合业务可能对应为不同的原子业务转发路径，而不同原子业务的转发路径具有不同的业务性能，并会给网络整体带来不同的影响，如何选择原子业务转发路径，以及在确定原子业务转发路径后，如何规划原子业务之间的路径是实现服务个性化定制的关键。拟通过设计原子业务编辑器完成上述任务。

2. 原子业务编译器的设计

通过原子业务编译器，根据各个业务通过抽象编程语言表达出的个性化需求和网络的实时状态，自动将上层业务的个性化需求编译为下层网络中的具体实施策略。使用虚拟网络功能（Virtualized Network Function，VNF）表征原子业务，则原子业务编译器的两大任务就转换为 VNF 的编排（即如何根据复合业务需求选择位置合适的 VNF）和流调度（合理调度原子业务之间的路径使复合业务的完成时间满足需求，并最优化网络效用）问题。

由于这两大功能都需要实时完成，考虑将时间分为多个离散的时隙。设 $Q(t)$ 为时隙 t 到达的对复合业务的请求集合。考虑到实时性需求，VNF 的编排和流调度在时隙 t 开始时进行决策。为了准确体现原子业务之间的关系，可根据实际物理拓扑 G_n 和复合业务的需求构建一个有向的 VNF 图 $G_v = (V, E_v)$。图中的每个点 $v_{fn} \in V$ 表示部署于网络设备 n 上类型为 f 的原子业务。如果两个原子业务在某个复合业务的原子转发路径上是相邻节点，假设原子业务 f' 是 f 的前驱业务。因此需要在边集合 E_v 中加入边 $e(v_{f'n'}, v_{fn})$（其中 n' 是部署原子业务 f' 的服务器）。因此在时隙 t 开始的时候需要决策是否要启动服务器 n 上类型为 f 的原子业务 $x_{fn}(t)$（取值为 1，表示启动该原子服务）以及每条边上的转发路由规则 $r_{e(v_{f'n'}, v_{fn})}(t)$。编排和调度的目标是满足复合业务的性能需求，并且最优化网络的利用。

对该优化问题进行建模，我们可以发现该模型是一个复杂的混合整数优化问题，决策变量既有离散变量（编排 $x_{fn}(t)$）也有连续变量（调度 $r_{e(v_{f'n'}, v_{fn})}(t)$），很难满足求解时间的需求。因此我们考虑利用强化学习技术进行求解。强化学习算法根据当前观测到的系统状态，选择行动策略，得到此次行动决策的回报，同时进入新的状态。因此，在算法泛型的意义上，强化学习与 VNF 的编排和流调度问题的需求显得尤为匹配。同时，强化学习技术不依赖于精确的网络模型或者大量完整的问题描述和最优解对，它着重于在探索/试错过程中学习最优行动策略。因此强化学习更能够适应多变的网络环境，且能够更快地做出决策。

在进行具体设计实现时，可采用多种 DRL/DL 算法，包括单智能体 DRL 算法（如 DDPG、TRPO、A3C 等）、多智能体 DRL 算法（如 MADDPG、COMA、meanfield DQN 等）以及基于深度学习的优化加速方法。

8.4　网络孪生支撑下的用户数字资产共享

数字孪生是一项新兴技术，也是国际电信联盟电信标准分局关于未来网络的 12 个代表性用例之一[50]。数字孪生指建立物理对象的逻辑副本（也被称为虚拟镜像或软件化副本），即“数字孪生体”。数字孪生体应能反映其原始物理对象在整个生命周期内运行和生活的所有动态、特征、关键组件和重要特性[51]。将数字孪生技术应用于 6G 网络，创建 6G 网络中人或物的虚拟镜像，即可构建 6G 网络的数字孪生网络。通过物理网络和孪生网络的实时交互，孪生网络能够帮助物理网络实现低成本试错、智能化决策和高效率创新。

为在 6G 网络中实现个性化服务提供，拟将网络孪生作为基础服务之一，使数字孪生体可记录人或物在物理空间和网络空间中的属性和行为数据。基于数字孪生体形成的数字资产，设计基于网络孪生的用户数字资产架构，建立用户孪生体和其相关数据的存储和自主控制，实现对用户数字资产的统一管理。设计数字资产可信共享及资产交易架构、隐私保护机制，以及可信共享资源服务提供机制，解决中心化服务收益分配过程不透明且隐私易泄露而引发的公平性问题，助推可信网络数字空间的有序建设。

8.4.1 基于网络孪生的用户数字资产共享架构

初步构建基于网络孪生的用户数字资产共享架构，如图 8-3 所示。架构自下而上分为 5 层，具体如下。

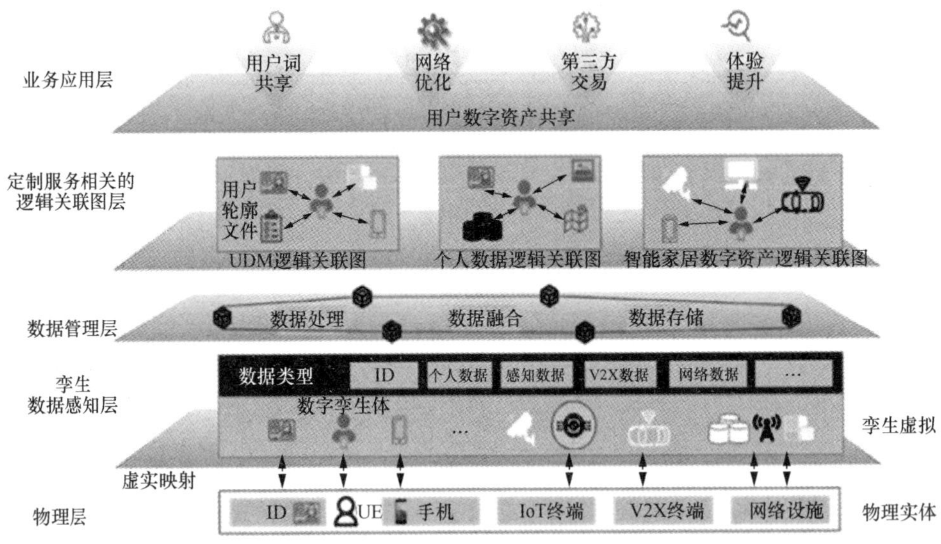

图 8-3　基于网络孪生的用户数字资产共享架构

注：V2X 为车辆与外界信息交互（Vehicle-to-Everything）。

- 第 1 层为物理基础设施及终端层（物理层），主要是物理世界及网络世界中的用户、归属于用户的物（终端、传感设备等），基站、边缘云、核心云等通信基础设施，以及 IoT 终端，V2X 终端等。
- 第 2 层为孪生数据感知层，是由用户和/或物，以及通信基础设施的数字孪生体组成的数字化空间。通过与物理层之间的虚实映射，获取物理对象的各种数据，这些数据既包括数字孪生体建立时已经存在的表示物理对象特征的描述性数据、历史运行数据，也包括在数字孪生体建立以后因物理对象的动态变化（如，人的移动及对外部世界的感知、人对网络服务的使用、网络的运行等）而产生的运行时数据。

- 第 3 层为数据管理层，包括数据处理、数据融合、数据存储等典型的数据处理流程，并建立用户孪生体和其相关数据的控制关系，实现对用户数字资产的统一管理。
- 第 4 层为定制服务相关的逻辑关联图层。基于网络孪生的群组功能，通过对逻辑相关的虚拟体之间进行结网，满足对业务个性化的定制需求。
- 第 5 层为业务应用层，在用户的自主控制下，实现用户数字资产在不同用户间的共享，也可提供给运营商用于进行网络优化，或提供给第三方用于 AI 训练或交易，或用于提升用户的体验等。

在本书的范围内，对数字孪生的关注点在于由数字孪生产生用户数字资产的统一管理和共享机制，并不涉及数字孪生空间的具体构建（孪生体建模、物理层和孪生数据感知层之间的通信，数据的具体存储格式）及通过数字孪生空间实现网络优化、AI 训练等的具体工作，因此，下文的论述将仅包括用户数字资产的建立及统一管理、数字资产的可信共享机制。

8.4.2 用户数字资产的建立及统一管理

1. 用户数字资产的建立

对应于物理世界中每一个物理对象都有一个唯一的实体 ID 标识，在数字孪生空间中的每一个孪生体也会有一个唯一的孪生体 ID 来标识。用户数字资产的建立基于这两个 ID 之间的映射机制。具体而言，应包括以下 3 方面的内容。

- 在首次建立数字孪生体时，物理对象和其对应的孪生体之间是一对一的关系，可实现两个 ID 之间的直接映射。构建孪生体时获取的关于物理对象（ID）的各类数据通过数据处理，成为数字孪生体的表征数据，属于物理对象的数字资产，通过孪生体 ID 与物理对象 ID 之间的映射建立间接映射关系。
- 在基于数字孪生体建立新的副本时，需在新的副本与其原始物理对象之间建立关联，即实现新副本的孪生体 ID 和物理对象 ID 之间的映射，这是一个多对一的关系。这些副本及其相关数据也属于物理对象的数字资产。

- 在数字孪生体建立后，由于物理对象本身的动态变化引发的数字孪生体的变化过程及变化结果通过数据的收集和处理过程，以数字化形式记录在数字孪生空间中，这些数据同样属于物理对象的数字资产，需要通过孪生体 ID 与物理对象 ID 之间的映射建立间接映射关系。

考虑更为复杂的情况，在物理空间中某些物理对象（如手机终端、人体传感器等）归属于其他物理对象（如手机终端的拥有者）。在归属关系成立期间，归属于前者的数字资产同样也应是后者的数字资产的一部分，也需要通过适当的映射机制确立这种资产归属关系。

在更为广义的范围内，6G 网络中的运营商是大量网络资产的拥有者，这些网络资产在数字孪生空间中建立了各自的数字孪生体，且随着网络的运行不断产生大量的网络数据，从而构成了数字孪生空间中数据量最为密集的数字资产。因此，也可以将运营商看作一类特殊的“用户”，在数字孪生空间中为其构建相应的数字孪生体，与其他用户类似，建立其数字孪生体与所拥有网络资产数字孪生体之间的映射关系，便于在数字孪生空间中的统一管理和使用。

2. 用户数字资产的统一管理

如前文所述，数字孪生空间中的数据既包括反映物理对象记忆及重要特征的静态数据，也包括随着时间推移不断产生的动态数据。可想而知，在 6G 网络环境中，随着网络的持续运行、用户对网络服务的不断使用及各种新的服务的不断涌现，不但动态数据的数据量将以极快的速度不断增长，其数据的格式也将表现出极大的动态性和不确定性。因此，数字孪生空间必须具备对大规模异构数据的高效存储以及对高维数据的编码和分析能力[52]。

到目前为止，针对通信网络数字孪生的研究成果较少，且尚未见到关于其数字孪生空间数据具体存储格式的研究。尽管如此，根据上述关于数字孪生空间中的数据特点，可以对用户数字资产统一管理的可能实现方式进行初步探讨。

由于数字孪生空间中庞大的数据量及数据动态增长的特性，其数据存储应采用数据仓库的形式。结合产生数据的原因及数据格式的多样性，数据仓库应采用多种存储技术和分布式存储机制，实现对海量数据的高效灵活存储。基于具有上述特点的数据仓库，为实现对用户数字资产的统一管理，可以采用主流的分布式哈希表（Distributed Hash Table，DHT）技术，实现用户孪生体和其相关数据的分布式存储。

更进一步，如果能够在数字孪生空间的构建过程中采用区块链机制，以保证事务、日志和数据来源的安全可信的可跟踪性、可访问性和不变性，则可以采用适用于区块链的数据存储方式，如分散存储的星际文件系统（IPFS）存储和共享数字孪生空间的数据[53]。将数据存储在 IPFS 上可确保数据以高完整性安全存储[54]，从而在数据处理层面满足用户数字资产的隐私保护需求；或者在传统的 DHT 之上，结合基于区块链的数据存储方式，可以考虑诸如联盟链技术，在用户及其归属设备对应的数字孪生体之间构建联盟链，实现对用户数字资产的统一管理。

8.4.3　数字资产可信共享及隐私保护机制

在用户数字资产共享架构的业务应用层，有意愿的用户可以将数字资产共享给其他用户、运营商或第三方，用于提升用户体验、进行网络优化或模型训练等，用户也可以从中获得收益。区块链技术因其去中心化、不变性和可审计性等特性，已成为实现数字资产可信共享最有潜力的技术，但是数字孪生空间中数字资产规模庞大、数字资产中包含用户不希望泄露的隐私信息等问题，给通过区块链实现用户数字资产的可信共享带来了挑战。此外，运营商之间的数字资产共享具有与其他用户数字资产共享不同的特性，需要单独考虑。以下针对这 3 方面的问题展开论述。

1. 大规模数字资产的可信共享

在引入区块链技术实现数字资产共享的过程中，如果数字资产内容全量上链，必然受到区块存储管理与共识效率的限制，造成共享效率低下，导致区块链对资源计算的需求与资源共享融合可用性的问题。因此，基于区块链技术实现大规模数字资产的可信共享的关键是共识效率和存储方式。

为解决规模庞大的节点（用户）全部参与区块链共识过程导致的共识效率低下问题，考虑基于联盟链的方式实现数字资产的共享。即，联盟链中参与共识的节点是预先选定的，每个区块的生成由这些预选节点决定，其他节点可以参与信息的交互（资产拥有者提供可共享的资产、资产需求者提出资产需求），但不参与共识过程。考虑到 6G 网络数字孪生空间中用户数字资产的特性，共识节点可以选择增强的基站、可信的边缘计算设备等。联盟链使用 PBFT、DPoS、Raft 等高效的共识算法提升共识效率。此外，在基于联盟链实现数字资产可信共享的具体方式方面，目前的研究大多针对患者电子病历的共享[55-57]或车联网中车辆数据信息的共享[58-61]。与这些研究中用于共享的数据信息的类型相对一致不同，数字孪生体中用于共享的用户数字资产可能存在多种类型，如对比基于用户使用特定 6G 服务产生的服务相关数据与由用户传感器获得的环境信息，无论是数据表现形式及存储方式，还是访问数字资产的需求者及使用目的，都存在较大差异。因此，在构建用于数字资产共享的区块链时，应该针对不同的用户资产类型及供需环境，设计使用不同的预选节点及共识机制，实现对各类用户资产的高效可信共享。

为避免数字资产内容全量上链带来的区块存储管理问题，结合数字孪生空间中数字资产的分布式存储方式，可以采用链下存储技术。与一般链下存储中将区块体中的数据内容从原区块体转移到非区块链的外部存储系统中不同，由于是在数字孪生空间中已经存储了用户数字资产完整内容的基础上进行资产共享，只需要将可用于共享的数字资产的关键字信息及指向这些数据的“指针”存储在区块链上。数字资产请求者可以通过搜索关键字在区块链上找到相关数字资产，获得数字资产所有者授权后，从数字孪生空间的存储系统中获得原始数据。

此外，为实现数字资产的自动化可信共享，共享机制的设计中应引入智能合约。这不仅可以发挥智能合约在成本效率方面的优势，而且可以避免恶意行为对合约正常执行的干扰。将智能合约以数字化的形式写入区块链中，由区块链技术的特性保障存储、读取、执行过程的透明、可跟踪及不可篡改。

2. 数字资产共享中的用户隐私保护

数字资产隐私保护的核心是保护数据隐私性与完整性，隐私性指防止数据被未授权用户访问，完整性是指保证数据真实、未被篡改[62]。与其他数字资产共享方式相比，由于区块链技术具有分散性、匿名性、不可伪造性和可追溯性等特性，在实现隐私保护方面具有明显的优势。上述基于联盟链实现的数字资产共享中，由于包含敏感信息的原始数据存储于链下服务器，只有经过授权的数据需求者方可获得数据指针，进一步加强了对数字资产的隐私保护。因此，本书不再阐述基于区块链技术实现的通常意义上的用户隐私保护，仅针对 6G 网络环境中数字孪生空间用户数字资产的特定场景，探讨对其中更为细粒度的隐私信息，即如用户电话号码等个人信息的保护，进行隐私保护的目的也并非防止数据被未授权用户访问，而是保护这些个人隐私信息不被授权用户使用，更具体地说，对于合法获得某条数据访问权的使用者，只提供不包含个人隐私信息的部分数据。

考虑 6G 网络环境中对用户数字资产的使用需求，使用者往往需要的并非单个用户的数据，而是属于多个用户的大量具有某类特征的多条数据，只有将这些数据聚合在一起才有实际意义，比如针对某一特定服务的 AI 模型的训练需要获得大量的用户使用数据；要获知某一区域在某段时间内的环境信息，也需要聚合在该时空范围内多个用户的多个传感器信息。可以通过智能合约的方式提供针对此类主要需求的聚合数据。在可信的数据聚合点，使用大数据访问相关的隐私保护数据发布（Privacy-Preserving Data Publishing，PPDP）技术[63]，如 k-匿名[64]、差分隐私[65]等，向数据使用者提供脱敏后的数据或结果，完成对用户个人隐私信息的保护。

对于可能存在的数据使用者对单个用户数据资产提出需求的情况，可以考虑在进行数据传递时，删除敏感字段或对其进行匿名化处理。

3. 运营商数字资产共享

对于 6G 异构网络环境中多个运营商共享基础设施的情况，除使用其数字资产进行自身网络运营的优化工作外，运营商数字资产的共享对于提升整体网络性能具有积极的意义。参考文献[66]针对移动网络运营商间共享数据的问题，提出了一种基于区块链的人工智能网络运营方案。该方案利用了数据链和行为链两个区块链。其中，数据链用于数据访问控制，行为链用作数据访问记录，以提供可审核性。这两个区块链同时提供权限控制和监督。基于区块链上执行的智能合约，实现了对运营商数据的细粒度访问控制。该方案可以为数字孪生空间中运营商数字资产的可信共享提供参考。

8.5　多模态全场景信息的智能虚实映射

我们对世界的体验是多模态的——我们看到物体，听到声音，感觉质地，闻到气味，品尝味道。同时，我们与世界之间的交互也是多模态的——我们发出声音，做出表情，写下文字，采取行动。模态指事物发生或经历的方式，当一个研究问题包含多种模态时，它就具有了多模态的特征。多模态机器学习旨在建立能够处理和关联来自多模态的信息的模型[67]。通过多模态机器学习技术，多模态全场景信息的智能虚实映射意图为用户建立物理世界向数字空间的虚实映射模型，构建个性化、全方位的数字孪生体,系统性实现全场景随需而变的业务需求与网络动态资源映射。

8.5.1 多模态全场景信息的智能虚实映射模型

针对 6G 全场景下表情、动作、声音等多模态信息展现的个性化需求和异构资源智能化按需管控的要求，需要感知用户相关的多模态全场景信息，将感知数据映射到资源表征空间，实现对目标行为、场景语义以及用户特征的精确认知，以统一描述方法自适应动态调整网络服务，实现资源的按需、随愿提供。为此，研究建立多模态全场景信息的智能虚实映射模型，如图 8-4 所示。

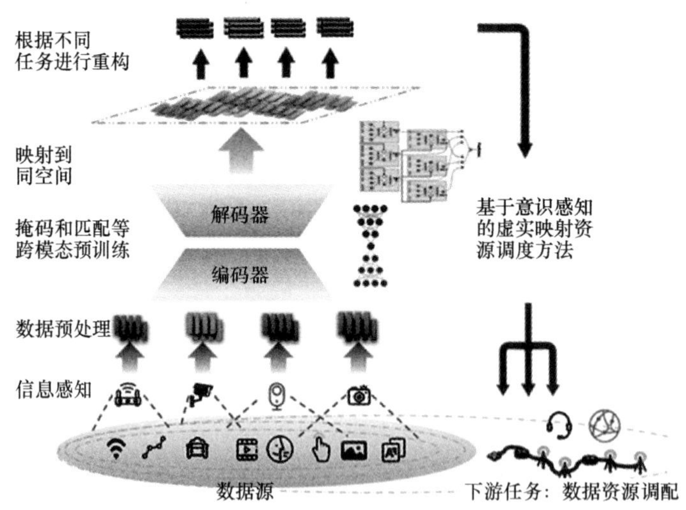

图 8-4　多模态全场景信息的智能虚实映射模型

如图 8-4 所示，模型首先对不同来源、不同类型的多模态信息进行感知及数据预处理，通过跨模态信息处理模块（如由编码器–解码器结构组成的掩码和匹配等预训练模块）将多模态信息映射到同一个表征空间中，实现由“实”（物理空间中的多模态信息）到“虚”（数据空间中的用户意识）的映射；后续根据不同任务进行重构，在 6G 全场景网络的资源调配策略演化中注入用户意识，建立用户意图的语义解析和网络资源调配的对应关系，形成基于意识感知的资源调度方法，对下游任务进行资源调配。

8.5.2　多模态表征学习

如图 8-4 所示，跨模态信息处理模块将多模态信息映射到同一个表征空间中，即实现多模态信息的表征。来自不同模态信息的特征向量最初位于不相等的子空间中，因此与相似语义相关联的向量表示是完全不同的。这种现象被称为异质性差距。异质性差距将阻碍多模态数据被后续机器学习模块综合利用[68]。针对该问题，多模态表征（或称“多模态表示”）将异构特征投影到一个公共子空间中。多模态表征学习的主要目标是缩小公共子空间中的分布差距，同时保持模态特定语义的完整性。近年来，基于深度学习的多模态表征学习因其强大的多层次抽象表征能力而备受关注。

多模态表征学习方法可分为以下 3 类[69]，如图 8-5 所示。

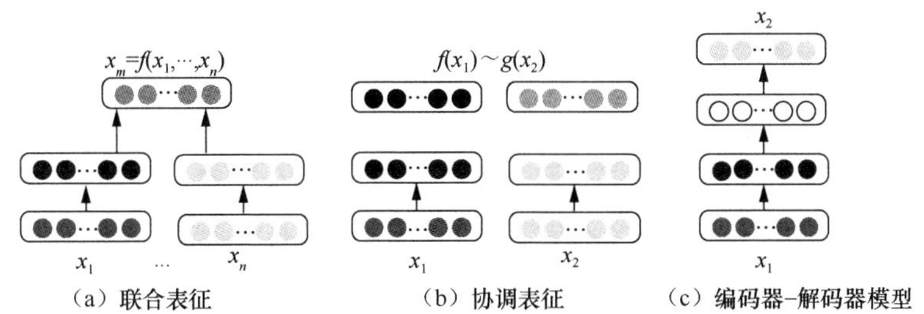

图 8-5　多模态表征学习方法

- 联合表征，将单模态表征投影到一个共享的语义子空间中，以便融合多模态特征。
- 协调表征，分别处理单模态信号，但对它们施加一定的相似性约束，从而将其映射到协调空间中。

- 编码器–解码器模型，将一个模态映射到另一模态。

1. **联合表征**

如图 8-5（a）所示，联合表征将单模态表征投影到一个多模态空间中。最简单的联合表征方法是将单模态特征串联起来，也称为早期融合[70]。更能体现多模态联合表征特点的研究则遵循表征学习的两条主线[71]：概率图模型和神经网络模型。这两条主线的根本区别在于，对每一层描述为概率图还是计算图，或者隐含层的节点是潜在的随机变量还是计算节点。

在概率图模型方面，一般采用深层玻耳兹曼机（Deep Boltzmann Machines，DBM）或深度置信网络（Deep Belief Networks，DBN）作为多模态表征。参考文献[72]针对图像和音频模态分别设计 DBN，然后将它们组合为情感识别的视听联合表征；参考文献[73]对基于音频和骨骼关节的手势识别使用了类似的模型。参考文献[74]探索了多模态 DBM 在多视角数据人体姿态估计中的应用。使用多模态 DBM 学习多模态表征的一大优点是其生成性，可以很方便地处理缺失数据的情况。它还可以用于在另一个模态存在的情况下生成一个模态的样本，或者从表征中生成两个模态的样本。DBM 的主要缺点是训练困难，计算量大，需要使用近似的变分训练方法。

在神经网络模型方面，为了使用神经网络构建多模态表示，每个模态从几个单独的神经层开始，然后通过隐含层将多个模态投影到联合表征空间[75-77]。这样的模型可以通过端到端的学习来表征数据和执行特定的任务。由于神经网络需要大量标记的训练数据，通常使用无监督数据（如使用自动编码器模型）或来自不同但相关领域的监督数据预训练特定模态表征。例如，参考文献[78]提出的模型将使用自动编码器的思想扩展到多模态表征中，使用叠加去噪自动编码器分别表示每个模态，然后使用另一个自动编码器层将它们融合成多模态表征。基于神经网络的联合表征的主要优点在于，当有标记的数据不足以进行监督学习时，能够从无标记的数据中进行预训练。其缺点是模型不能自然地处理丢失的数据。

联合表征倾向于保留模态间的共享语义，而忽略模态特定的信息，因此不能自动保证多模态的互补性属性。为了更具表现力，需要融合不同形式的互补语义。解决方案为优化目标添加额外的正则化项[79]。例如，参考文献[77]在多模自动编码器中使用的重构损耗可以被认为是一个正则化项，起到保持模态独立性的作用；参考文献[80]提出的方法对网络权重进行迹范数正则化，以揭示多模态特征的隐藏相关性和多样性。

与其他多模态表征方法相比，联合表征不需要明确地协调各种模态，因此可以方便地融合多种模态，最适合在推理过程中出现所有模态的情况；共享的公共子空间趋向于模态不变，这有助于将知识从一种模态转移到另一种模态[81]。联合表征方法的主要缺点是不能用来推断每个模态的独立表征。

2. **协调表征**

如图 8-5（b）所示，协调表征不是将多模态一起投影到联合空间，而是在某些约束下为每个模态学习单独但协调的表征。由于不同模态中包含的信息是不同的，学习分离表征有助于保持独特和有用的模态特征[82]。基于约束类型，协调表征方法可分为两类:基于跨模态相似性的协调表征方法和基于跨模态相关的协调表征方法。基于跨模态相似性的协调表征方法旨在学习一个协调空间，其中可以直接测量来自不同模态的向量的距离[83]，使协调空间中模态之间的距离最小化；基于跨模态相关的协调表征方法旨在学习一个协调空间，使得来自不同模态的表征集的相关性最大化[84]。

跨模态相似性方法学习相似性度量约束下的协调表征，学习目标是保持模态间和模态内的相似性结构，期望与同一语义或对象相关联的跨模态相似距离尽可能小，而与不同语义相关联的跨模态相似距离尽可能大。这种表征的最早例子之一来自 Weston 等在图像嵌入的网络规模注释（Web Scale Annotation by Image Embedding，WSABIE）模型上的工作[85-86]，从图像和文本特征构造一个简单的线性映射，为图像及其注释构建了协调空间。目前，神经网络已成为构建协调表征的一种流行方法，其优势在于可以以端到端的方式共同学习协调表征。例如，视觉语义嵌入模型（Deep Visual-S'emantic Embedding Model，DeViSe）[87]使用与 WSABIE 模型类似的内积和排名损失函数，但使用更复杂的图像和单词嵌入；参考文献[88]通过使用 LSTM 模型和成对排序损失来协调特征空间，将此扩展到句子和图像的协调表示；参考文献[89]处理了同样的任务，但将语言模型扩展到依赖树 RNN 中，以合并组合语义；参考文献[90]也提出了类似的模型，但使用视频代替图像。参考文献[91]还利用主语、动词、宾语组合语言模型和深度视频模型构建了视频和句子之间的协调空间。

跨模态相关方法基于典型相关分析（Canonical Correlation Analysis，CCA）。CCA 是一种最初用于测量一对集合之间相关性的方法，旨在计算一个线性投影，使两个随机变量（在多模态场景中为模态）之间的相关性最大化，并加强新空间的正交性。CCA 模型已广泛用于跨模态检索[84,92]和视听信号分析[93]。CCA 的扩展试图构造一个相关最大化的非线性投影。核 CCA（Kernel CCA，KCCA）[94]使用再生核希尔伯特空间进行投影。然而，KCCA 是非参数化的，可扩展性较差，因为它的封闭式解决方案需要高时间复杂度和内存消耗的计算。深度典型相关分析（Deep CCA，DCCA）[95]是作为 KCCA 的一种替代方法引入的，它的目的是学习一对针对不同模态的更复杂的非线性变换，每个模态由深度神经网络编码，并在协调表征空间中实现模态之间的典型相关性最大化。与 KCCA 中使用的核函数相比，从神经网络中学习的非线性函数更具一般性。因此，DCCA 具有更好的适应性和灵活性。同时，作为一种参数化方法，DCCA 具有更好的扩展性。CCA、KCCA 和 DCCA 是无监督的技术，只优化表征的相关性，因此主要捕获跨模式共享的内容。语义相关性最大化方法[96]也鼓励语义相关性，同时保留相关性最大化和结果空间的正交性，这导致了 CCA 和跨模态哈希技术的结合。

与其他方法相比，协调表征倾向于保持每种模态中独有的和有用的特定模态特征。协调表征方法将每个模态投影到一个单独但协调的空间中，因此每个模态可以单独推断，使其适合于在测试时只有一个模态存在的应用。这种性质也有利于跨模态的迁移学习，在不同的模式或领域间转移知识。协调表征方法的缺点是，在大多数情况下，很难应用于两种以上的模态的学习表征。

3. 编码器–解码器模型

编码器–解码器模型（简称“编解码器”）一般作为多模态学习领域中跨模态翻译工作的实现方法，用于将一种模态映射到另一种模态，如图像字幕、视频描述图像合成等。最近的研究也将其用于多模态表征学习中[69]。在多模态全场景信息的智能虚实映射过程中，通过这种跨模态的翻译，将多模态信息映射为对用户意图的统一表达后，再结合语义解析功能即可建立用户意图和网络资源调配的对应关系，从而形成基于意识感知的资源调度方法。因此，在图 8-4 所示的多模态全场景信息的智能虚实映射模型中，采用了编解码器的方式实现多模态表征学习。

如图 8-5（c）所示，编解码器框架主要由编码器和解码器两个组件组成。编码器将源模态映射为一个潜在向量，解码器基于该向量生成一个新的目标模态样本。大多数编解码器模型仅包含一个编码器和一个解码器，但一些变体也可以由多个编码器或解码器组成，例如，参考文献[97]提出的跨乐器翻译音乐的模型中包括几个解码器，共享编码器负责提取与域无关的音乐语义，每个解码器将在目标域中再现一段音乐；参考文献[98]提出的图像到图像的翻译模型中包含一个内容编码器和一个样式编码器。

编码器模型学习的潜在向量不但取决于源模态，也和目标模态密切相关。这是由于纠错信号的流动方向是从解码器到编码器，即在训练期间解码器引导编码器。因此，生成的表征倾向于捕获两种模态的共享语义。为了更有效地获取共享语义，人们倾向于通过如正则化术语的方式保持模态间的语义一致性，这取决于编码器和解码器之间的协调。例如，参考文献[99]中解码器生成的描述可以覆盖图像的多个视觉方面，包括对象、颜色和大小等属性、背景、场景和空间关系，因此，编码器必须正确地检测和编码必要的信息，解码器则负责推理高级语义和生成语法结构良好的句子。

在模态间语义一致性得到明确建模的前提下，可以使用编解码器模型学习跨模态语义嵌入。例如，参考文献[100]提出用于图像或句子检索的学习跨模态嵌入的模型，通过不同的编解码器网络将每个模态转换成另一个模态，并期望生成的图像或句子与其来源相似。

在用于多模态表征学习的编解码器模型实现中，表示源模态的一般方法是将基本信息编码成一个向量表示，以便于神经网络的编码和样本生成。然而，使用单一向量作为桥梁进行语义翻译，同时给编码器和解码器带来了挑战：对于编码器而言，从源中提取的高级向量表示可能会丢失一些用于生成目标模态的信息；对于解码器而言，一旦使用 RNN 模型生成长序列，原始表示向量中包含的信息将在其通过时间步长传递的过程中减少。针对该问题，普遍做法是引入注意力机制，允许其利用分布在 RNN 中的时间步长之间的中间表示[101]或 CNN 中的局部区域[102]。对于编码器来说，该机制减轻了将全部信息集成到单个向量中的要求，从而使编码器的设计更加灵活；对于解码器来说，则提供了在预测过程中选择性地和动态地集中于部分场景的能力。针对多模态序列编解码问题的另一种解决方案是采用深度强化学习的方法，它将序列的编解码看作是序列决策问题。例如，基于深度强化学习，参考文献[103]提出训练一个特征选择模块，用于确定在编码过程中是否应包括特定时间步长处的输入，从而可以包括显著特征，同时排除噪声。

与其他表征方法相比，编解码器模型的优点是能够在源模态表示的基础上生成新的目标模态条件样本，缺点则是每个编解码器只能对其中一种模态进行编码。此外，生成合理目标的技术仍在发展中，在设计解码器时应考虑到复杂性。

8.5.3 全方位数字孪生体的构建

如上文所述，在多模态全场景信息的智能虚实映射模型的实现中，通过编解码器模型的设计，特别是实现了跨模态语义嵌入的编解码器的设计，可以将通过多模态表达的用户意识转换为具体的资源调配需求，实现基于意识感知的资源调度。

在此基础上，结合多模态信息获取方法和信息类型的进一步丰富、多模态学习技术的不断发展，未来的设计可以考虑采用其他多模态表征方法，将多种模态信息以更为全面、灵活的方式映射到虚拟空间中，与数字孪生空间相融合，为用户数字孪生体提供动态、立体的多模态信息，从而构建全方位数字孪生体，以此为基础实现全场景、全面沉浸式、极度个性化的用户体验。

参考文献

[1] WANG C, HE Y, YU F R, et al. Integration of networking, caching, and computing in wireless systems: a survey, some research issues, and challenges[J]. IEEE Communications Surveys and Tutorials, 2018, 20(1): 7-38.

[2] WANG X, CHEN M, TALEB T, et al. Cache in the air: exploiting content caching and deli-

very techniques for 5G systems[J]. IEEE Communications Magazine, 2014, 52(2): 131-139.

[3] LIANG C, YU F R, ZHANG X. Information-centric network function virtualization over 5G mobile wireless networks[J]. IEEE Network, 2015, 29(3): 68-74.

[4] SHENG M, XU C, LIU J, et al. Enhancement for content delivery with proximity communications in caching enabled wireless networks: architecture and challenges[J]. IEEE Communications Magazine, 2016, 54(8): 70-76.

[5] ZEYDAN E, BASTUG E, BENNIS M, et al. Big data caching for networking: moving from cloud to edge[J]. IEEE Communications Magazine, 2016, 54(9): 36-42.

[6] TANG J, QUEK T Q S. The role of cloud computing in content-centric mobile networking[J]. IEEE Communications Magazine, 2016, 54(8): 52-59.

[7] HUO R, YU F R, HUANG T, et al. Software defined networking, caching, and computing for green wireless networks[J]. IEEE Communications Magazine, 2016, 54(11): 185-193.

[8] KHAN J A, GHAMRI-DOUDANE Y. SAVING: socially aware vehicular information-centric networking[J]. IEEE Communications Magazine, 2016, 54(8): 100-107.

[9] WANG C, LIANG C, YU F R, et al. Computation offloading and resource allocation in wireless cellular networks with mobile edge computing[J]. IEEE Transactions on Wireless Communications, 2017, 16(8): 4924-4938.

[10] WANG C, LIANG C, YU F R, et al. Joint computation offloading, resource allocation and content caching in cellular networks with mobile edge computing[C]//2017 IEEE International Conference on Communications (ICC). Piscataway: IEEE Press, 2017: 1-6.

[11] SUN Y, CHEN Z, TAO M, et al. Modeling and trade-off for mobile communication, computing and caching networks[C]//2018 IEEE Global Communications Conference (GLOBECOM). Piscataway: IEEE Press, 2018: 1-7.

[12] SUN Y, ZHANG L, CHEN Z, et al. Communications-caching-computing tradeoff analysis for bidirectional data computation in mobile edge networks[C]//2020 IEEE 92nd Vehicular Technology Conference (VTC2020-Fall). Piscataway: IEEE Press, 2020: 1-5.

[13] WEN W, CUI Y, QUEK T Q S, et al. Joint optimal software caching, computation offloading and communications resource allocation for mobile edge computing[J]. IEEE Transactions on Vehicular Technology, 2020, 69(7): 7879-7894.

[14] ZHANG G, ZHANG S, ZHANG W, et al. Joint service caching, computation offloading and resource allocation in mobile edge computing systems[J]. IEEE Transactions on Wireless Communications, 2021, Early Access.

[15] HE Y, ZHAO N, YIN H. Integrated networking, caching, and computing for connected vehicles: a deep reinforcement learning approach[J]. IEEE Transactions on Vehicular Technology, 2018, 67(1): 44-55.

[16] WANG X, HAN Y, WANG C, et al. In-edge AI: intelligentizing mobile edge computing, caching and communication by federated learning[J]. IEEE Network, 2019, 33(5): 156-165.

[17] WEI Y, YU F R, SONG M, et al. Joint optimization of caching, computing, and radio resources for fog-enabled IoT using natural actor-critic deep reinforcement learning[J]. IEEE Internet of Things Journal, 2019, 6(2): 2061-2073.

[18] JIANG F, WANG K, DONG L, et al. AI driven heterogeneous MEC system with UAV assistance for dynamic environment: challenges and solutions[J]. IEEE Network, 2021, 35(1): 400-408.

[19] MUHAMAD W, SUHARDI , BANDUNG Y. A research challenge on mobile and cloud service composition[C]//2018 International Conference on Information Technology Systems and Innovation (ICITSI). Piscataway: IEEE Press, 2018: 347-352.

[20] SILVA A S, MA H, MEI Y, et al. A survey of evolutionary computation for web service composition: a technical perspective[J]. IEEE Transactions on Emerging Topics in Computational Intelligence, 2020, 4(4): 538-554.

[21] SILVA A S, MA H, ZHANG M. A GP approach to QoS-aware web service composition including conditional constraints[C]//2015 IEEE Congress on Evolutionary Computation (CEC). Piscataway: IEEE Press, 2015: 2113-2120.

[22] YU Y, MA H, ZHANG M. F-MOGP: a novel many-objective evolutionary approach to QoS-aware data intensive web service composition[C]//2015 IEEE Congress on Evolutionary Computation (CEC). Piscataway: IEEE Press, 2015: 2843-2850.

[23] SILVA A S, MA H, ZHANG M. A graph-based particle swarm optimisation approach to QoS-aware web service composition and selection[C]//2014 IEEE Congress on Evolutionary Computation (CEC). Piscataway: IEEE Press, 2014: 3127-3134.

[24] YAN L, MEI Y, MA H, et al. Evolutionary web service composition: a graph-based memetic algorithm[C]//2016 IEEE Congress on Evolutionary Computation (CEC). Piscataway: IEEE Press, 2016: 201-208.

[25] WANG Z, CHENG B, ZHANG W, et al. Q-graphplan: QoS-aware automatic service composition with the extended planning graph[J]. IEEE Access, 2020, 8: 8314-8323.

[26] SILVA A S, MEI Y, MA H, et al. Particle swarm optimization with sequence-like indirect representation for web service composition[C]//European Conference on Evolutionary Computation in Combinatorial Optimization. Berlin: Springer, 2016: 202-218.

[27] SADEGHIRAM S, MA H, CHEN G. Cluster-guided genetic algorithm for distributed data-intensive web service composition[C]//2018 IEEE Congress on Evolutionary Computation (CEC). Piscataway: IEEE Press, 2018: 1-7.

[28] CHEN W, HUI M, GANG C. EDA-based approach to comprehensive quality-aware automated semantic web service composition[C]//Proceeding of the Genetic and Evolutionary Computation Conference Companion. Berlin: Springer, 2018: 147-148.

[29] JIANG H, YANG X, YIN K, et al. Multi-path QoS-aware web service composition using variable length chromosome genetic algorithm[J]. Computer Integrated Manufacturing Sys-

tems, 2011, 10(1): 265-289.

[30] LIU Z Z, JIA Z P, XUE X, et al. Reliable web service composition based on QoS dynamic prediction[J]. Soft Computing, 2015, 19(5): 1409-1425.

[31] CHEN N, CARDOZO N, CLARKE S. Goal-driven service composition in mobile and pervasive computing[J]. IEEE Transactions on Services Computing, 2018, 11(1): 49-62.

[32] LI J, FAN G, ZHU M, et al. Pre-joined semantic indexing graph for QoS-aware service composition[C]//2019 IEEE International Conference on Web Services (ICWS). Piscataway: IEEE Press, 2019: 116-120.

[33] SILVA A S, MEI Y, MA H, et al. Fragment-based genetic programming for fully automated multi-objective web service composition[C]//Proceedings of the Genetic and Evolutionary Computation Conference (GECCO'17). New York: ACM, 2017: 353-360.

[34] YU Y, MA H, ZHANG M. A genetic programming approach to distributed QoS-aware web service composition[C]//2014 IEEE Congress on Evolutionary Computation (CEC). Piscataway: IEEE Press, 2014: 1840-1846.

[35] DAHAN F, HINDI K E, GHONEIM A. An adapted ant-inspired algorithm for enhancing web service composition[J]. International Journal on Semantic Web and Information Systems, 2017, 13(4): 181-197.

[36] DAHAN F, HINDI K E, GHONEIM A, et al. An enhanced ant colony optimization based algorithm to solve QoS-aware web service composition[J]. IEEE Access, 2021, 9: 34098-34111.

[37] CHEN J, ZHOU J. An improved ant colony optimization for QoS-aware web service composition[C]//2020 Eighth International Conference on Advanced Cloud and Big Data (CBD). Piscataway: IEEE Press, 2020: 20-24.

[38] WANG C, ZHANG X, CHU D. Research on service composition optimization method based on composite services QoS[C]//2020 5th International Conference on Computational Intelligence and Applications (ICCIA). Piscataway: IEEE Press, 2020: 206-210.

[39] RIDHAWI Y A, KARMOUCH A. Decentralized plan-free semantic-based service composition in mobile networks[J]. IEEE Transactions on Services Computing, 2015, 8(1): 17-31.

[40] DENG S, HUANG L, HU D, et al. Mobility-enabled service selection for composite services[J]. IEEE Transactions on Services Computing, 2016, 9(3): 394-407.

[41] DENG S, HUANG L, WU H, et al. Constraints-driven service composition in mobile cloud computing[C]//2016 IEEE International Conference on Web Services (ICWS). Piscataway: IEEE Press, 2016: 228-235.

[42] WU T, DOU W, HU C, et al. Service mining for trusted service composition in cross-cloud environment[J]. IEEE Systems Journal, 2017, 11(1): 283-294.

[43] RIDHAWI I A, KOTB Y, RIDHAWI Y A. Workflow-net based service composition using mobile edge nodes[J]. IEEE Access, 2017, 5: 23719-23735.

[44] DENG S, WU H, TAN W, et al. Mobile service selection for composition: an energy consumption perspective[J]. IEEE Transactions on Automation Science and Engineering, 2017, 14(3): 1478-1490.

[45] LI W, CAO J, HU K, et al. A trust-based agent learning model for service composition in mobile cloud computing environments[J]. IEEE Access, 2019, 7: 34207-34226.

[46] LIU C, CAO J, WANG J. A reliable and efficient distributed service composition approach in pervasive environments[J]. IEEE Transactions on Mobile Computing, 2017, 16(5): 1231-1245.

[47] DENG S, HUANG L, TAHERI J, et al. Mobility-aware service composition in mobile communities[J]. IEEE Transactions on Systems, Man, and Cybernetics: Systems, 2017, 47(3): 555-568.

[48] PENG Q, ZHOU M, HE Q, et al. Multi-objective optimization for location prediction of mobile devices in sensor-based applications[J]. IEEE Access, 2018, 6: 77123-77132.

[49] CHEN N, CARDOZO N, CLARKE S. Goal-driven service composition in mobile and pervasive computing[J]. IEEE Transactions on Services Computing, 2018, 11(1): 49-62.

[50] ITU-T. ITU-TY. 3000-series-representative use cases and key network requirements for network 2030: ITU-T Y Suppl. 67[S]. 2020.

[51] PIRES F, CACHADA A, BARBOSA J, et al. Digital twin in Industry 4.0: technologies, applications and challenges[C]//2019 IEEE 17th International Conference on Industrial Informatics (INDIN). Piscataway: IEEE Press, 2019: 721-726.

[52] BARRICELLI B R, CASIRAGHI E, FOGLI D. A survey on digital twin: definitions, characteristics, applications, and design implications[J]. IEEE Access, 2019, 7: 167653-167671.

[53] HASAN H R, SALAH K, JAYARAMAN R, et al. A blockchain-based approach for the creation of digital twins[J]. IEEE Access, 2020, 8: 34113-34126.

[54] NIZAMUDDIN N, HASAN H R, SALAH K. IPFS-blockchain-based authenticity of online publications[C]//Proceedings of the 2081 International Conference on Blockchain (ICBC). Berlin: Springer, 2018: 199-212.

[55] LIU J, LI X, YE L, et al. BPDS: a blockchain based privacy-preserving data sharing for electronic medical records[C]//2018 IEEE Global Communications Conference (GLOBECOM). Piscataway: IEEE Press, 2018: 1-6.

[56] LI C, DONG M, LI J, et al. Healthchain: secure EMRs management and trading in distributed healthcare service system[J]. IEEE Internet of Things Journal, 2021, 8(9): 7192-7202.

[57] WANG Y, ZHANG A, ZHANG P, et al. Cloud-assisted EHR sharing with security and privacy preservation via consortium blockchain[J]. IEEE Access, 2019, 7: 136704-136719.

[58] KANG J, YU R, HUANG X, et al. Blockchain for secure and efficient data sharing in vehicular edge computing and networks[J]. IEEE Internet of Things Journal, 2019, 6(3): 4660-4670.

[59] ZHANG X, CHEN X, Data security sharing and storage based on a consortium blockchain in

a vehicular Ad-hoc network[J]. IEEE Access, 2019, 7: 58241-58254.

[60] CHEN W, CHEN Y, CHEN X, et al. Toward secure data sharing for the IoV: a quality-driven incentive mechanism with on-chain and off-chain guarantees[J]. IEEE Internet of Things Journal, 2020, 7(3): 1625-1640.

[61] KOUICEM D E, BOUABDALLAH A, LAKHLEF H. An efficient and anonymous blockchain-based data sharing scheme for vehicular networks[C]//2020 IEEE Symposium on Computers and Communications (ISCC). Piscataway: IEEE Press, 2020: 1-6.

[62] 刘敖迪, 杜学绘, 王娜, 等. 区块链技术及其在信息安全领域的研究进展[J]. 软件学报, 2018, 29(7): 2092-2115.

[63] ZIGOMITROS A, CASINO F, SOLANAS A, et al. A survey on privacy properties for data publishing of relational data[J]. IEEE Access, 2020, 8: 51071-51099.

[64] SWEENEY L. K-Anonymity: a model for protecting privacy[J]. International Journal of Uncertainty, Fuzziness and Knowledge-Based Systems, 2002, 10(5): 557-570.

[65] ZHU T, GANG L, ZHOU W, et al. Differentially private data publishing and analysis: a survey[J]. IEEE Transactions on Knowledge and Data Engineering, 2017, 29(8): 1619-1638.

[66] ZHANG G, LI T, LI Y, et al. Blockchain-based data sharing system for AI-powered network operations[J]. Journal of Communications and Information Networks, 2018, 3(3): 1-8.

[67] BALTRUŠAITIS T, AHUJA C, MORENCY L. Multimodal machine learning: a survey and taxonomy[J]. IEEE Transactions on Pattern Analysis and Machine Intelligence, 2019, 41(2): 423-443.

[68] PENG Y, QI J. CM-GANs: cross-modal generative adversarial networks for common representation learning[J]. ACM Transactions on Multimedia Computing Communications and Applications, 2019, 15(1): 22.

[69] GUO W, WANG J, WANG S. Deep multimodal representation learning: a survey[J]. IEEE Access, 2019, 7: 63373-63394.

[70] D'MELLO S K, KORY J, A review and meta-analysis of multimodal affect detection systems[J]. ACM Computing Surveys, 2015, 47(3): 43.

[71] BENGIO Y, COURVILLE A, VINCENT P. Representation learning: a review and new perspectives[J]. IEEE Transactions on Pattern Analysis and Machine Intelligence, 2013, 35(8): 1798-1828.

[72] KIM Y, LEE H, PROVOST E M. Deep learning for robust feature generation in audiovisual emotion recognition[C]//2013 IEEE International Conference on Acoustics, Speech and Signal Processing. Piscataway: IEEE Press, 2013: 3687-3691.

[73] WU D, SHAO L. Multimodal dynamic networks for gesture recognition[C]//Proceedings of the 22nd ACM International Conference on Multimedia (MM'14). New York: ACM Press, 2014: 945-948.

[74] OUYANG W, CHU X, WANG X. Multi-source deep learning for human pose estima-

tion[C]//2014 IEEE Conference on Computer Vision and Pattern Recognition. Piscataway: IEEE Press, 2014: 2337-2344.

[75] ANTOL S, AGRAWAL A, LU J, et al. VQA: visual question answering[C]//2015 IEEE International Conference on Computer Vision (ICCV). Piscataway: IEEE Press, 2015: 2425-2433.

[76] MROUEH Y, MARCHERET E, GOEL V. Deep multimodal learning for audio-visual speech recognition[C]//2015 IEEE International Conference on Acoustics, Speech and Signal Processing (ICASSP). Piscataway: IEEE Press, 2015: 2130-2134.

[77] WU Z, JIANG Y G, WANG J, et al. Exploring inter-feature and inter-class relationships with deep neural networks for video classification[C]//Proceedings of the 22nd ACM International Conference on Multimedia (MM'14). New York: ACM Press, 2014: 167-176.

[78] NGIAM J, KHOSLA A, KIM M, et al. Multimodal deep learning[C]//Proceedings of the 28th International Conference on Machine Learning (ICML). New York: ACM Press, 2011: 689-696.

[79] WANG S, ZHANG H, HAN W. Object co-segmentation via weakly supervised data fusion[J]. Computer Vision and Image Understanding, 2017, 155(2): 43-54.

[80] JIANG Y G, WU Z, WANG J, et al. Exploiting feature and class relationships in video categorization with regularized deep neural networks[J]. IEEE Transactions on Pattern Analysis and Machine Intelligence, 2018, 40(2): 352-364.

[81] AYTAR Y, CASTREJON L, VONDRICK C, et al. Cross-modal scene networks[J]. IEEE Transactions on Pattern Analysis and Machine Intelligence, 2018, 40(10): 2303-2314.

[82] PENG Y, QI J, YUAN Y. Modality-specific cross-modal similarity measurement with recurrent attention network[J]. IEEE Transactions on Image Processing, 2018, 27(11): 5585-5599.

[83] HE Y, XIANG S, KANG C, et al. Cross-modal retrieval via deep and bidirectional representation learning[J]. IEEE Transactions on Multimedia, 2016, 18(7): 1363-1377.

[84] RASIWASIA N, PEREIRA J C, COVIELLO E, et al. A new approach to cross-modal multimedia retrieval[C]//Proceedings of the 18th ACM international conference on Multimedia (MM'10). New York: ACM Press, 2010: 251-260.

[85] WESTON J, BENGIO S, USUNIER N. Large scale image annotation: learning to rank with joint word-image embeddings[J]. Machine Learning, 2010, 81(1): 21-35.

[86] WESTON J, BENGIO S, USUNIER N. WSABIE: scaling up to large vocabulary image annotation[C]//Proceedings of the Twenty-Second International Joint Conference on Artificial Intelligence. Palo Alto: AAAI Press, 2011: 2764-2770.

[87] FROME A, CORRADO G S, SHLENS J, et al. DeViSE: a deep visual-semantic embedding model[C]//Proceedings of the 26th International Conference on Neural Information Processing Systems (NIPS'13). Red Hook: Curran Associates Inc., 2013: 2121-2129.

[88] KIROS R, SALAKHUTDINOV R, ZEMEL R S. Unifying visual-semantic embeddings with multimodal neural language models[EB].

[89] SOCHER R, KARPATHY A, LE Q V, et al. Grounded compositional semantics for finding and describing images with sentences[J]. Transactions of the Association for Computational Linguistics, 2014, 2: 207-218.

[90] PAN Y, MEI T, YAO T, et al. Jointly modeling embedding and translation to bridge video and language[C]//2016 IEEE Conference on Computer Vision and Pattern Recognition (CVPR). Piscataway: IEEE Press, 2016: 4594-4602.

[91] XU R, XIONG C, CHEN W, et al. Jointly modeling deep video and compositional text to bridge vision and language in a unified framework[C]//Proceedings of the Twenty-Ninth AAAI Conference on Artificial Intelligence (AAAI'15). Palo Alto: AAAI Press, 2015: 2346-2352.

[92] KLEIN B, LEV G, SADEH G, et al. Associating neural word embeddings with deep image representations using Fisher Vectors[C]//2015 IEEE Conference on Computer Vision and Pattern Recognition (CVPR). Piscataway: IEEE Press, 2015: 4437-4446.

[93] SARGIN M E, YEMEZ Y, ERZIN E, et al. Audiovisual synchronization and fusion using canonical correlation analysis[J]. IEEE Transactions on Multimedia, 2007, 9(7): 1396-1403.

[94] LAI P L, FYFE C. Kernel and nonlinear canonical correlation analysis[J]. International Journal of Neural Systems, 2000, 10(5): 365-377.

[95] ANDREW G, ARORA R, BILMES J, et al. Deep canonical correlation analysis[C]//Proceedings of the 30th International Conference on Machine Learning. Cambridge: JMLR, 2013: 1247-1255.

[96] ZHANG D, LI W J. Large-scale supervised multimodal hashing with semantic correlation maximization[C]//Proceedings of the Twenty-Eighth AAAI Conference on Artificial Intelligence (AAAI'14). Palo Alto: AAAI Press, 2014: 2177-2183.

[97] MOR N, WOLF L, POLYAK A, et al. A universal music translation network[EB].

[98] HUANG X, LIU M Y, BELONGIE S, et al. Multimodal unsupervised image-to-image translation[C]//Proceedings of European Conference on Computer Vision 2018 (ECCV 2018), Part III. Berlin: Springer, 2018: 179-196.

[99] BERNARDI R, CAKICI R, ELLIOTT D , et al. Automatic description generation from images: A survey of models, datasets, and evaluation measures[J]. Journal of Artificial Intelligence Research, 2016, 55(1): 409-442.

[100]GU J, CAI J, JOTY S, et al. Look, imagine and match: improving textual-visual cross-modal retrieval with generative models[C]//2018 IEEE/CVF Conference on Computer Vision and Pattern Recognition (CVPR). Piscataway: IEEE Press, 2018: 7181-7189.

[101]HORI C, HORI T, LEE T Y, et al. Attention-based multimodal fusion for video description[C]//2017 IEEE International Conference on Computer Vision (ICCV). Piscataway: IEEE Press, 2017: 4203-4212.

[102]LU J, XIONG C, PARIKH D, et al. Knowing when to look: adaptive attention via a visual

sentinel for image captioning[C]//2017 IEEE Conference on Computer Vision and Pattern Recognition (CVPR). Piscataway: IEEE Press, 2017: 3242-3250.

[103]CHEN M, WANG S, LIANG P P, et al. Multimodal sentiment analysis with word-level fusion and reinforcement learning[C]//Proceedings of the 19th ACM International Conference on Multimodal Interaction (ICMI'17). New York: ACM Press, 2017: 163-171.

名词索引